Wilhelm Nultsch · Annelise Grahle

Mikroskopisch-Botanisches Praktikum

für Anfänger

8., überarbeitete Auflage
101 Abbildungen in 315 Einzeldarstellungen

Unter Mitarbeit von Ursula Rüffer

1988
Georg Thieme Verlag Stuttgart · New York

Prof. Dr. rer. nat. WILHELM NULTSCH
Lehrstuhl für Botanik, Fachbereich
Biologie der Universität Marburg

Dr. rer. nat. ANNELISE GRAHLE †

Dr. phil. URSULA RÜFFER
Fachbereich Biologie –
Botanik – Universität Marburg

CIP-Titelaufnahme der Deutschen Bibliothek

Nultsch, Wilhelm:
Mikroskopisch-botanisches Praktikum für Anfänger /
Wilhelm Nultsch ; Annelise Grahle. Unter Mitarb. von
Ursula Rüffer. - 8., überarb. Aufl. - Stuttgart : Thieme, 1988
NE: Grahle, Annelise:

1. Auflage 1968
2. Auflage 1971
3. Auflage 1973
4. Auflage 1974
5. Auflage 1978
6. Auflage 1979
7. Auflage 1983

Printed in Germany
Satz und Druck: Appl, Wemding   Satzsystem: Linotron 303, Digiset 40T30

ISBN 3 13 440308 0   1 2 3 4 5 6

bend hierfür waren im wesentlichen didaktische Gründe. Häufig steht die Bearbeitung der Objekte während des Kurses, nicht zuletzt wegen mangelnder Fertigkeiten des Anfängers im Präparieren und Zeichnen, unter einem gewissen Zeitdruck, so daß manche Zeichnungen die nötige Sorgfalt vermissen lassen oder gar unvollständig sind. Für die häusliche Nacharbeitung stehen in der Regel weder ein Mikroskop noch das erforderliche Material zur Verfügung, was dazu verleitet, Zeichnungen aus Büchern zu kopieren. Hier bietet die Photographie den Vorteil, daß sie zwar das mikroskopische Bild ersetzt, aber dennoch zur eigenen Gestaltung der Zeichnung zwingt. Da für alle nicht besonders gekennzeichneten Abbildungen ausschließlich Handschnitte Verwendung fanden, hat der Student außerdem die Möglichkeit, die Qualität seines Schnittes durch Vergleich mit der Photographie zu beurteilen. Sämtliche Abbildungen sind Originale. Bei den Photographien ist jeweils nur die mikroskopische Vergrößerung angegeben. Im vorliegenden Format sind sie durchweg etwa 3 bis 4mal nachvergrößert.

So hoffen wir denn, daß das Buch den an uns herangetragenen Wünschen gerecht wird. Dem Georg Thieme Verlag, der entgegenkommenderweise allen unseren Wünschen Rechnung getragen hat, gilt unser Dank für die im Hinblick auf den Preis so überaus großzügige Ausstattung des Buches.

Marburg und Tübingen, im Juni 1968

WILHELM NULTSCH ANNELISE GRAHLE

Inhaltsverzeichnis

Einleitung

Das zentrale Problem der Biologie ist letztlich die Frage nach dem Verhältnis von Struktur und Funktion. Das gilt gleichermaßen für den makroskopischen, mikroskopischen, submikroskopischen und den molekularen Bereich. Setzt einerseits das Verstehen eines physiologischen Vorganges die genaue Kenntnis der betreffenden Strukturen voraus, so bedarf andererseits jede funktionelle Schlußfolgerung aus morphologischen Untersuchungen der Bestätigung durch das Experiment. Infolgedessen kann eine rein makro- oder mikromorphologische Analyse weder in der Forschung noch im Unterricht als befriedigend angesehen werden.

Wenn dennoch die einführenden botanischen Praktika überwiegend mikroskopisch-anatomischen Charakter tragen, so hat dies sowohl technische als auch didaktische Gründe. Einerseits ist es kaum möglich, den völlig Ungeübten in einem auf wenige Stunden begrenzten Kurs in das experimentelle Arbeiten einzuführen, das zudem auch gewisse chemische und physikalische Kenntnisse voraussetzt. Andererseits erscheint es statthaft, dem Anfänger zunächst einen Überblick über die Vielfalt der strukturellen Differenzierungen der pflanzlichen Zellen und Organe zu verschaffen, ehe man in die experimentelle Analyse eintritt. Insofern darf man einen solchen einführenden Kurs also nicht für sich, sondern nur als Teil des Ganzen betrachten.

Der mikroskopisch-anatomische Charakter des Kurses bestimmt weitgehend die Untersuchungsmethoden wie auch die präparativen Hilfsmittel. Da die Erfahrung lehrt, daß vielen Kursteilnehmern die Anfangsgründe der Mikroskopie nicht hinreichend bekannt sind, ist dem eigentlichen Praktikum ein Abschnitt über Aufbau und Funktion des Mikroskopes vorangestellt. Allerdings sei mit Nachdruck betont, daß dieser die Lektüre von Lehrbüchern der Mikroskopie nicht zu ersetzen vermag. Vielmehr soll er zu deren eingehenderem Studium anregen. Einige bewährte Bücher dieser Art sind im Literaturverzeichnis am Ende des Buches aufgeführt.

1. Die mikroskopische Technik

1.1. Präparative Hilfsmittel

Die Präpariertechnik in den einführenden Praktika beschränkt sich in der Regel auf die Herstellung von Total-, Zupf- oder Schnittpräparaten und deren mikroskopische Untersuchung. In einzelnen Fällen werden auch einfache Nachweisreaktionen und Färbemethoden zu Hilfe gezogen. Da sowohl die Chemikalien als auch die Mikroskope von den Instituten zur Verfügung gestellt werden, braucht sich der Kursteilnehmer nur einige wenige präparative Hilfsmittel selbst zu beschaffen, die auch als »kleines Präparierbesteck« erhältlich sind. Im einzelnen werden benötigt:

2 Präpariernadeln
1 Lanzettnadel
1 spitze Präparierschere
1 spitze und 1 gebogene Pinzette
Einige Skalpelle verschiedener Größe
1 feiner Pinsel
Einige fabrikneue Rasierklingen
Ein weiches, nicht fusselndes Leinentuch
Objektträger (76×26 mm)
Deckgläser (18×18 oder 20×20 mm)
Glattes, gut radierfähiges Zeichenpapier (kein Karton)
Mehrere Bleistifte verschiedener Härte (keine Drehbleistifte)
Radiergummi (weich)

1.2. Das Mikroskop

Abgesehen von einigen Ausnahmefällen, in denen auch die phasenkontrast-, dunkelfeld-, fluoreszenz- und polarisationsmikroskopischen Verfahren zu Demonstrationszwecken eingesetzt werden, stehen in den Anfängerkursen in der Regel nur relativ einfache Mikroskope zur Verfügung, weshalb sich der folgende Abschnitt ausschließlich mit der Hellfeld-Durchlicht-Mikroskopie befaßt.

Allgemeines: Zwei dicht nebeneinanderliegende Punkte können vom Auge nur dann »aufgelöst«, d. h. als zwei distinkte Punkte wahrgenommen werden, wenn der Winkel, den ihre Verbindungslinien mit der Mitte der Augenpupille bilden, der Sehwinkel, mindestens eine Bogenminute beträgt. Da die Größe des Sehwinkels sowohl vom Abstand der beiden Punkte, der bei einem Objekt als gegeben anzusehen ist, als auch von ihrer Entfernung vom Auge abhängt, kann der Sehwinkel durch

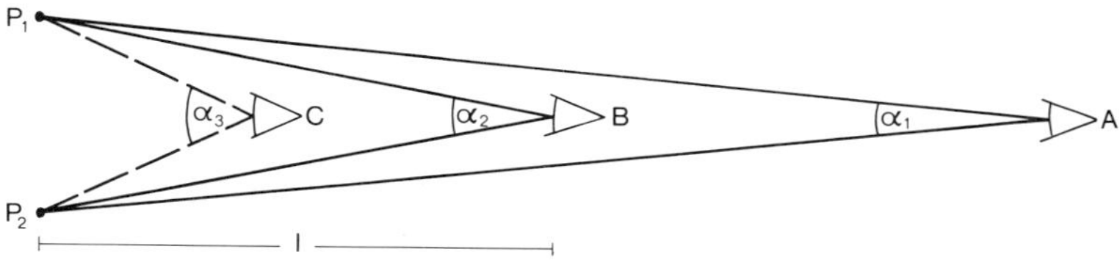

Fig. 1.1 Die Größe des Sehwinkels α, unter dem die beiden Punkte P_1 und P_2 dem Auge erscheinen, nimmt bei Annäherung des Auges von A nach B zu ($\alpha_2 > \alpha_1$). Bei weiterer Annäherung, etwa bis C, wird der Sehwinkel zwar noch größer ($\alpha_3 > \alpha_2$), doch wird jetzt die Abbildung durch das Auge unscharf, da C bereits innerhalb der Bezugssehweite (l) liegt.

Annäherung an das Auge vergrößert werden (Fig. 1.1). Dies ist jedoch nur bis zu einem Abstand von etwa 25 cm, der Bezugssehweite (= normale, deutliche Sehweite) möglich, da innerhalb der Bezugssehweite die Objekte dem Beobachter infolge der begrenzten Akkomodationsfähigkeit des Auges nur noch undeutlich erscheinen.

Durch Einschaltung einer Linse oder eines Linsensystems in den Strahlengang läßt sich der Sehwinkel von innerhalb der deutlichen Sehweite liegenden Gegenständen erheblich vergrößern. Derartige optische Instrumente nennt man Mikroskope. Auf diese Weise können noch dicht beieinanderliegende Punkte, die dem Auge bereits als ein Punkt erscheinen, aufgelöst werden. Je geringer der Abstand der beiden Punkte voneinander ist, um so größer muß das Auflösungsvermögen des Mikroskopes sein.

Lupe: Das einfachste Instrument zur Vergrößerung des Sehwinkels ist die Lupe, d.i. eine Linse (oder ein Linsensystem), deren Brennweite kürzer als die Bezugssehweite ist. Die Strahlenbegrenzung erfolgt hier durch die Augenpupille. Wie Fig. 1.2 zeigt, erscheint bei richtiger Einstellung der Lupe im Abstand der Bezugssehweite (l) ein aufrechtes, vergrößertes Bild BB' des betrachteten Objektes GG'. Da dieses Bild nicht auf einem Schirm aufgefangen werden kann, bezeichnet man es als scheinbar oder virtuell. Die Lupenvergrößerung V errechnet sich aus dem Quotienten von Bezugssehweite (l) und Brennweite (f):

$$V = \frac{l}{f}$$

Mit Lupen können Vergrößerungen bis zu etwa 50× erreicht werden, doch verwendet man für stärkere Vergrößerungen besser das Mikroskop.

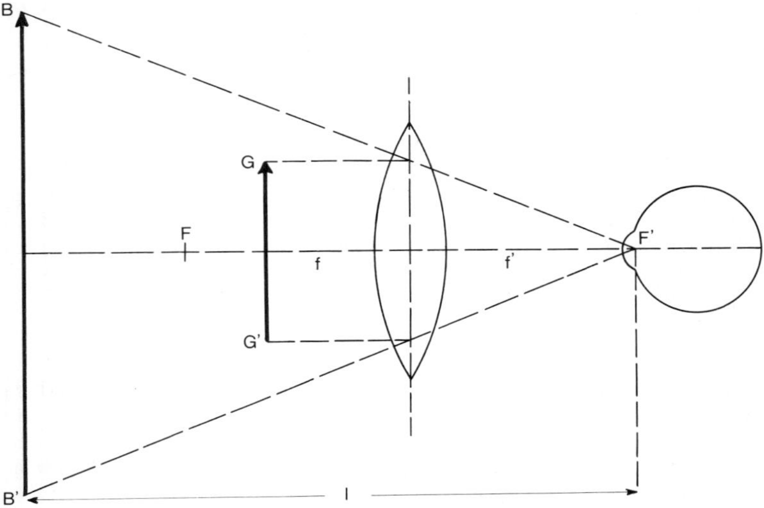

Fig. 1.2 Strahlengang der Lupe. BB' ist das vergrößerte, virtuelle Bild des Objektes GG'. F,F' = Brennpunkte, f,f' = Brennweite, l = Bezugssehweite.

Mikroskop: Die Bezeichnung »Mikroskop« wird heute in der Regel nur noch für das »zusammengesetzte Mikroskop« benutzt. Dieses besteht aus zwei Linsensystemen (in Fig. 1.3 durch einfache Linsen dargestellt), dem Objektiv und dem Okular, deren Abstand größer als die Summe ihrer Brennweiten ist. Die Strahlenbegrenzung erfolgt hier durch das Instrument. Das Objektiv ist am unteren Ende des Tubus montiert, also dem auf dem Objekttisch befindlichen Objekt zugekehrt, das Okular am oberen Ende, also dem Auge zugekehrt.

In Fig. 1.3 ist der Strahlengang im Mikroskop schematisch und vereinfacht dargestellt. Wie ersichtlich, erzeugt das Objektiv ein umgekehrtes, vergrößertes Bild B_1B_1' des Gegenstandes GG'. Es handelt sich um ein reelles Bild, das auf einem Schirm aufgefangen werden kann, z. B. auf einer Mattscheibe, die nach Herausziehen des Okulars auf den Rand der Tubusöffnung gelegt wird. Dieses Bild, das für ein auf unendlich eingestelltes Auge in der unteren Brennebene des Okulars liegt, wird durch das als Lupe wirkende Okular ohne nochmalige Umkehr weiter vergrößert. Das auf diese Weise entstehende virtuelle Bild B_2B_2', das für das entspannte Auge eigentlich im Unendlichen liegt, ist in Fig. 1.3 in die Bezugssehweite verlegt. Bezeichnet man die Brennweiten von Objektiv und Okular mit f_1 und f_2, den Abstand der beiden Brennebenen, die optische Tubuslänge, mit t und die Bezugssehweite mit l, so errechnet sich die Vergrößerung des zusammengesetzten Mikroskopes V wie folgt:

$$V = \frac{t \times l}{f_1 \times f_2}$$

Die Vergrößerung ist also gleich dem Produkt aus optischer Tubuslänge und Bezugssehweite dividiert durch das Produkt der Brennweiten von Okular und Objektiv.

Der Strahlengang im wirklichen Mikroskop ist in Fig. 1.4 wiedergegeben. Je nachdem, ob die Leuchte auf dem Fuß des Mikroskopes montiert oder vom Mikroskop getrennt ist, wird das Licht entweder direkt oder über den Mikroskopspiegel (Fig. 1.4) in den Kondensor geworfen, der die Lichtstrahlen in der Objektebene sammelt. Durch das Objektiv wird nun vom Objekt PQ ein reelles, umgekehrtes und vergrößertes Bild Q_1P_1 in der Ebene B_1 entworfen, das allerdings durch die untere Linse des Okulars, die Kollektivlinse, in die Ebene B_1' der Okularblende verlegt wird (Q_1'P_1'). Dieses Zwischenbild wird vom Auge durch die Augenlinse des Okulars wie mit einer Lupe betrachtet,

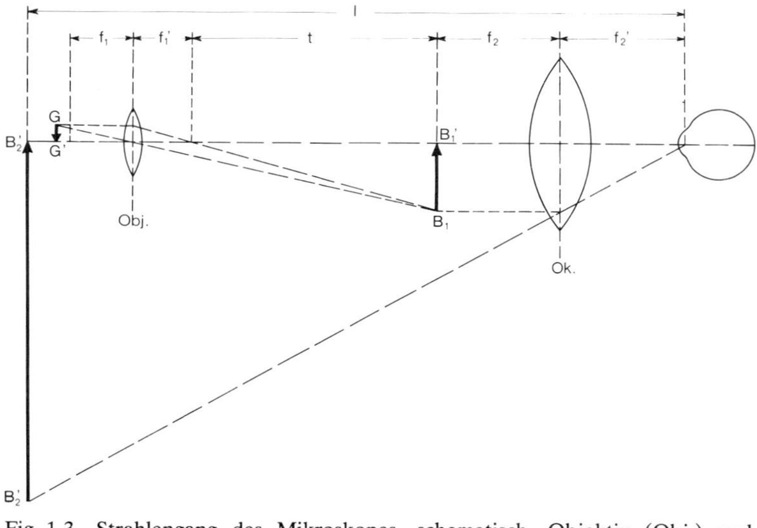

Fig. 1.3 Strahlengang des Mikroskopes, schematisch. Objektiv (Obj.) und Okular (Ok.) sind als einfache Linsen dargestellt. f_1,f_1' = Brennweiten des Objektivs, f_2,f_2' = Brennweiten des Okulars, t = optische Tubuslänge, l = Bezugssehweite, GG' = Objekt, B_1B_1' = umgekehrtes, reelles Bild, B_2B_2' = virtuelles Bild.

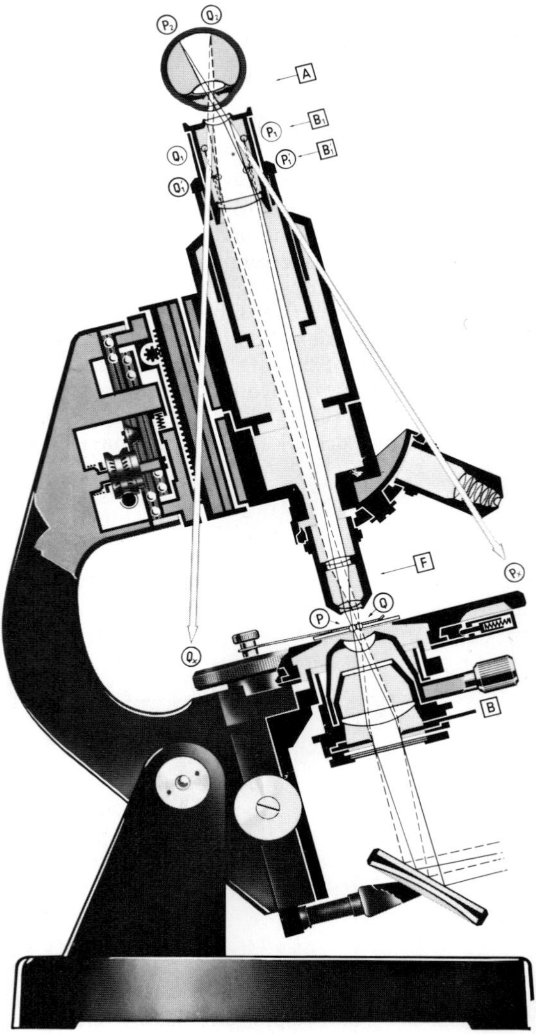

Fig. 1.4 Strahlengang im wirklichen Mikroskop (älteres Modell). Erklärungen im Text (aus der Druckschrift »Das Mikroskop und seine Anwendung«, mit freundlicher Genehmigung der Fa. Ernst Leitz, Wetzlar).

so daß auf der Netzhaut das Bild P_2Q_2 entsteht, dessen abbildende Strahlen von Q_x und P_x her zu kommen scheinen.

Da die Länge des Tubus, die zur Unterscheidung von der optischen Tubuslänge als mechanische Tubuslänge bezeichnet wird, bei den modernen Mikroskopen nicht verändert werden kann, ist die Vergrößerung für jede Objektiv-Okular-Kombination festgelegt. Um die Beobachtung bei verschiedenen Vergrößerungen zu ermöglichen, sind die Mikroskope mit mehreren Objektiven und Okularen ausgerüstet. Die Objektive sind an einem Revolver montiert, der beim Objektivwechsel weitergedreht wird. Dabei sind die Objektive genau zentriert und untereinander abgeglichen, so daß nach dem Objektivwechsel weder die betreffende Stelle des Präparates neu aufgesucht noch der Abstand zwischen Objektiv-Frontlinse und Präparat verändert werden muß. Die Okulare lassen sich aus dem Tubus herausziehen und auswechseln. Da die Herstellerfirmen sowohl die Objektive als auch die Okulare mit Vergrößerungsangaben versehen, errechnet sich die jeweilige Vergrößerung V durch einfache Multiplikation der Vergrößerung von Objektiv V_{obj} und Okular V_{ok}:

$$V = V_{obj} \times V_{ok}$$

Die modernen Kursmikroskope sind meist mit drei Objektiven (etwa 10, 20 und 40×) sowie zwei Okularen (etwa 6× und 12×) ausgestattet, ermöglichen also Vergrößerungen bis etwa 400×.

Entscheidend für die Qualität des mikroskopischen Bildes ist nun allerdings nicht allein die Vergrößerung, sondern vor allem das bereits erwähnte Auflösungsvermögen. Hierfür gilt die Beziehung

$$d_{min} = \frac{\lambda}{A_{obj}} \text{ bei gerader Beleuchtung und } d_{min} = \frac{\lambda}{2\,A_{obj}}$$

bei der hier allerdings nicht interessierenden schiefen Beleuchtung. Danach ist die kleinste noch auflösbare Struktur d_{min} um so kleiner, je kürzer die Wellenlänge λ der benutzten Strahlung und je größer die numerische Apertur des Objektes A_{obj} ist. Da beim Lichtmikroskop die Wellenlänge durch den Wellenbereich des sichtbaren Lichtes gegeben ist, wird sein Auflösungsvermögen allein durch die Apertur des Objektivs bestimmt. Diese ist gleich dem Produkt aus dem Brechungsindex n des zwischen Frontlinse und Deckglas befindlichen Mediums und dem Sinus des halben Öffnungswinkels α, also $A = n \times \sin \alpha$ (Fig. 1.5).

Bei Trockenobjektiven, die für Kursmikroskope fast ausschließlich Verwendung finden, ist der Brechungsindex etwa 1, entsprechend dem Brechungsindex der Luft. Die Leistung der Trockenobjektive wird also allein durch den Winkel α bestimmt. Da dessen theoretisch mögliche obere Grenze 90° beträgt, was einem Sinus von 1 entspricht, kann die

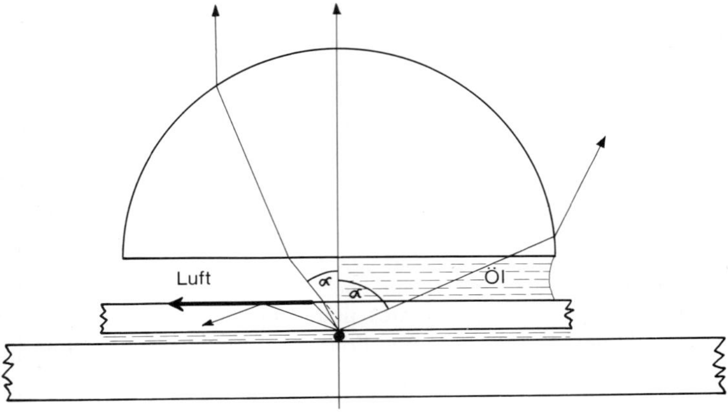

Fig. 1.5 Strahlengang durch Deckglas und Frontlinse bei Trocken- (links) und Immersions-Objektiven (rechts), schematisch.

Apertur eines Trockenobjektivs den Wert 1 nicht übersteigen. In der Praxis ist sie allerdings stets kleiner als 1, da ein Öffnungswinkel von 90° nicht zu realisieren ist. Die 40fach vergrößernden Objektive der Kursmikroskope haben eine Apertur von etwa 0,6 bis 0,65. Auch die Aperturen sind von den Herstellerfirmen auf den Objektiven eingraviert.

Für die Beobachtung mit Trockenobjektiven ist der Grenzwinkel der Totalreflexion von Bedeutung. Wie aus Fig. 1.5 ersichtlich, werden die Strahlen beim Austritt aus dem optisch dichteren Medium (Glas, $n = 1{,}52$) in das optisch dünnere Medium (Luft, $n = 1$) vom Einfallslot weg gebrochen. Bei einem Winkel von $\alpha = 42°$, eben dem Grenzwinkel der Totalreflexion, verläuft der gebrochene Strahl entlang der Grenzfläche des Deckglases (Pfeil in Fig. 1.5). Strahlen, die unter einem noch größeren Winkel einfallen, werden totalreflektiert.

Durch Einschaltung eines höherbrechenden Mediums zwischen Objektiv-Frontlinse und Deckglas bei den Immersionssystemen wird die numerische Apertur beträchtlich erhöht. Meist findet Immersionsöl mit einem Brechungsindex von 1,515 bis 1,52 Verwendung, was dem Brechungsindex des Kronglases entspricht. In diesem Falle bilden Deckglas, Öl und Frontlinse ein optisch nahezu homogenes Medium (man spricht daher von einer homogenen Immersion), das der durchfallende Lichtstrahl praktisch ungebrochen passiert (Fig. 1.5). Die Aperturen dieser Immersionssysteme liegen bei etwa 1,3 bis 1,4, also wiederum unter dem theoretisch möglichen Wert von 1,52.

Sehr wichtig für das Auflösungsvermögen, vom Anfänger häufig unterschätzt, ist die richtige Beleuchtung des Objektes. Für die Beobachtung mit schwach vergrößernden Objektiven bis zu einer Apertur von 0,3 genügt im allgemeinen der Hohlspiegel, dessen Brennpunkt in der Objektebene liegt (Fig. 1.6 A). Der Kondensor ist hierbei ausgeschaltet. Bei Beobachtung mit Objektiven höherer Apertur muß der Kondensor eingeschaltet werden. In diesem Falle ist grundsätzlich der Planspiegel zu benutzen (Fig. 1.4), sofern das Mikroskop nicht eine eingebaute Leuchte besitzt. Die Schnittweite des aus dem Kondensor austretenden Strahlenbündels ist so bemessen, daß der Brennpunkt bei hochgestelltem Kondensor etwa in der Objektebene liegt (Fig. 1.6 B). Da die Dicke der Objektträger jedoch meist etwas schwankt, muß nach jedem Wechsel des Präparates neu focussiert werden, d. h. die Höheneinstellung des Kondensors wird so korrigiert, daß der Lichtfleck im Präparat den kleinstmöglichen Durchmesser hat.

Während bei Mikroskopen mit eingebauter Mikroskopierleuchte die richtige Ausleuchtung durch die feste Montage der Leuchte gewährleistet ist, muß sie bei Mikroskopen, die mit Spiegeln ausgerüstet sind, stets kontrolliert werden. Hierzu wird das Okular herausgenommen und der Spiegel so eingestellt, daß die hintere Linse des Objektivs beim Hineinschauen in den Tubus gleichmäßig ausgeleuchtet ist. Das volle Auflösungsvermögen des Objektivs wird nur dann erreicht, wenn die Beleuchtungsapertur gleich der Objektivapertur ist, d. h., wenn das aus dem Kondensor austretende Strahlenbündel so groß ist, daß die äußersten Randstrahlen gerade noch in das Objektiv eintreten. Ist die Beleuchtungsapertur größer als die des Objektivs, so wird das Präparat überstrahlt, ist sie kleiner, so wird das Auflösungsvermögen des Objektivs nicht voll ausgenutzt. Die Beleuchtungsapertur wird durch die am Kondensor befindliche Aperturirisblende geregelt (Fig. 1.4). Hierzu schaut man wiederum bei herausgenommenem Okular in den Tubus und zieht die Irisblende so weit zu, bis ihr Bild auf der Hinterlinse des Objektivs erscheint. Jetzt ist die Beleuchtungsapertur gleich der Objektivapertur. Betrachtet man nun nach Einsetzen des Okulars das Präparat, so ist das mikroskopische Bild meist noch zu hell, und die Objekte erscheinen nicht kontrastreich genug. Da die Kursmikroskope in der Regel keine Leuchtfeldblende besitzen, muß in diesem Falle die Aperturirisblende noch weiter zugezogen werden, bis das Objekt kontrastreich erscheint. Von der Hinterlinse des Objektivs sind dann nur noch etwa $^3/_4$ bis $^1/_2$ der Fläche ausgeleuchtet. Hierdurch wird die tatsächliche Beobachtungsapertur natürlich verringert und das Auflösungsvermögen unter den erreichbaren Wert herabgesetzt. Deshalb sollte die Aperturblende auf keinen Fall weiter zugezogen werden, als zur Erhaltung eines ausreichenden Kontrastes unbedingt notwendig ist.

Abschließend seien die sich aus den theoretischen Betrachtungen

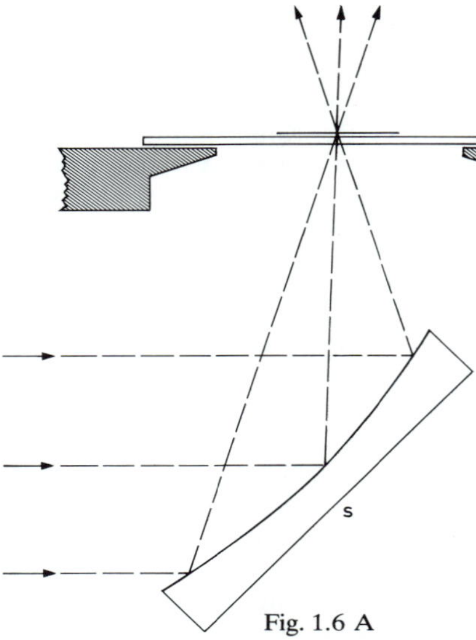

Fig. 1.6 A

Fig. 1.6 Beleuchtung des Objektes bei Verwendung A des Hohlspiegels und B des Kondensors in Verbindung mit dem Planspiegel. b = Blende, k = Kondensor, s = Spiegel.

ergebenden Regeln für die richtige Einstellung und Handhabung des Mikroskopes nochmals kurz zusammengefaßt:

1. Der Kondensor wird in die höchste Stellung gebracht und die Aperturirisblende geöffnet.
2. Durch Drehen am Revolver wird ein schwächeres Objektiv eingeschaltet und auf die Präparatebene eingestellt.
3. Bei Mikroskopen ohne eingebaute Mikroskopierleuchte wird nun das Okular herausgenommen und der Planspiegel unter Hineinschauen in den Tubus so eingestellt, daß die Hinterlinse des Objektivs gleichmäßig ausgeleuchtet ist.
4. Okular einsetzen, Präparat mit dem Deckglas nach oben auflegen und focussieren. Hierzu wird bei Verwendung stärkerer Objektive bei gleichzeitiger seitlicher Betrachtung der Tubus so weit gesenkt bzw., bei Mikroskopen mit festem Tubus, der Objekttisch so weit gehoben, bis sich die Frontlinse kurz über dem Deckglas befindet. Dann wird unter Hineinschauen in das Okular durch die Betätigung des Grob-

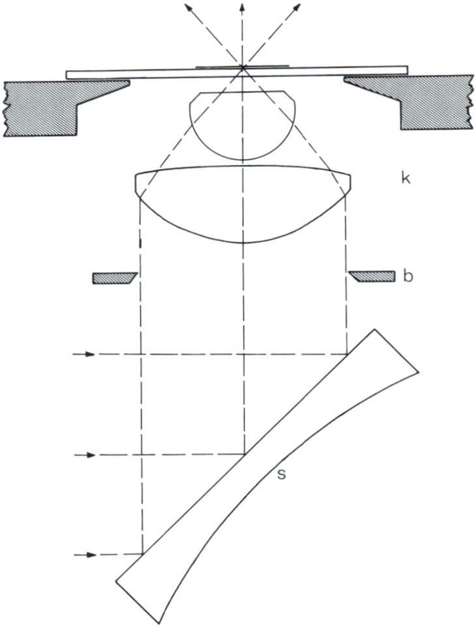

Fig. 1.6 B

triebes der Tubus so lange gehoben bzw. der Objekttisch gesenkt, bis das Bild scharf erscheint. Auf diese Weise wird das Aufstoßen des Objektivs auf das Deckglas und damit eine mögliche Beschädigung der Frontlinse vermieden. Bei schwachen Objektiven ist diese Maßnahme nicht erforderlich, da hier die Berührung des Deckglases mit der Frontlinse durch eine eingebaute Sperre verhindert wird. Die endgültige Scharfeinstellung erfolgt dann durch Drehen am Feintrieb.

5. Nun wird bei abermals herausgenommenem Okular die Irisblende so weit zugezogen, bis ihr Bild gleich dem Durchmesser der Hinterlinse des Objektivs ist. Jetzt ist die Beleuchtungsapertur gleich der Objektivapertur. Erscheint nach Einsetzen des Okulars das Präparat überstrahlt bzw. nicht kontrastreich genug, was meist der Fall ist, so muß die Aperturblende noch weiter zugezogen werden, jedoch nicht weiter, als zur Erzielung eines ausreichenden Kontrastes unbedingt erforderlich ist. Auf keinen Fall sollte die Blende weiter als halb zugezogen sein.

6. Zum Absuchen wird das Präparat mit der einen Hand langsam verschoben, während die andere Hand, je nach Vergrößerung, den

Grob- oder Feintrieb bedient, um eventuell in anderen Ebenen liegende Objekte oder Objektbereiche scharf einstellen zu können.

7. Übergang zu stärkerer Vergrößerung durch Objektivwechsel unter Drehen des Revolvers. Nachstellen der Bildschärfe mit dem Feintrieb. Sind die Objektive untereinander nicht abgeglichen, so muß wie unter Punkt 4 beschrieben, erneut focussiert werden.

8. Zur Vermeidung von Überanstrengung sollte man beim Mikroskopieren stets beide Augen offen halten und das Auge auf unendlich akkommodieren.

9. Während die eine Hand zeichnet, soll die andere stets den Feintrieb betätigen. Dies ist besonders bei räumlich ausgedehnten Objekten wichtig, da das Mikroskop wegen seiner geringen Tiefenschärfe nur eine Ebene erfaßt.

1.3. Das Zeichnen

Die Zeichnungen werden grundsätzlich mit Bleistift angefertigt. Man gewöhne sich von Anfang an daran, nicht zu stricheln, sondern die Linien glatt durchzuziehen, und zwar zunächst nur dünn. Nach Fertigstellung des Entwurfs wird stärker nachgezogen, jedoch nicht so stark, daß die Linien durchgedrückt auf der Rückseite erkennbar sind. Da häufiges Radieren beim Anfänger fast unvermeidlich ist, empfiehlt es sich, gut radierfähiges, glattes Zeichenpapier zu verwenden, jedoch keinen Karton. Die Rückseiten der Zeichenblätter bleiben unbenutzt.

Alle Zeichnungen sind möglichst groß anzulegen, damit später noch genügend Details eingezeichnet werden können. Sie sollen etwa ⅔ bis ¾ des zur Verfügung stehenden Raumes einnehmen, so daß oben oder unten noch Platz für die Beschriftung bleibt. Diese muß folgende Angaben enthalten: Name und systematische Stellung des Objekts, Bezeichnung des Organs, Gewebes oder untersuchten Details, Schnittrichtung (sofern nicht Totalpräparat), benutzte mikroskopische Vergrößerung sowie gegebenenfalls Angaben über besondere Behandlung mit Reagenzien, Farbstoffen usw.

Die zeichnerische Darstellung kann, je nach Objekt und Zielsetzung, auf verschiedene Weise erfolgen. Soll z. B. der morphologische Bau eines Organs in einer makroskopischen Gesamtansicht festgehalten werden, so empfiehlt sich die räumliche Darstellung, bei der man auf Schattierungen, Grautöne u. ä. natürlich nicht verzichten kann. Fig. 1.7 zeigt dies am Beispiel eines Rhizoms von *Iris germanica*.

Für großflächige Übersichtszeichnungen von Schnittbildern, z. B. Stengelquerschnitten, genügen in der Regel schematische Skizzen (Fig. 1.8),

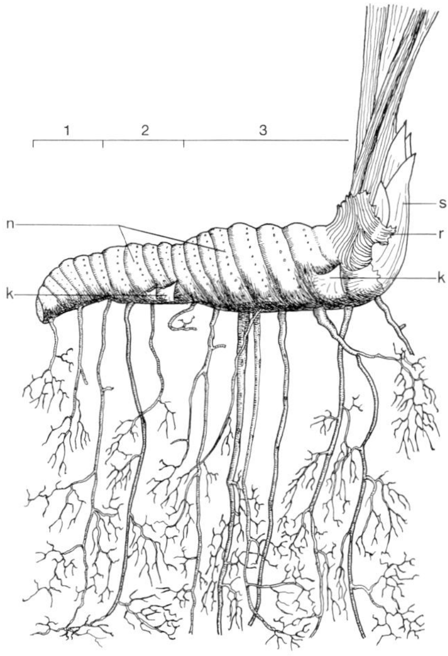

Fig. 1.7 Gesamtansicht eines unverzweigten Rhizoms von *Iris germanica* im spätherbstlichen Stadium.

k = ruhende Knospen,
n = Blattnarben,
r = verdorrter Rest eines Blattes,
s = Sproßknospe;
1, 2, 3 = Zuwachs des 1., 2. und 3. Jahres (ca. ½ nat. Gr.)

in denen lediglich die Konturen gezeichnet und gegebenenfalls einzelne Gewebeelemente durch Schraffuren, Punktierung o. ä. hervorgehoben werden.

Sollen die für bestimmte Gewebe charakteristischen Zellmuster ganz oder in Ausschnitten wiedergegeben werden, so sind die Zellwände

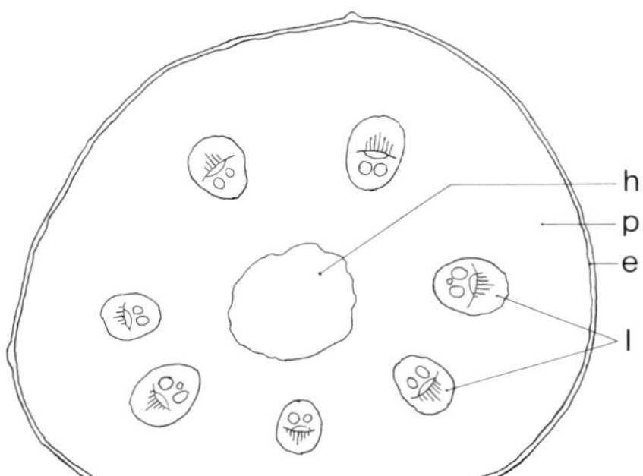

Fig. 1.8 Querschnitt durch einen Ausläufer von *Ranunculus repens*, schematisch. e = Epidermis, h = zentraler Hohlraum, l = Leitbündel, p = Parenchymgewebe.

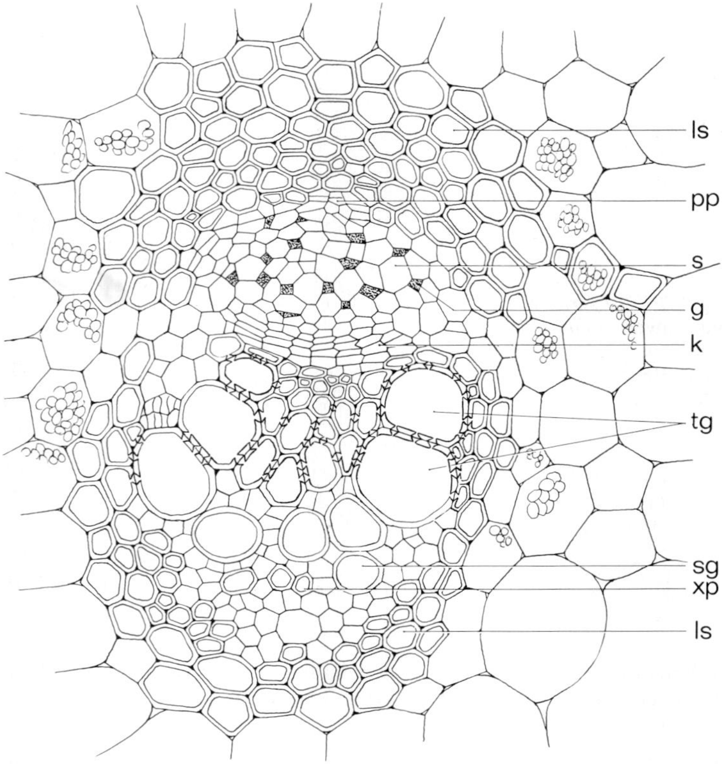

Fig. 1.9 Zeichnung eines Querschnittes durch ein Leitbündel von *Ranunculus repens.* Das photographische Original dieser Zeichnung ist in Fig. 1.10 wiedergegeben. g = Geleitzelle, k = ehemaliges Kambium, ls = Leitbündelscheide, pp = Phloemprimanen, s = Siebröhren, sg = Schraubengefäße, tg = Tüpfelgefäße, xp = Xylemprimanen.

durch einfache Linien darzustellen. Bei Zellen mit stark verdickten Zellwänden sollten jedoch auch die Lumina eingezeichnet werden. Fig. 1.9 zeigt diese Zeichentechnik am Beispiel eines Leitbündels von *Ranunculus repens,* dessen photographisches Original in Fig. 1.10 wiedergegeben ist. Meist ist es allerdings gar nicht nötig, den gesamten Gewebekomplex zellulär darzustellen. So hätte es im vorliegenden Falle durchaus genügt, die eine Hälfte des Leitbündels zellulär zu zeichnen und die andere, spiegelbildlich etwa gleiche, schematisch zu ergänzen.

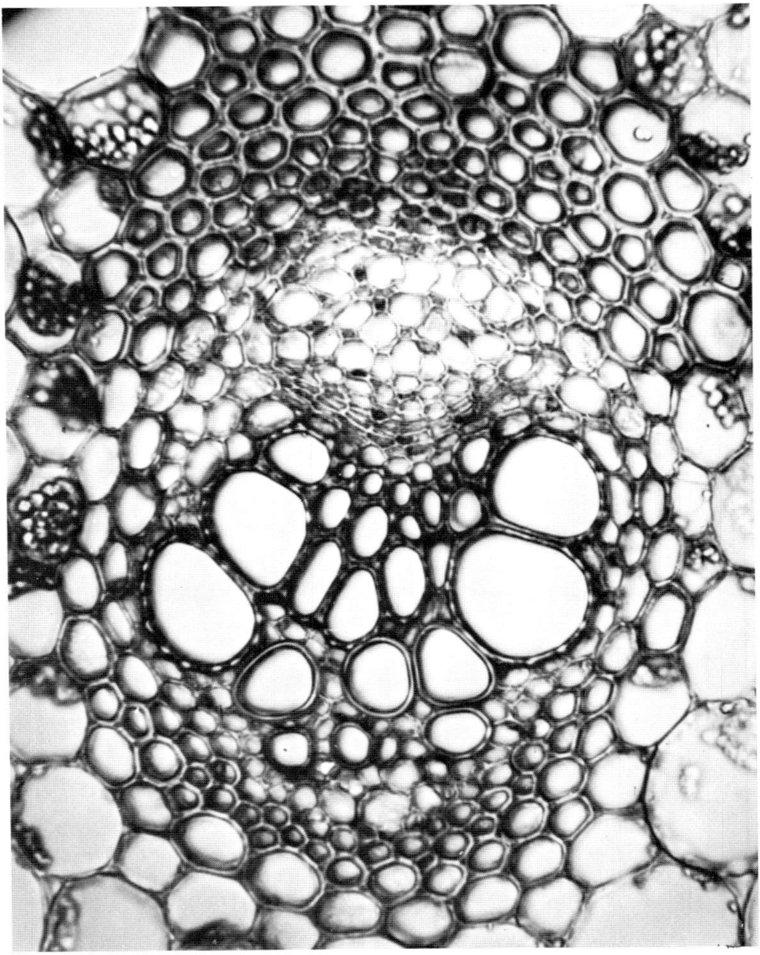

Fig. 1.10 Leitbündel von *Ranunculus repens* (250 ×, 6fach nachvergrößert).

Eine weitere Technik, die jedoch eine erhebliche Übung erfordert, und von der man daher wohl nur in besonderen Fällen Gebrauch machen wird, ist die räumliche Darstellung von Zellen und Geweben. Sie ist vor allem dann angebracht, wenn die normale Zeichnung, die ja nur eine Ebene erfaßt, die tatsächlichen Verhältnisse so unvollkommen wieder-

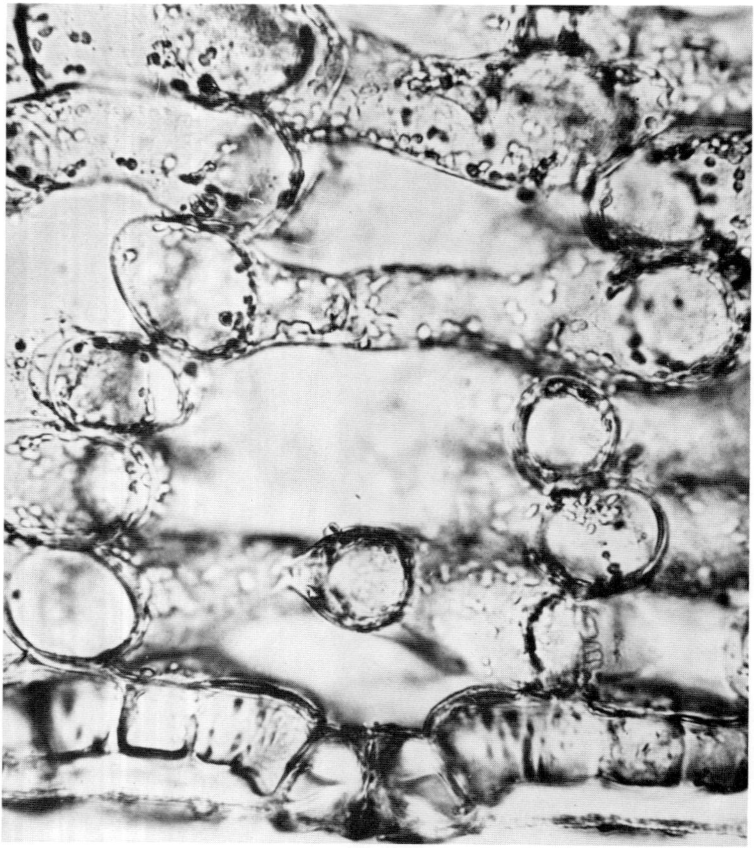

Fig. 1.11 Schnitt durch das Schwammparenchym und die untere Epidermis mit Spaltöffnung von *Helleborus niger* (500 ×, 7fach nachvergrößert).

gibt, daß die räumliche Anordnung der einzelnen Elemente nicht klar wird. Fig. 1.12 zeigt dies am Beispiel des Schwammparenchyms von *Helleborus niger*. Das photographische Original der Zeichnung ist in Fig. 1.11 wiedergegeben. Auf Schattierungen, Schraffuren u. ä. kann natürlich auch in diesem Falle nicht verzichtet werden.

Für die Zeichnung einer oder weniger Zellen im Verband bei starker Vergrößerung empfiehlt sich das Einzeichnen der Mittellamelle, so daß die aneinanderstoßenden Wände zweier benachbarter Zellen jeweils mit

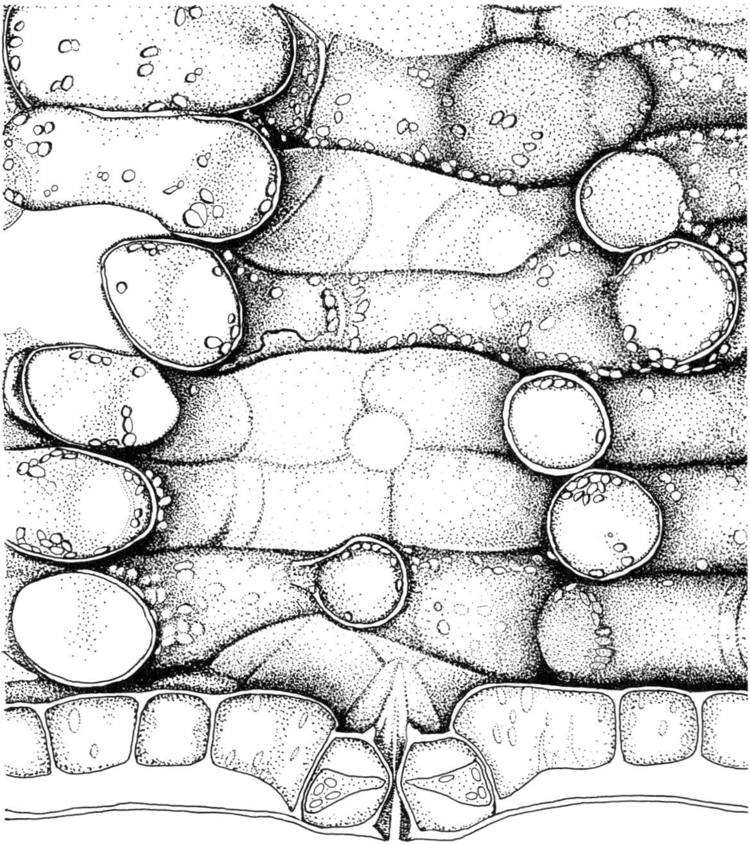

Fig. 1.12 Räumliche Darstellung der Fig. 1.11 nach Scharfeinstellung auf verschiedene Ebenen.

drei Linien dargestellt werden (Fig. 1.13). Einerseits kommen auf diese Weise charakteristische Wandverdickungen, z. B. bei den Kollenchymen und Sklerenchymen, klarer zum Ausdruck, und andererseits wird auch die Lage der Interzellularen besser verständlich. Nicht scharf begrenzte Strukturen sind durch feine unterbrochene Linien oder Punktierungen anzudeuten.

Eine wesentliche Voraussetzung der naturgetreuen Wiedergabe, die dem Anfänger meist einige Schwierigkeiten bereitet, ist die Einhaltung

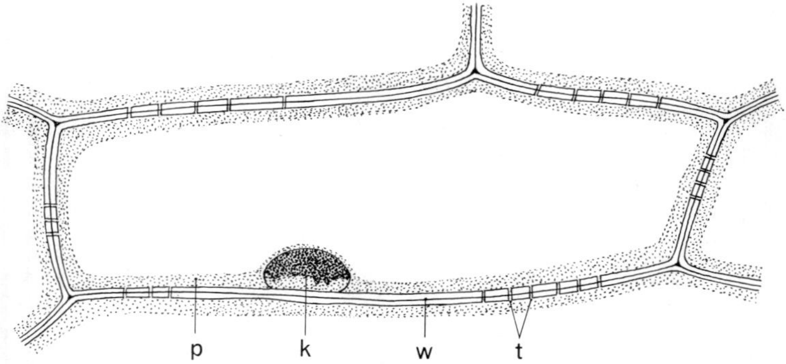

Fig. 1.13 Zeichnung einer Epidermiszelle von *Allium cepa.* k = Zellkern, p = Plasma, t = Tüpfel, w = Zellwand.

der Proportionen. So werden z. B. bei parenchymatischen Zellen die dünnen Wände (Fig. 4.2) im Vergleich zum Zelldurchmesser meist viel zu dick gezeichnet, und bei Epidermiszellen mit verdickten Außenwänden (Fig. 5.9) wird das richtige Verhältnis zum Durchmesser der übrigen Zellwände nur selten getroffen. Andererseits wird der Zellkern, dessen Durchmesser bei meristematischen Zellen $^2/_3$ bis $^3/_4$ des Zelldurchmessers betragen kann, oftmals zu klein eingezeichnet. In diesen Fällen können die im vorliegenden Buch wiedergegebenen photographischen Abbildungen eine Hilfe sein, da sich aus ihnen die ungefähren Größenverhältnisse leicht entnehmen lassen.

Das Ausmalen der Zeichnungen mit Farbstiften ist grundsätzlich unerwünscht. Allgemein gilt die Regel, daß Schreibwerkzeuge, deren Linien sich durch Radieren nicht oder doch nur schwer entfernen lassen, keine Verwendung finden sollen.

2. Die Zelle

Die Zelle ist die kleinste noch selbständig lebensfähige Einheit eines Organismus. Entweder besteht, wie bei den Einzellern, der ganze Organismus nur aus einer einzigen Zelle, oder es sind mehrere bis viele Zellen zu Zellverbänden höherer Organisationsformen, in der höchsten Stufe zu Vielzellern, miteinander verbunden. Es erscheint daher zweckmäßig, mit der Untersuchung der Zelle zu beginnen.

Das Substrat der Lebensvorgänge ist das Protoplasma. Den Anteil des Protoplasmas, der in einer Zelle enthalten ist, bezeichnen wir als den Protoplasten. Bei pflanzlichen Zellen ist er im typischen Falle von einer Zellwand umgeben. Die Hauptmasse des Protoplasten macht das Cytoplasma aus. Es umschließt den Zellkern, die Plastiden und sonstigen Organelle bzw. Zelleinschlüsse. Während der Protoplast die embryonale bzw. meristematische Zelle ganz ausfüllt, tritt mit deren zunehmendem Wachstum und fortschreitender Differenzierung die Vakuolenbildung ein, die ihren Abschluß in der Bildung einer großen Zentralvakuole findet. Diese ist vom Zellsaft erfüllt und nimmt den weitaus größten Teil des Zellinnenraumes ein, so daß das Plasma auf einen dünnen Wandbelag beschränkt ist. Der Zellkern befindet sich in einer Plasmaansammlung, der Kerntasche, die häufig im Vakuolenraum an dünnen Plasmafäden aufgehängt ist und über diese mit dem plasmatischen Wandbelag in Verbindung steht.

Das Cytoplasma erscheint im Lichtmikroskop homogen und strukturlos (Hyaloplasma). Außer den oben erwähnten Organellen enthält es jedoch häufig zahlreiche kleine granuläre Einschlüsse, die man früher insgesamt als Mikrosomen bezeichnet hat. Wie wir heute wissen, handelt es sich hierbei allerdings um Zelleinschlüsse recht verschiedenen Charakters. Mit ihrer Hilfe lassen sich die häufig zu beobachtenden Plasmaströmungen verfolgen, die entweder streng gerichtet (Rotation) oder unregelmäßig (Zirkulation) verlaufen. Die Plasmaströmungen können auch durch Verletzung (Traumatodinese), durch Licht (Photodinese) oder durch Zusatz gewisser Chemikalien (Chemodinese), z.B. L-Histidin, ausgelöst bzw. verstärkt werden.

Der Zellkern ist durch die Kernhülle mehr oder weniger scharf gegen das Cytoplasma abgegrenzt. Er ist etwas stärker lichtbrechend als das Cytoplasma, erscheint aber im Lichtmikroskop meist ebenfalls homogen oder höchstens fein granulär. Die in Ein- oder Mehrzahl vorhandenen Nucleoli (Kernkörperchen) sind im lebenden Zustand nicht immer deutlich zu erkennen.

Der Protoplast ist beiderseits von Biomembranen begrenzt. Die äußere bezeichnet man als Plasmalemma, die innere als Tonoplast. Da der

Protoplast normalerweise der Zellwand anliegt, ist das Plasmalemma im Lichtmikroskop meist nicht zu erkennen. Dagegen erscheint das Plasma gegen die Vakuole durch den Tonoplasten deutlich abgegrenzt. Die Plasmamembranen sind selektiv permeabel (halbdurchlässig). Setzt man dem Präparat eine höher konzentrierte Salz- oder Zuckerlösung zu, so tritt Plasmolyse ein, d.h. infolge des Wasseraustritts aus der Vakuole und deren dadurch verursachte Verkleinerung löst sich der Plasmaschlauch, der gewissermaßen an der Vakuole haften bleibt, von der Zellwand ab. Im plasmolysierten Zustand ist der dünne Plasmaschlauch deutlich zu erkennen. Benachbarte Zellen sind durch dünne Plasmafäden, die Plasmodesmen, untereinander verbunden.

2.1. *Allium cepa:* Epidermiszellen der Zwiebelschalen

Material: Ruhende Zwiebel von *Allium cepa* (Küchenzwiebel, Liliaceae, Liliales).

Reagenzien: Jodjodkalium-Lösung. Meist wird Lugolsche Lösung benutzt, die man durch Auflösen von 2 g Kaliumjodid und 1 g Jod in 300 ml destilliertem Wasser erhält. Das Verhältnis von Kaliumjodid und Jod kann, ebenso wie die Gesamtkonzentration, variiert werden.

Präparation: Eine Zwiebel wird der Länge nach in vier gleiche Teile zerlegt. Durch quer geführte Schnitte werden von jedem Viertel die Basis (der sogenannte Zwiebelkuchen) und die vertrocknete Spitze entfernt, so daß die einzelnen Schalen sich leicht voneinander lösen. Die untere (=äußere) Epidermis, die die Zwiebelschale auf der konvexen Seite überzieht, ist fest mit dem Mesophyll verbunden. Sie läßt sich nur schwer entfernen und ist deshalb für die Präparation weniger geeignet. Dagegen ist die matt aussehende Epidermis der konkaven Oberseite nur locker mit dem Mesophyll verbunden und kann leicht abpräpariert werden. Hierzu wird die Epidermis durch mehrere parallele, quer und längs geführte Einschnitte in Rechtecke aufgeteilt. Eines dieser Rechtecke wird mit der Pinzette an einer Ecke angefaßt, vorsichtig abgezogen, auf einen Objektträger mit einem Tropfen Wasser übertragen, so daß die Oberseite oben liegt, und mit einem Deckglas abgedeckt. Überschüssiges Wasser wird mit einem schmalen Streifen Fließpapier seitlich abgesaugt, um eine Verschmutzung, bzw. bei Verwendung von Reagenzien und Säuren, eine Beschädigung des Objekttisches zu vermeiden. Objektträger und Deckglas sind vorher mit einem Tuch zu säubern. Es ist darauf zu achten, daß sich keine Wassertropfen auf der Oberseite des Deckglases befinden, da sie das mikroskopische Bild verschleiern. Bei Benutzung stärkerer Vergrößerungen besteht zudem die Gefahr, daß die Tropfen mit dem Objektiv in Berührung kommen, was bei Verwendung von Reagenzien zur Beschädigung der Frontlinse führen kann.

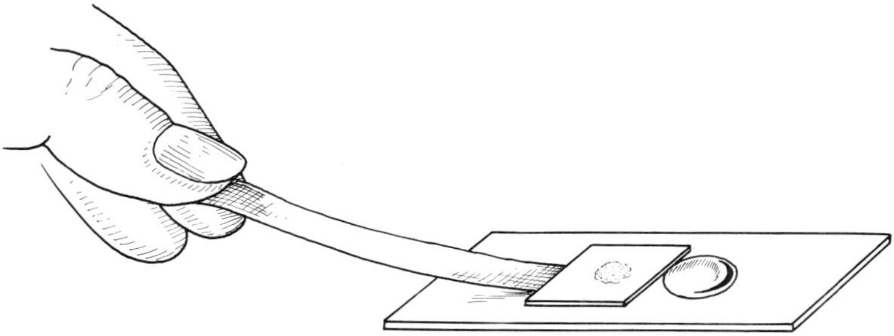

Fig. 2.1 Durchsaugen von Reagenzien durch ein mikroskopisches Präparat.

Will man einem Präparat nachträglich ein Reagenz zufügen, so wird ein Tropfen desselben an dem einen Rand des Deckglases zugesetzt und mit Hilfe eines auf der gegenüberliegenden Seite angesetzten Fließpapierstreifens durch das Präparat gesaugt (Fig. 2.1).

Aufgabe: Zunächst wird das Präparat bei schwächerer Vergrößerung eingestellt und das charakterische Zellmuster der Epidermis in einem Übersichtsbild festgehalten (Fig. 2.2 A). Für die Zeichnung einer einzelnen Zelle wird das stärkste zur Verfügung stehende Objektiv benutzt.

Beobachtungen: Die Außenwand der Epidermis läßt bei stärkerer Abblendung eine Streifung der Cuticula erkennen, die Cuticularfalten. Die Zellwände zwischen benachbarten Epidermiszellen sind von Tüpfeln durchbrochen (vgl. Fig. 1.13). Das Cytoplasma ist auf einen dünnen Wandbelag begrenzt, der die Zelle auskleidet und die Zellsaftvakuole umschließt. Größere Plasmaansammlungen finden sich an den spitz zulaufenden Enden der Zellen (Fig. 2.2 B). Außerdem erstrecken sich einzelne Plasmastränge in verschiedener Richtung durch den Vakuolenraum. Sie laufen in der Kerntasche zusammen. Der Zellkern liegt in der Regel einer Wandfläche an und ist schon bei schwächerer Vergrößerung deutlich zu erkennen. Er hat einen Durchmesser von etwa 25 µm. In Aufsicht erscheint er rund, in seitlicher Ansicht linsenförmig (Fig. 2.2 C). Er besitzt eine feinkörnige Struktur und enthält ein bis mehrere Nucleoli, die allerdings nicht immer deutlich zu erkennen sind.

Das Cytoplasma erscheint hyalin und strukturlos. Es enthält kleine, bei zugezogener Blende deutlicher werdende Einschlüsse verschiedener Größe und Gestalt, die »Mikrosomen«. Sie ermöglichen die Beobachtung der Plasmaströmung, von der sie passiv mitgeschleppt werden. Wie die Betrachtung mit stark vergrößernden Objektiven zeigt, sind sie meist rund, scharf konturiert und erscheinen bei zugezogener Blende dunkel.

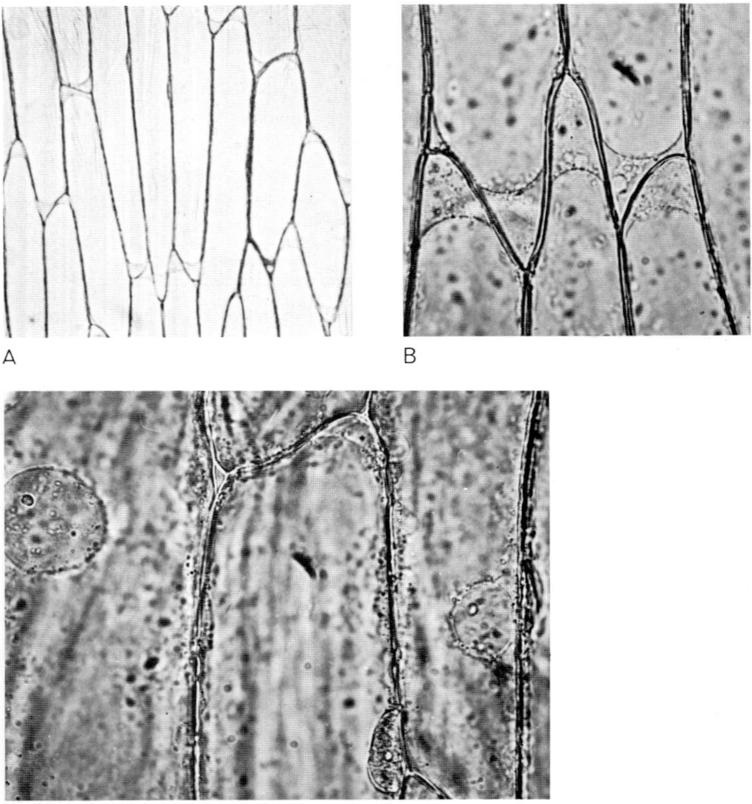

Fig. 2.2 Epidermis der Zwiebelschalen von *Allium cepa.* A. Übersichtsbild (100×), B. Zellen stärker vergrößert, mit Plasmaansammlungen an den Zellenden (300×), C. Zellen bei noch stärkerer Vergrößerung. Zellkerne mit Nucleoli, teils in Aufsicht, teils in seitlicher Ansicht (500×).

Es handelt sich hierbei vorwiegend um Lipidtröpfchen. Daneben finden sich langgestreckte, ein bis mehrere μm messende, stäbchen-, faden- oder hantelförmige Gebilde, die Mitochondrien. Sie sind relativ kontrastarm und deshalb im Hellfeld kaum zu erkennen. Dies trifft auch für die Leukoplasten zu, die eine runde oder ovale, bisweilen auch amöboide Gestalt haben und ebenfalls ein bis mehrere μm messen. Auch sie werden durch die Plasmaströmung passiv verschleppt.

Durch Fixierung mit Jodjodkalium-Lösung kann man den Kontrast der plasmatischen Strukturen erhöhen. Der Zellkern nimmt eine bräunliche Färbung an, die Nucleoli treten deutlicher hervor, und das Cytoplasma erscheint mehr oder weniger granulär. Es ist jedoch zu beachten, daß ein Teil der jetzt sichtbaren Strukturen Fixierungsartefakte sind. Besser als im Hellfeld und im fixierten Präparat lassen sich die Plasmaeinschlüsse im Dunkelfeld und im Phasenkontrast nachweisen. Im Dunkelfeld leuchten die Zellwände und der Zellkern hell auf, wobei der Zellkern eine Strukturierung erkennen läßt. Der Zellsaft und die cytoplasmatische Grundsubstanz sind optisch leer und erscheinen dunkel. Nur die »Mikrosomen« leuchten hell auf, während Mitochondrien und Leukoplasten sich durch feine, silbrig helle Konturen abzeichnen. Im Phasenkontrastbild treten die Nucleoli und die Strukturen des Zellkerns deutlich hervor. Die »Mikrosomen« erscheinen schwarz, die Mitochondrien und Leukoplasten mattgrau.

2.2. *Cucurbita pepo:* Plasmaströmung (Zirkulation) in den Haarzellen

Material: Jüngere Sprosse von *Cucurbita pepo* (Kürbis, Cucurbitaceae, Cucurbitales) als Frischmaterial. Auch andere *Cucurbita*-Arten sind geeignet.

Präparation: Mit der Rasierklinge werden einige Haare an ihrer Basis vorsichtig vom Stengel abgetrennt, in einen Tropfen Wasser übertragen und mit dem Deckglas abgedeckt.

Aufgabe: Bei stärkerer Vergrößerung ist eine Haarzelle zu zeichnen und die Richtung der Plasmaströmung an verschiedenen Stellen des Wandbelages sowie in den Plasmasträngen durch Pfeile zu markieren.

Beobachtungen: Die Haare von *Cucurbita* sind mehrzellig. Bei den kleineren Haaren liegt in der Regel nur eine Reihe von Zellen vor. Größere Haare sind an der Basis meist mehrreihig, laufen aber ebenfalls in eine einreihige Spitze aus. Auch Haare mit mehrzelligen Köpfchen kommen vor.

Zur Beobachtung wählt man zweckmäßigerweise die basalen Zellen eines einreihigen Haares. Das Plasma ist hier nicht auf den Wandbelag beschränkt, sondern durchzieht auch in Strängen den Vakuolenraum (Fig. 2.3 A). An diesen Strängen ist in einer Plasmatasche der Zellkern aufgehängt (Fig. 2.3 B). Er ist groß und besitzt deutlich erkennbare Nucleoli.

Das Plasma befindet sich in einer relativ langsamen, ziemlich gleichmäßigen Bewegung. Die Strömung des Plasmas ist an den mitgeschleppten

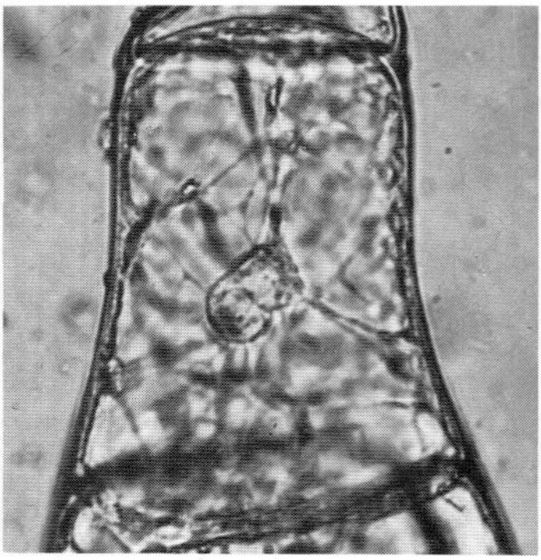

A

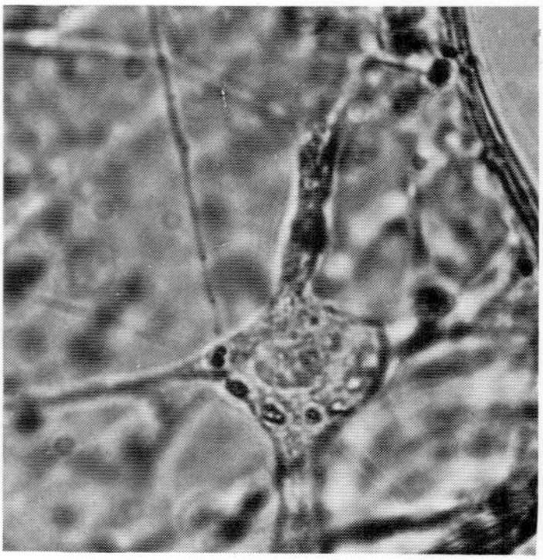

B

Fig. 2.3 *Cucurbita pepo*. A. Basale Haarzelle (500 ×), B. Zellkern in Kerntasche an Plasmafäden aufgehängt (1000 ×). In der Kerntasche sind einige Plastiden zu erkennen.

»Mikrosomen« und Plastiden leicht zu erkennen. Die Strömungsrichtung ist sowohl in den verschiedenen Bereichen des Wandbelages als auch in den einzelnen Strängen verschieden, nicht selten sogar in eng benachbarten Partien bzw. in ein und demselben Strang gegenläufig. Bisweilen ändert die Strömung in begrenzten Bereichen ihre Richtung, oder sie kommt ganz zum Stillstand, um nach einer kürzeren oder längeren Phase der Ruhe in der ursprünglichen oder in einer anderen Richtung wieder in Gang zu kommen. Man bezeichnet diesen Typus der Plasmaströmung als Zirkulation. Die Plasmastränge wechseln, wie man bei längerer Beobachtung erkennt, ständig ihre Lage und Gestalt, weshalb auch der daran aufgehängte Kern seine Lage im Zellraum ständig verändert.

2.3. *Vallisneria spiralis:* Plasmaströmung (Rotation) in den Mesophyllzellen

Material: Nicht zu alte Blätter von *Vallisneria spiralis* oder *Vallisneria gigantea* (Hydrocharitaceae, Hydrocharitales), in etwa 4 cm lange Stücke geschnitten. Die Blattspitzen und -basen werden verworfen. Es empfiehlt sich, die Pflanzen erst kurz vor Gebrauch aus dem Gewächshaus zu holen.

Reagenzien: 0,01 M Lösung von L-Histidin.

Präparation: Zur Herstellung eines Flächenschnittes legt man ein Blattstück über den Zeigefinger, hält die beiden Enden mit Daumen und Mittelfinger fest und führt den Schnitt parallel zur Blattfläche. Am günstigsten sind Flächenschnitte der Blattunterseite nahe der Mittelrippe. Die Schnittdicke sollte etwa eine halbe Blattdicke betragen. Da nicht die Epidermis-, sondern die Mesophyllzellen zur Beobachtung kommen sollen, wird der Schnitt mit der Epidermis nach unten in einen Tropfen Wasser übertragen und mit dem Deckglas abgedeckt. Falls erforderlich, kann die Plasmaströmung durch Übertragung des Objektes in 0,01 M Lösung von L-Histidin, durch leichte Erwärmung oder durch Belichtung verstärkt werden.

Aufgabe: Einige Zellen sind im Verband bei stärkerer Vergrößerung zu zeichnen. Nach Einsetzen der Plasmaströmung ist die Strömungsrichtung in den benachbarten Zellen durch Pfeile zu markieren.

Beobachtungen: In den etwas langgestreckten Mesophyllzellen läßt sich die Plasmaströmung leicht an Hand der mitgeführten Chloroplasten verfolgen (Fig. 2.4). Die Plasmaströmung wird durch die Verletzung des Gewebes bei der Präparation ausgelöst (Traumatodinese). Es empfiehlt sich daher, nach Fertigstellung des Präparates einige Minuten zu warten, um eine kräftige Strömung zu erhalten. Auch in unverletzten Blättern von *Vallisneria* kann durch Belichtung (Photodinese) oder durch den Zusatz bestimmter Chemikalien (Chemodinese), wie z. B. L-Histidin, eine Plasmaströmung ausgelöst werden. Durch Erhöhung der Temperatur wird sie merklich beschleunigt. Meist genügt es, wenn man den Objektträger zur Erwärmung auf den Handballen legt.

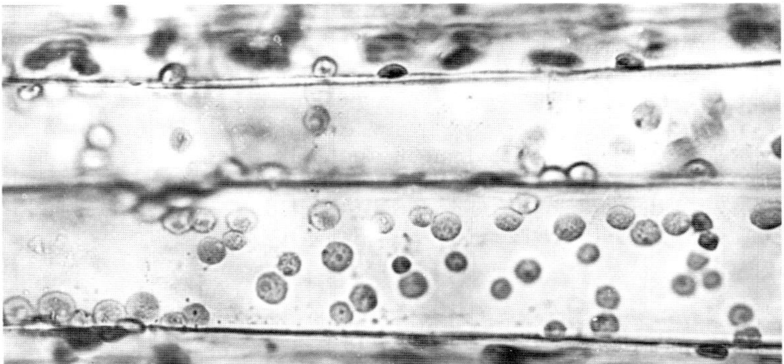

Fig. 2.4 Mesophyllzellen von *Vallisneria spiralis*. Chloroplasten teils in Aufsicht, teils in seitlicher Ansicht (500×).

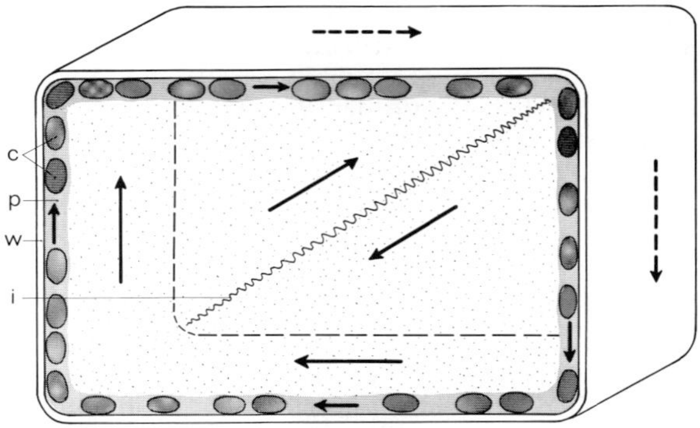

Fig. 2.5 Räumliche Darstellung einer Zelle mit Rotationsströmung, schematisch. Die Pfeile geben die Richtung der Strömung im Plasma-Wandbelag an. c = Chloroplasten, i = Indifferenzstreifen, p = Plasma, w = Zellwand.

Dem Typus nach ist die Plasmaströmung bei *Vallisneria* als Rotation zu bezeichnen, d. h. das Plasma, das hier auf einen Wandbelag beschränkt ist (Fig. 2.5), strömt mit Ausnahme der in Ruhe befindlichen Grenzschichten mit annähernd gleichbleibender Geschwindigkeit in gleichbleibender Richtung um die Zelle. Hierbei werden die Chloroplasten und der linsenförmig abgeflachte Zellkern, der allerdings meist durch die Chloroplasten verdeckt ist, passiv mitgeschleppt. Auf den einander gegenüberliegenden, bezogen auf die Rotationsrichtung seitlichen Zellflächen fließen zwei Ströme in entgegengesetzter Richtung. Zwischen beiden liegt ein »Indifferenzstreifen«, in dem sich das Plasma in Ruhe befindet (Fig. 2.5).

2.3. a) ***Elodea canadensis:*** Die gleichen Phänomene lassen sich an den langgestreckten Zellen der Mittelrippe der Blättchen von *Elodea canadensis* (kanadische Wasserpest, Hydrocharitaceae, Hydrocharitales) beobachten. Die Blätter sind gut durchstrahlbar, weshalb sie als Ganzes auf den Objektträger übertragen und beobachtet werden können. Auch hier kann die Plasmaströmung durch Verwundung oder andere Faktoren (s. o.) ausgelöst werden.

2.4. *Limnobium stoloniferum:* Plasmaströmung in den Wurzelhaaren

Material: Gewächshauspflanzen von *Limnobium stoloniferum* (syn. *Trianea bogotensis, Hydromystria stolonifera,* Hydrocharitaceae, Hydrocharitales) mit jüngeren Wurzeln. Sollten die Pflanzen nur wenige jüngere Wurzeln haben, so empfiehlt es sich, alle alten Wurzeln abzuschneiden, die Pflanzen in frisches Leitungswasser zu übertragen und bei etwa 20°C im Tageslicht zu halten. Nach 5–7 Tagen hat man dann geeignete Wurzeln in größerer Zahl zur Verfügung. Auch die Wurzelhaare von *Hydrocharis morsus-ranae* (Froschbiß, gleiche Familie) sind geeignet.

Präparation: Eine junge, mit zahlreichen Wurzelhaaren besetzte Wurzel wird vorsichtig mit der Schere oder einem Skalpell von der Pflanze abgetrennt, mit der Pinzette auf einen Objektträger mit reichlich Wasser übertragen und mit einem größeren Deckglas, das an den Seiten durch untergelegte Fließpapierstreifen oder an den Ecken durch Deckglassplitter abgestützt wird, abgedeckt. Die Wurzel darf nicht gequetscht werden, da sonst die Wurzelhaare abknicken und unbrauchbar werden.

Aufgabe: Bei schwacher Vergrößerung wird ein geeignetes Wurzelhaar ausgewählt, das dann bei stärkerer Vergrößerung beobachtet und gezeichnet wird. Die Richtung der Plasmaströmung wird durch Pfeile angegeben.

Beobachtungen: Die Wurzelhaare zeigen eine lebhafte Plasmaströmung, die sich leicht an Hand der zahlreichen mitgeschleppten Plasmaeinschlüsse verfolgen läßt. Die Plasmaströmung muß hier nicht durch äußere Einflüsse hervorgerufen werden, sondern ist stets vorhanden,

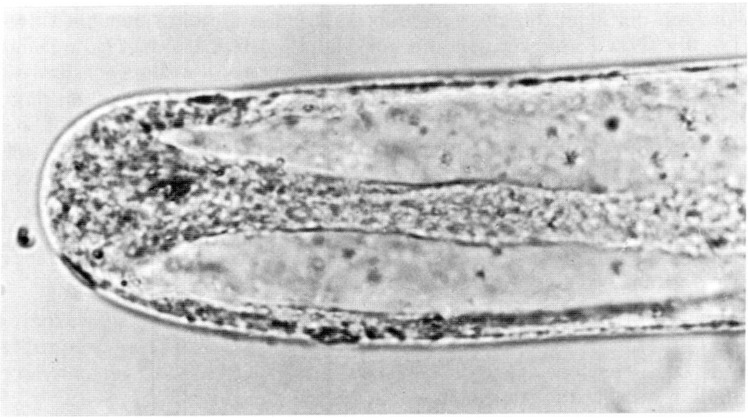

Fig. 2.6 Wurzelhaar von *Limnobium stoloniferum.* Der etwa in der Mitte verlaufende Plasmastrang teilt sich an der Wurzelhaarspitze springbrunnenartig auf (750 ×).

also autonom. Sehr junge Wurzelhaare zeigen eine Zirkulationsströmung, ältere eine Rotationsströmung. Dazwischen gibt es Übergänge wie die springbrunnenartige Rotation, bei der das Plasma in einem etwa zentralen Strang zur Wurzelhaarspitze strömt, sich dort springbrunnenartig aufteilt und dann an der Wand wieder zurückfließt (Fig.2.6).

2.5. *Rhoeo spathacea:* Plasmolyse der Blattepidermiszellen

Material: Blätter von *Rhoeo spathacea* (syn. *Rhoeo discolor,* Commelinaceae, Commelinales). Auch die Zellen der oberen (inneren) Zwiebelschalenepidermis der Sorte »Braunschweiger Rote« sind geeignet, da deren Zellsaft durch Anthocyan intensiv gefärbt ist.

Reagenzien: 0,7 M Lösung von Calciumnitrat, $Ca\,(NO_3)_2 \times 4\,H_2O$, 1,0 M Lösung von Kaliumnitrat, KNO_3.

Präparation: Zur Herstellung von Flächenschnitten führt man das Messer in der bereits beschriebenen Weise (s. Präp. Nr. 2.3.) nahe der Mittelrippe (keine störenden Spaltöffnungen!) in möglichst gleichbleibender Tiefe parallel zur Blattfläche durch das Gewebe der rotviolett gefärbten Unterseite der Blätter von *Rhoeo.* Der Schnitt darf nicht zu dick sein, da anhaftende Reste des Mesophylls die Beobachtungen stören, aber auch nicht zu dünn, da sonst die Epidermiszellen verletzt werden und der Zellsaft ausläuft. In diesem Falle erscheint der Schnitt nicht mehr rotviolett, sondern farblos. Das abgelöste Epidermisstück wird mit der Schnittfläche nach unten auf einen Objektträger mit einem Tropfen Wasser übertragen und mit einem Deckglas bedeckt. Zunächst wird in Wasser beobachtet. Dann saugt man das jeweilige Plasmolytikum (Kaliumnitrat- oder Calciumnitrat-Lösung) unter mikroskopischer Beobachtung (s. Präp. Nr. 2.1.) durch das Präparat und läßt die Lösung etwa 20 Min. einwirken. Zur Erzielung der Deplasmolyse wiederholt man diese Manipulation mit reinem Leitungswasser, bis das Plasmolytikum restlos entfernt ist. Für die beiden Plasmolytika sind verschiedene Präparate zu verwenden. Die Präparation der Zwiebelschalenepidermis erfolgt in der gleichen Weise, wie sie in Präp. Nr. 2.1. beschrieben wurde. Im übrigen wird wie bei *Rhoeo* verfahren.

Aufgabe: Nach Skizzierung des Epidermismusters bei schwächerer Vergrößerung sind einige Zellen im Verband bei stärkerer Vergrößerung zu zeichnen. Nach Zusatz der Plasmolytika sind verschiedene Stadien der Plasmolyse zeichnerisch festzuhalten.

Beobachtungen: Das typische Zellmuster der Epidermis von *Rhoeo spathacea* in der Nähe der Mittelrippe zeigt Fig. 2.7 A. Die seitlichen (antiklinen) Zellwände sind hell und reich getüpfelt. Auch die Zellkerne sind zu erkennen. Wie die Betrachtung mit stärkerer Vergrößerung zeigt (Fig. 2.7 B), sind sie von zahlreichen Leukoplasten (s. S. 33) umgeben, die sich auch in anderen Bereichen der Zelle finden. Der Zellsaft ist durch Anthocyan violett gefärbt. Der den Zellwänden anliegende dünne Plasmabelag ist praktisch nicht zu erkennen. Er tritt jedoch im plasmolysierten Zustand infolge des starken Kontrastes zur gefärbten Vakuole als heller Saum deutlich hervor (Fig. 2.7 C).

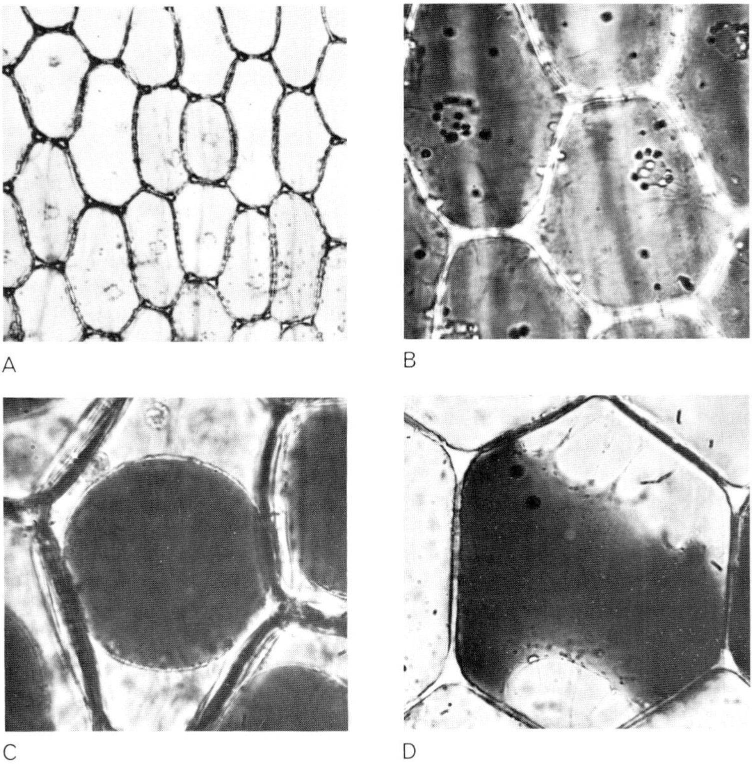

Fig. 2.7 Zellen der unteren Blattepidermis von *Rhoeo spathacea*. A. Übersichtsbild (120 ×), B. Zellen stärker vergrößert, Zellkern mit Leukoplasten. Zellwand (hell) mit Tüpfeln (750 ×), C. Konvexplasmolyse. Die dunkel gefärbte Vakuole ist von einem Plasmasaum umgeben (750 ×). D. Konkavplasmolyse. Vom Plasmasaum ziehen zahlreiche »Hechtsche Fäden« zur Zellwand (750 ×).

Behandelt man das Schnittpräparat in der beschriebenen Weise mit einem hypertonischen Medium, etwa einer Salz- oder Zuckerlösung, deren Konzentration höher ist als die der im Zellsaft gelöst vorliegenden Stoffe, so verkleinert sich infolge des osmotischen Wasseraustritts die Vakuole. Der Plasmaschlauch löst sich von der Zellwand ab und bleibt gewissermaßen an dem Zellsaft haften. Diesen Vorgang nennt man Plasmolyse. Die Verkleinerung der Vakuole schreitet so lange fort, bis die Konzentration der im Zellsaft gelösten Stoffe gleich der des Plasmolytikums geworden ist. Dieser Konzentrationsanstieg wird bei dem vorliegenden Objekt durch die mit fortschreitender Verkleinerung der Vakuole zunehmende Intensität der Anthocyanfärbung demonstriert. Ein Vergleich der Fig. 2.7 B und C zeigt dies deutlich.

Die Abhebung des Protoplasten von der Zellwand erfolgt bei Anwendung der beiden oben angegebenen Plasmolytika rasch und unregelmäßig, so daß in beiden Fällen zunächst das Bild einer Konkavplasmolyse entsteht. (Fig. 2.7 D). Läßt man die Salzlösungen jedoch längere Zeit einwirken (etwa 20 Min.), so bleibt die Konkavplasmolyse nur bei Calciumnitrat erhalten. In der Kaliumnitratlösung rundet sich der Protoplast allmählich ab, so daß schließlich das Bild einer Konvexplasmolyse entsteht (Fig. 2.7 C). Wenn man die Flächenschnitte längere Zeit mit Kalium- bzw. Calciumnitrat-Lösungen geringerer Konzentration vorbehandelt, bilden sich die genannten Plasmolyseformen bereits während des Plasmolysevorgangs aus. Die Ursache für das Eintreten der Konkav- bzw. Konvexplasmolyse ist die verschiedenartige Wirkung der beiden Kationen auf den Quellungszustand des Plasmas. Die entquellend wirkenden Calcium-Ionen verfestigen das Plasma, die Kalium-Ionen hingegen verstärken den Quellungsgrad, und in dem Bestreben, die kleinstmögliche Oberfläche einzunehmen, rundet sich der Protoplast ab.

Die Ablösung des Protoplasten von der Zellwand erfolgt durchaus nicht immer glatt. Vielmehr zeigt das Plasma, besonders im Bereich der Plasmodesmen, eine mehr oder weniger starke Wandhaftung. Infolgedessen bilden sich bei der Plasmolyse zwischen der Zellwand und dem zurückweichenden Protoplasten dünne Plasmaverbindungen aus, die Hechtschen Fäden (Fig. 2.7 D), die bei fortschreitender Plasmolyse häufig abreißen.

Ersetzt man das Plasmolytikum wieder durch Wasser, so tritt Deplasmolyse ein. Die Vakuole nimmt Wasser auf und vergrößert sich. Schließlich legt sich der Plasmaschlauch der Zellwand an, und der Ausgangszustand ist wieder erreicht.

Die an *Allium cepa* bei Behandlung mit Calciumnitrat- und Kaliumnitrat-Lösung eintretenden Plasmolyse-Formen unterscheiden sich nicht grundsätzlich von den bei *Rhoeo* beobachteten. Sie sind in Fig. 2.8 A und B wiedergegeben. In Fig. 2.8 C ist der sich gegen die dunkle Vakuole deutlich abhebende Plasmasaum zu erkennen.

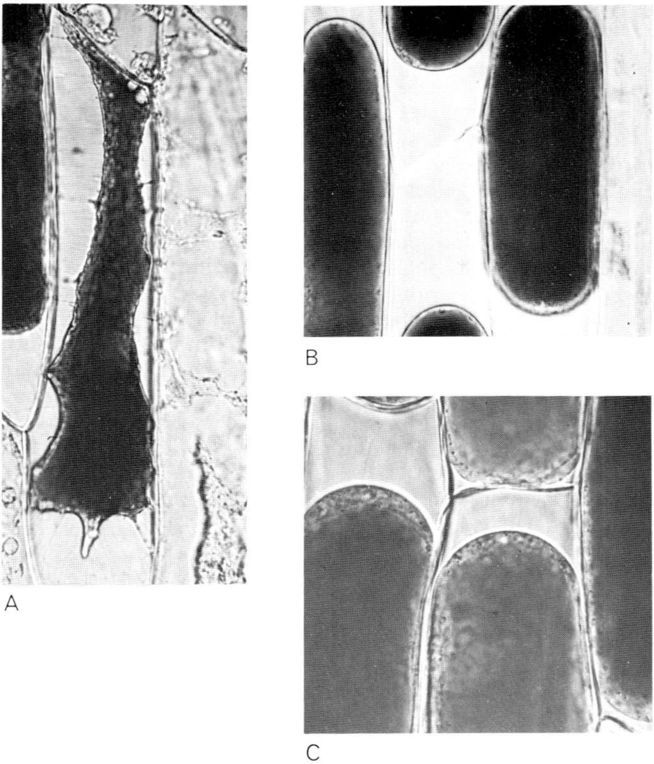

Fig. 2.8 Epidermiszellen der Zwiebelschalen von *Allium cepa* (Braunschweiger Rote), A. Konkavplasmolyse (500 ×), B. Konvexplasmolyse (500 ×), C. Zellen in Konvexplasmolyse, stärker vergrößert und auf den die gefärbte Vakuole umgebenden Plasmasaum scharf eingestellt (750 ×).

3. Die Plastiden

Plastiden sind Zellorganelle, die den photoautotrophen Pflanzen mit Ausnahme der Cyanophyceen (= Cyanobakterien) und der phototrophen Bakterien eigen sind. Sind sie farblos, bezeichnet man sie als Leukoplasten, sind sie gefärbt, als Chromatophoren. Letztere gliedert man ihrer durch den verschiedenen Pigmentgehalt bedingten Färbung entsprechend in Chloroplasten, Phaeoplasten, Rhodoplasten und Chromoplasten. Hiervon sind jedoch nur die drei erstgenannten photosynthetisch aktiv. Die Chloroplasten sind grün gefärbt, da die Chlorophylle a und b die ebenfalls vorhandenen Carotinoide, z.B. β-Carotin und Lutein, überdecken. Den Phaeoplasten und Rhodoplasten fehlt Chlorophyll b. Dafür enthalten die ersteren Chlorophyll c, die letzteren Chlorophyll d. Die Phaeoplasten sind durch Fucoxanthin braun, die Rhodoplasten durch die Biliproteide Phycoerythrin und Phycocyanin rot bis violett gefärbt. Der besseren Übersichtlichkeit halber sind sie in der folgenden Tabelle zusammengestellt:

photosynthetisch aktiv	Chloroplasten Phaeoplasten Rhodoplasten	gefärbt (Chromatophoren)
photosynthetisch inaktiv	Chromoplasten	
	Leukoplasten	farblos

Die Plastiden besitzen Kontinuität, d.h. sie werden von Zelle zu Zelle weitervererbt. Sie entstehen entweder aus Vorstufen, den Proplastiden, oder gehen durch Teilung auseinander hervor. Darüber hinaus können sich die verschiedenen Plastidenformen auch ineinander umwandeln.

Die Chloroplasten der höheren Pflanzen, aber auch einiger niederer Pflanzen, sind von linsenförmig abgeflachter Gestalt. Sie haben einen Durchmesser von 4 bis 8 μm und eine Dicke von 2 bis 3 μm. Von ihnen enthält jede Zelle meist mehrere bis viele (5–200). Zahlreiche Algen besitzen jedoch nur einen oder einige wenige, der Zahl nach konstante Chromatophoren. Sie haben dann meist eine für die jeweilige Art charakteristische Gestalt. Bei *Spirogyra* sind sie bandförmig und schraubig gewunden, in anderen Fällen plattenförmig, sternförmig, netzförmig oder anders gestaltet. Bei starker Vergrößerung sind in den Chloroplasten der höheren Pflanzen grüne, feinkörnige Einschlüsse zu erkennen, die Grana. Wie die elektronenmikroskopische Analyse zeigt, ist ihre intensivere Färbung darauf zurückzuführen, daß in diesen Bereichen die Granathylakoide in größerer Anzahl dicht übereinander gestapelt sind, während der Intergranabereich des Stromas nur von relativ wenigen Stromathylakoiden durchzogen ist. Ein günstiges Objekt für die lichtmikroskopische Beobachtung der Grana ist z.B. *Elatostema repens* (s. Präp. 6.8.).

Nach längerer Belichtung lassen sich in den Chloroplasten mit Hilfe der Jod-Stärke-Reaktion Ablagerungen von Assimilationsstärke nachweisen. Bei den ebenfalls stärkebildenden Grünalgen wird diese in der Umgebung besonderer »Stärkeherde«, der Pyrenoide, abgelagert.

Unter dem Einfluß des Lichtes können die Chloroplasten ihre Lage in der Zelle verändern. So wandern die kleinen, linsenförmigen Chloroplasten bei stärkerer Belichtung an die seitlichen, etwa parallel zum Strahlengang stehenden Zellwände (Starklichtstellung), bei schwacher Belichtung dagegen an die zum Lichteinfall senkrecht stehenden Wände (Schwachlichtstellung). Diese lichtinduzierte Plastidenverlagerung erfolgt aktiv und wird nicht etwa durch Plasmaströmungen hervorgerufen, von denen ja, wie bereits erwähnt (s. Präp. 2.3.), die Chloroplasten auch passiv mitgeschleppt werden können.

Die Chromoplasten entstehen entweder direkt aus Proplastiden oder durch Umwandlung aus Chloro- bzw. Leukoplasten. Ihre Gestalt ist außerordentlich variabel. Sie können rund, oval, spindelförmig ausgezogen oder auch amöboid-formveränderlich sein. Die Farbstoffe, durchweg Carotinoide, sind entweder homogen in der Grundsubstanz, dem Stroma, verteilt, in Globuli angereichert oder kristallin (s. S. 42).

Die Leukoplasten (s. S. 29) zeigen eine ähnliche Mannigfaltigkeit in der Gestaltung, insbesondere auch amöboide Formveränderlichkeit. In ihnen erfolgt u. a. auch der Aufbau der Reservestärke, die in Gestalt großer Körner abgelagert wird (s. S. 66 ff.). Sie werden dann als Amyloplasten bezeichnet.

3.1. *Funaria hygrometrica:* Blattzellen mit Chloroplasten

Material: Pflanzen von *Funaria hygrometrica* (Brandmoos, Funariaceae, Bryales). Auch andere Moose mit einschichtigen Blättchen, wie *Mnium hornum* (Sternmoos, Mniaceae, Bryales), sind geeignet. Will man an diesen Objekten zugleich die Starklicht- und Schwachlichtstellung der Chloroplasten demonstrieren, so ist ein Teil der Pflanzen einige Stunden vor Gebrauch in Schwachlicht von etwa 100 Lux, ein anderer Teil in Starklicht von 10000 Lux oder mehr zu halten. Mit Nachdruck sei darauf hingewiesen, daß die Chloroplasten im Dunkeln eine andere Stellung einnehmen als im Schwachlicht, weshalb die Schwachlichtbestrahlung nicht zu gering sein oder gar durch Dunkelheit ersetzt werden darf.

Reagenzien: Chloralhydrat: Lösung von 5 Teilen Chloralhydrat in 2 Teilen Wasser (stark) oder von 8 Teilen Chloralhydrat in 5 Teilen Wasser (schwach). Jodjodkalium-Lösung (s. Präp. Nr. 2.1.).

Präparation: Mit der Rasierklinge wird ein Blättchen von der Pflanze abgetrennt und auf den Objektträger übertragen. Zum Nachweis der Stärkeeinschlüsse werden die Blättchen mit Jodjodkalium-Lösung behandelt (Jod-Stärke-Reaktion).

Aufgabe: Zunächst wird bei Lupenvergrößerung eine Übersichtsskizze des Blattes angefertigt. Bei stärkerer Vergrößerung werden dann einige prosenchymatische Zellen der Mittelrippe und des Blattrandes sowie eine parenchymatische Zelle der Blattfläche im Verband gezeichnet. Außerdem sind bei starker Vergrößerung Chloroplasten mit Stärkeeinschlüssen sowie charakteristische Teilungsstadien zu zeichnen. Bei Demonstration der Schwachlicht- und Starklichtstellung ist jeweils die Anordnung der Chloroplasten in einer Zelle zu skizzieren.

Beobachtungen: Die Blättchen von *Funaria* sind einschichtig und nur an der Mittelrippe mehrschichtig. Von der Einschichtigkeit kann man sich leicht durch Drehen am Feintrieb des Mikroskopes überzeugen. Die Zellen der Mittelrippe sind in deren Längsrichtung gestreckt, haben also prosenchymatischen Charakter (Fig. 3.1 C). Sie dienen teils der Stoffleitung (Leptoide), teils der Wasserleitung (Hydroide). Auch am Blattrand, der meist leicht gezähnt ist, sind die Zellen in Längsrichtung gestreckt (Fig. 3.1 D).

Die Zellen der Blattfläche sind parenchymatisch. Sie enthalten zahlreiche, relativ große Chloroplasten, die im Schwachlicht die zum Lichteinfall senkrecht stehenden Außenwände besetzen (Fig. 3.1 A). In dieser Position, also in Aufsicht, kann man außer den runden Normalformen meist auch länglich-ovale und semmelartig eingeschnürte Chloroplasten erkennen (Fig. 3.1 E). Im Starklicht wandern sie an die parallel zum Lichteinfall stehenden Seitenwände der Zellen und zeigen in dieser Stellung, d.h. bei seitlicher Betrachtung, ein linsenförmiges Profil (Fig. 3.1 B).

Die Chloroplasten längere Zeit belichteter Pflanzen enthalten mehr oder weniger große Einschlüsse von Assimilationsstärke, die bei hinreichender Größe auch in unfixierten Präparaten ohne weitere Hilfsmittel als helle Zonen zu erkennen sind. Bei Behandlung der Blätter mit normaler Jodjodkalium-Lösung erhält man wenig kontrastreiche Bilder, da sich die Grundsubstanz der Chloroplasten braun färbt. Zusammen mit der grünen Farbe des Chlorophylls ergibt dies einen so dunklen Farbton, daß die infolge der Jodstärke-Reaktion blau erscheinenden Stärkeeinschlüsse nur vorübergehend gut zu erkennen sind. Bessere Ergebnisse erhält man bei Anwendung stärker verdünnter Jodjodkalium-Lösung (Fig. 3.1 E) bzw. nach Ausbleichen der Chloroplasten mit Chloralhydrat. Hierzu werden die Blättchen in eine Lösung von Chloralhydrat, der man etwas Jodjodkalium-Lösung zugesetzt hat, übertragen. Da die Lösung einige Zeit benötigt, um in die Zellen

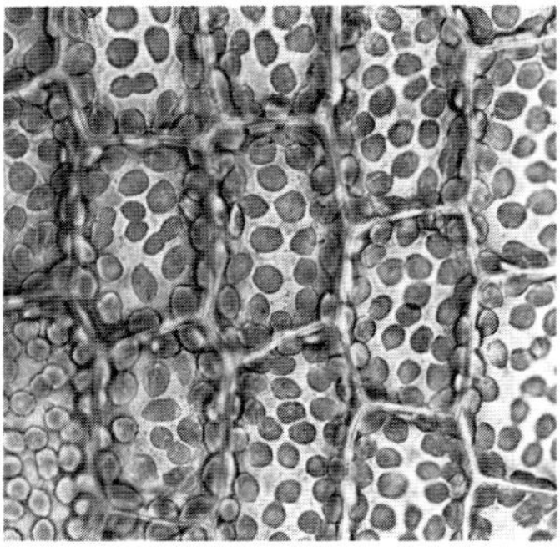

A

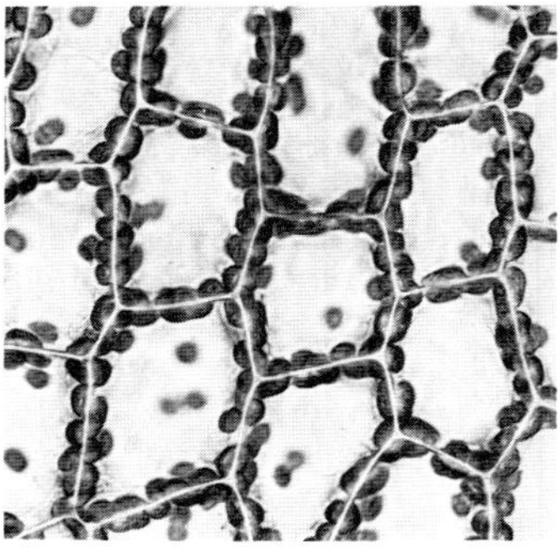

B

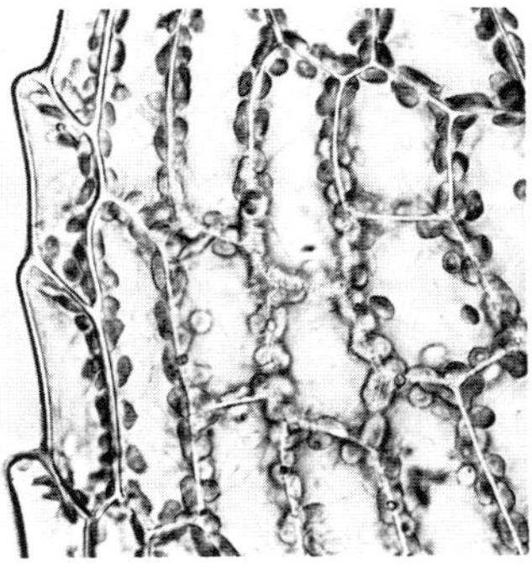

D

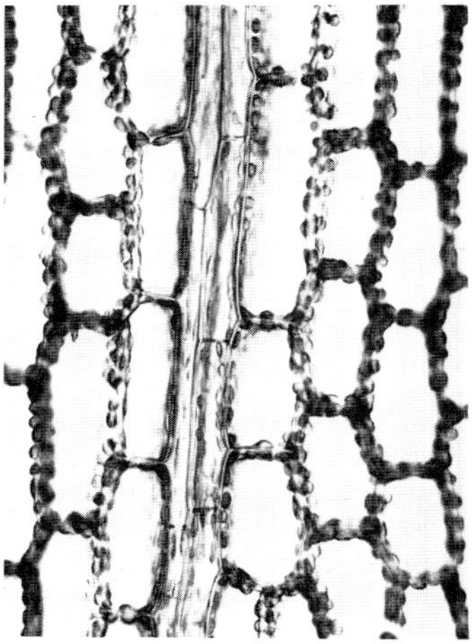

C

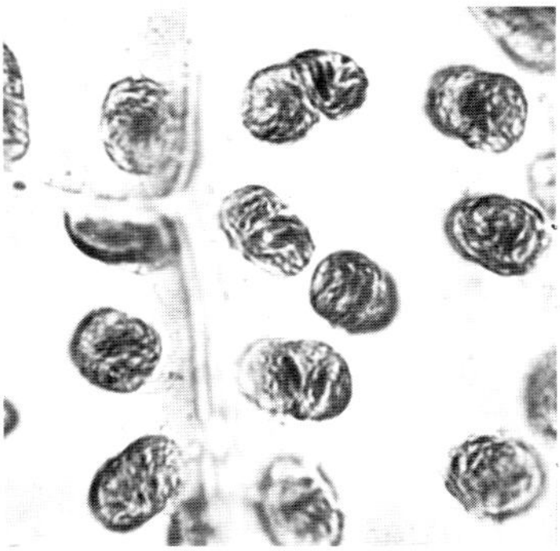

E

Fig. 3.1 Chloroplasten von *Funaria hygrometrica.* A. Blattzellen mit Chloroplasten in Schwachlicht-(=Flächen-)Stellung (350×), B. in Starklicht-(=Profil-)Stellung (350×), C. prosenchymatische Zellen der Mittelrippe (200×), D. prosenchymatische Zellen des Blattrandes, in kleine Zähne auslaufend (350×), E. Chloroplasten mit Stärkeeinschlüssen, nach Behandlung mit Jodjodkalium-Lösung (1200×).

einzudringen, empfiehlt es sich, das Blatt an mehreren Stellen zu verletzen. Die austretenden Chloroplasten kann man dann außerhalb der Zelle besser beobachten. Sie sind nach wenigen Minuten entfärbt. Sowohl die Chloroplasten selbst als auch die Stärkekörner quellen bei dieser Behandlung, und die Stärkeeinschlüsse heben sich durch ihre intensiv blaue Färbung gegen die nahezu farblose Grundsubstanz der Chloroplasten kontrastreich ab.

3.2. *Spirogyra* spec.: Zelle mit schraubenförmigem Chloroplasten

Material: Frischmaterial von *Spirogyra* (Schraubenalge, Zygnemaceae, Conjugales) aus dem Freiland oder aus Kulturen. Zum Studium der Chloroplasten eignen sich am besten Arten mit nur einem Band, wie *Sp. varians, Sp. communis* o. ä. Da bei diesen der Kern bisweilen schlecht zu erkennen ist, empfiehlt es sich, zum Studium von Kern und Cytoplasma eine weitere, großzellige Art, wie *Sp. setiformis, Sp. majuscula* o. ä. heranzuziehen.

Reagenzien: Jodjodkalium-Lösung (s. Präp. Nr. 2.1.).

Präparation: Etwas Algenmaterial wird auf einen Objektträger übertragen, in einem Tropfen Standort- oder Kulturflüssigkeit mit der Nadel vorsichtig ausgebreitet und mit einem Deckglas abgedeckt. Zunächst wird in Wasser beobachtet, dann Jodjodkalium-Lösung durchgesaugt (s. Fig. 2.1).

Aufgabe: Bei schwacher Vergrößerung wird aus einem Zellfaden ein geeignetes, nicht beschädigtes Stück ausgesucht, das dann bei stärkerer Vergrößerung beobachtet und gezeichnet wird. Eine Zelle ist stark vergrößert zu zeichnen, und der Chloroplast räumlich darzustellen. Bei den größeren Formen stellt man zweckmäßigerweise auf die Ebene des Zellkernes ein, um den Verlauf der Plasmafäden zu skizzieren. Der besseren Übersichtlichkeit halber werden hier die Chloroplasten nur angedeutet. Zahl und Windungssinn der Bänder sind festzustellen.

Beobachtungen: Die *Spirogyra*-Zellen besitzen bandförmige Chloroplasten, die die Gestalt einer gewundenen Schraube haben und im plasmatischen Wandbelag liegen (Fig. 3.2). Da wir mit dem Mikroskop, im Gegensatz zum räumlichen Sehen mit dem unbewaffneten Auge, wegen der geringen Tiefenschärfe jeweils nur Ebenen der scharfen Einstellung erhalten, müssen wir durch ständiges Spielen am Feintrieb auf verschiedene Ebenen einstellen und aus den aufeinanderfolgenden optischen Schnitten die räumliche Anordnung und den Windungssinn der Bänder zu erschließen versuchen. In Fig. 3.2 A, B und C sind die untere, mittlere und obere Einstellebene einer Zelle photographisch festgehalten. Aus

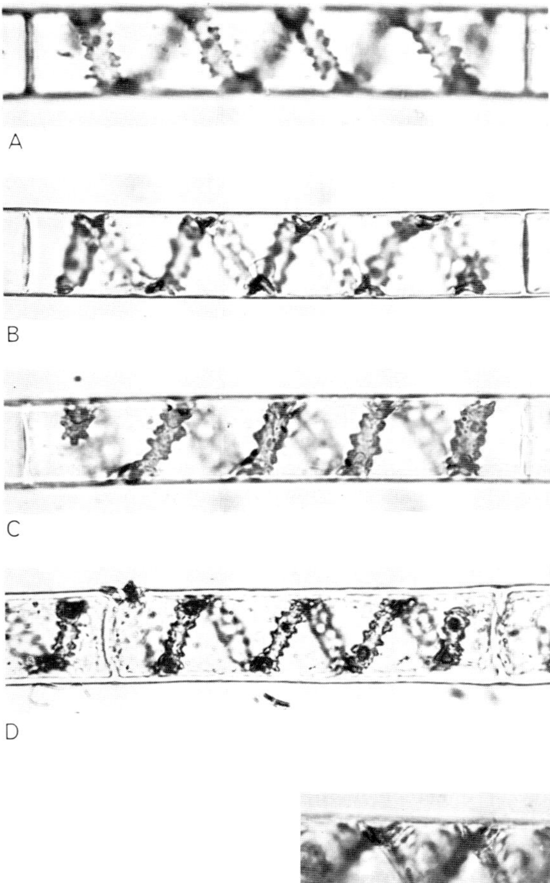

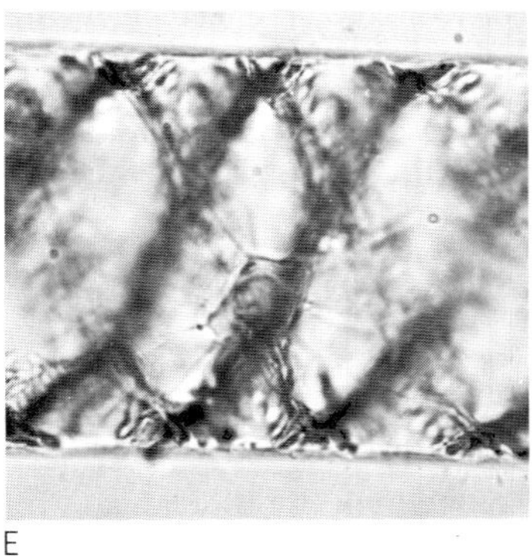

Fig. 3.2 *Spirogyra* spec. A.–C. Zelle einer einbändrigen Form (500 ×), in A. auf die untere, B. mittlere und C. obere Ebene scharf eingestellt. D. Zelle nach Behandlung mit Jodjodkalium (500 ×). Die von Stärkeablagerungen umgebenen Pyrenoide erscheinen dunkel. E. Ausschnitt einer Zelle (mehrbändrige Form), auf den Zellkern eingestellt (750 ×).

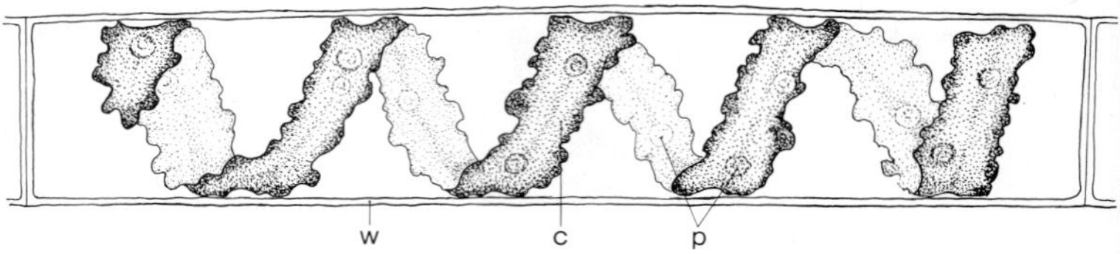

Fig. 3.3 Räumliche Zeichnung einer *Spirogyra*-Zelle. c = Chloroplast, p = Pyrenoide, w = Zellwand.

ihnen wurde die räumliche Darstellung in Fig. 3.3 rekonstruiert. Die unregelmäßige, lappig-buchtige Begrenzung der Bänder tritt scharf hervor. Bei mittlerer Einstellung (Fig. 3.2 B) ist das rinnenförmige Profil des Bandes deutlich zu erkennen. Auf den Chloroplasten liegen zahlreiche Pyrenoide. Nach längerer Belichtung mit höheren Intensitäten sind sie von Stärke umgeben, die sich mit Hilfe der Jod-Stärke-Reaktion (s. Präp. Nr. 3.1.) nachweisen läßt (Fig. 3.2 D). Durch längere Verdunkelung kann man sie wieder stärkefrei machen. Die Pyrenoide selbst nehmen bei Behandlung mit Jodjodkalium-Lösung einen braunen Farbton an, der durch die Jodspeicherung in der Grundsubstanz des Pyrenophors, dem Zentrum des Pyrenoids, zustandekommt.

Im Gegensatz zu den Chloroplasten sind Kern und Cytoplasma bei den kleinen, einbändrigen Formen meist schlecht, oft sogar erst nach Jodjodkalium-Behandlung, zu erkennen. Hierfür sind die oben genannten größeren Formen ungleich besser geeignet. Stellt man bei diesen etwa auf die Mitte der Zelle scharf ein, so tritt der Zellkern deutlich hervor (Fig. 3.2 E). Bei manchen Formen mit linsen- oder scheibenförmigem Zellkern erscheint dieser bei seitlicher Ansicht spindelförmig bzw. fast rechteckig. Er enthält einen, bisweilen aber auch mehrere Nucleoli, die im allgemeinen gut zu erkennen sind und besonders nach Jodjodkalium-Behandlung deutlich hervortreten. Der Kern befindet sich etwa in der Mitte der Vakuole in einer Plasmaansammlung, der Kerntasche, die an zahlreichen, vom plasmatischen Wandbelag ausgehenden Plasmasträngen aufgehängt ist.

3.3. *Viola × wittrockiana:* Chromoplasten

Material: Blüten von *Viola × wittrockiana* (syn. *Viola tricolor* hort., Stiefmütterchen, Violaceae, Violales) als Frischmaterial. Am besten eignen sich gelbe Blüten mit großem dunklen Saftmal.

Präparation: Ein Blütenblatt wird mit der Blattoberseite nach oben über den Zeigefinger gelegt und mit Daumen und Mittelfinger festgehalten.

Nun wird mit der Rasierklinge an der Übergangszone vom Saftmal zur gelben Blattfläche in der bereits beschriebenen Weise (s. Präp. Nr. 2.3.) ein Flächenschnitt hergestellt und in einen Tropfen Wasser übertragen. In der Regel wird man nach Auflegen des Deckglases im Präparat auch Stellen finden, an denen der Rand des Schnittes umgeklappt ist, so daß man hier die Zellen auch in seitlicher Ansicht betrachten kann. Ist dies nicht der Fall, können auch Querschnitte hergestellt werden (vgl. Präp. Nr. 5.3.).

Aufgabe: Bei schwächerer Vergrößerung wird die charakteristische Papillenstruktur der Blattoberfläche in Aufsicht und in seitlicher Ansicht skizziert. Bei starker Vergrößerung ist eine Papille in seitlicher Ansicht zu zeichnen.

Beobachtungen: Die Epidermiszellen der Blütenblätter von *Viola × wittrockiana* sind papillenartig nach außen vorgewölbt (Fig. 3.4). Das einfallende Licht wird daher an der Oberfläche nicht gleichmäßig reflektiert, sondern, soweit es nicht absorbiert wird, stark gestreut, was das samtartige Aussehen zur Folge hat. Auch bei Berührung fühlen sich die Blätter samtartig an.

Bei stärkerer Vergrößerung erkennt man die durch Carotinoide intensiv gelb gefärbten, oval bis rundlich gestalteten Chromoplasten, die in großer Zahl überwiegend im basalen Teil der Papille liegen (Fig. 3.4). Der Zellsaft ist im Bereich des Saftmals durch Anthocyan gefärbt. Da die Anthocyane, je nach pH-Wert, einen erheblichen Anteil der gelben bzw. roten Strahlung, die Carotinoide hingegen die kurzwellige, also blaue Strahlung absorbieren, erscheint das Saftmal tiefdunkel, bisweilen fast schwarz gefärbt. Es handelt sich hier also um einen additiven Farbeffekt. In dem gelbgefärbten Bereich der Blattfläche sind die Zellen frei von Anthocyan, so daß die Färbung hier allein durch die Chromoplasten bedingt ist.

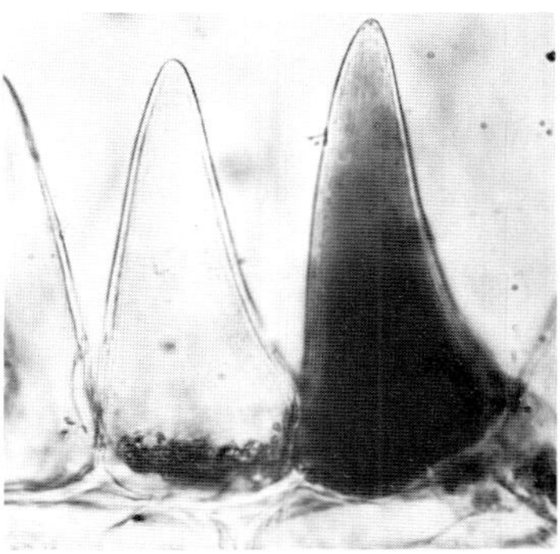

Fig. 3.4 Papillen des Blütenblattes von *Viola × wittrockiana*. Die rechte Papille ist durch Anthocyan dunkel gefärbt. In der linken Papille mit farblosem Zellsaft sind Anhäufungen von Chromoplasten im basalen Teil der Papille zu erkennen (750 ×).

3.4. *Rosa* spec.: Chromoplasten des Fruchtfleisches

Material: Hagebutten verschiedener Reife von *Rosa*-Arten (Rose, Rosaceae, Rosales). Auch Blütenblätter von *Abutilon* x *hybridum* (Malvaceae, Malvales) sind geeignet.

Präparation: Querschnitte durch das Fruchtfleisch von Hagebutten verschiedener Reifestadien werden auf einen Objektträger in einen Tropfen Wasser übertragen, mit dem Deckglas abgedeckt und bei schwächerer, dann bei stärkerer Vergrößerung untersucht.

Aufgabe: Bei schwächerer Vergrößerung werden die Schnitte durchgemustert. Nach Auffinden einer geeigneten Zelle mit gut ausgebildeten Chromoplasten wird diese bei stärkerer Vergrößerung untersucht und gezeichnet.

Beobachtungen: Die Zellen des Fruchtfleisches der Hagebutten enthalten Chromoplasten von recht verschiedener Gestalt. Im frühen Reifestadium sind sie rundlich-oval (Fig. 3.5 A). Später werden sie zunehmend spindelförmig (Fig. 3.5 B). Nicht selten findet man auch Carotinkristalle.

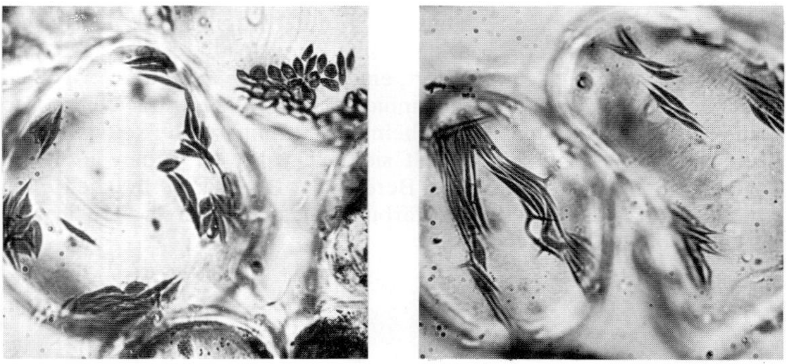

A B

Fig. 3.5 Zellen aus dem Fruchtfleisch von *Rosa rugosa*. Chromoplasten in A. z.T. rundlich-oval, z.T. an den Enden zugespitzt, in B. lang spindelförmig ausgezogen (750 ×).

3.5. *Daucus carota:* Carotin»kristalle«

Material: Möglichst kräftig gefärbte Rüben von *Daucus carota* (Mohrrübe, Karotte, Apiaceae, Araliales) als Frischmaterial.

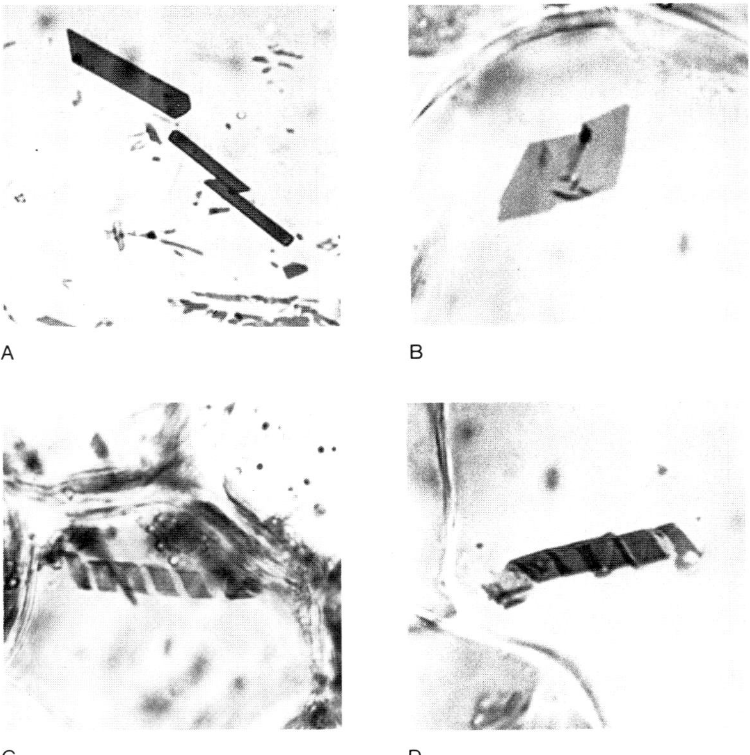

Fig. 3.6 *Daucus carota,* Carotin»kristalle«, A. kristallartige Körper in Möhrensaft (1280 ×), B. Carotin»haut« in einer Zelle (1500 ×), C. carotinhaltiges, schraubig gewundenes Band in einer Zelle (1070 ×), D. wie C., aber mit dichteren Windungen zu einer Röhre aufgewunden. An den Enden erkennt man die schraubige Aufrollung (1280 ×).

Präparation: Die Rüben werden der Länge nach halbiert, Längsschnitte durch das periphere Gewebe geführt und in einem Tropfen Wasser untersucht.

Aufgabe: Bei schwächerer Vergrößerung werden Zellen mit möglichst großen Carotin»kristallen« eingestellt und bei starker Vergrößerung gezeichnet.

Beobachtungen: Betrachtet man die der Länge nach halbierte Wurzel von *Daucus carota,* so kann man den zentralen Holzkörper vom

Bastmantel leicht unterscheiden. Das Gewebe des ersteren erscheint heller als das des letzteren, dessen Zellen reich an β-Carotin sind. Dieses ist bei *Daucus* in Körpern angereichert, die rechteckig oder rhombisch geformt sein und somit die Gestalt von Kristallen haben können (Fig. 3.6 A). Da eingehende Untersuchungen jedoch gezeigt haben, daß diese Körper nur 20–56% β-Carotin enthalten, während der pigmentfreie Anteil aus Lipiden, Proteinen und anderen Substanzen besteht, erscheint die Bezeichnung »Kristalle« wohl nicht gerechtfertigt. Auch die Beobachtung, daß sie häufig die Gestalt relativ großflächiger Häute (Fig. 3.6 B) oder unterschiedlich breiter Bänder aufweisen, spricht gegen ihre Kristallnatur. Diese Bänder sind meist zu Schrauben aufgewunden (Fig. 3.6 C), deren Windungen so eng sein können, daß ein röhrenförmiger Körper entsteht (Fig. 3.6 D). Obwohl künstliche Carotinkristalle, die durch Auskristallisation aus organischen Lösungsmitteln gewonnen wurden, das gleiche Elektronenbeugungsdiagramm zeigen wie isolierte Karottenchromoplasten, dürfte es sich aus den obengenannten Gründen nicht um Kristalle im eigentlichen Sinne handeln, obwohl diese Bezeichnung auch heute durchaus noch im Gebrauch ist.

4. Interzellularen

Die Interzellularen (Zwischenzellräume) entstehen im Verlaufe der Entwicklung von der meristematischen zur ausgewachsenen und differenzierten Dauerzelle. Schließen die meristematischen Zellen an den Sproßscheiteln noch lückenlos aneinander (s. S. 184), so beginnen die heranwachsenden Zellen sehr bald unter Auflösung der die Mittellamelle bildenden, aus Protopektin bestehenden Kitt- oder Interzellularsubstanz an den Ecken und Kanten auseinanderzuweichen. Man bezeichnet diesen Bildungsmodus als schizogen. Hierdurch entstehen kleinere und größere Spalträume, die infolge der Abrundungstendenz der Zellen von Kugelflächen begrenzt erscheinen, sowie unregelmäßig begrenzte Interzellulargänge entlang der Zellkanten. Sie bilden ein zusammenhängendes Interzellularensystem, das die ganze Pflanze durchzieht. In der lebenden Pflanze ist es im typischen Falle mit Luft gefüllt und steht im Dienste des Gasaustausches. Mit der Außenwelt kommuniziert es über die Spaltöffnungen (s. S. 100ff.).

Die Interzellularen können durch ein starkes, meist lokal begrenztes Flächenwachstum der Zellwände, bisweilen unter völliger Trennung benachbarter Zellen, auch zu großen Interzellularräumen bzw. -gängen erweitert werden, die den Gasaustausch außerordentlich erleichtern. Man bezeichnet Gewebe, die derartige Luftkanäle führen, als Durchlüftungsgewebe oder Aerenchyme. Sie finden sich vor allem bei Wasser- und Sumpfpflanzen, d.h. in pflanzlichen Organen, deren Gasaustausch mit der Umgebung erschwert ist. Größere Interzellularräume können auch rhexigen, d.h. durch Zerreißen, oder lysigen, d.h. durch Auflösen einzelner Zellen entstehen. Ungefärbte interzellularenreiche Gewebe erscheinen weiß, da das Licht an der eingeschlossenen Luft totalreflektiert wird. Aber auch bei gefärbten Pflanzenteilen ist die Grundfarbe nicht selten durch »Weiß« abgeschwächt oder überdeckt, so daß sie nur matt gefärbt erscheinen.

4.1. *Beta vulgaris:* Interzellularen im Blattstiel

Material: Blattstiele von *Beta vulgaris* ssp. *cicla* (Mangold, Chenopodiaceae, Caryophyllales) als Frisch- oder Alkoholmaterial. Auch andere fleischige Blattstiele sind geeignet, z.B. von *Cichorium intybus* var. *foliosus* (Chicorée, Cichoriaceae, Asterales) oder *Cichorium endivia* (Winterendivie, Cichoriaceae, Asterales). Im übrigen lassen sich Interzellularen an vielen Objekten demonstrieren.

Präparation: Es sind dünne Querschnitte durch den Blattstiel herzustellen. Hierzu faßt man das Objekt möglichst kurz, wobei der Daumen parallel zur Schneide des Messers bzw. der Klinge liegt (Fig. 4.1). Dann wird zunächst ein etwas dickerer Schnitt geführt, um eine möglichst glatte Schnittfläche zu erhalten. Hierauf wird die Schnittfläche mit etwas Wasser befeuchtet, die Klinge am Rande *auf* der Schnittfläche (also nicht wie beim Abschneiden einer Wurstscheibe seitlich) angesetzt und unter leichtem Druck und seitlichem Durchziehen in Richtung auf den Körper geführt. Starker Druck ohne gleichzeitiges Durchziehen zerstört die Zellen und macht die Schnitte unbrauchbar. Voraussetzung für die Herstellung guter Schnitte sind scharfe, d. h. fabrikneue Klingen, die häufig gewechselt werden müssen.

Gleitet die Klinge infolge schräger Haltung zu tief in das Gewebe, so führt man den Schnitt zwecks Schonung der Klinge nicht zu Ende, sondern zieht diese zurück. Hierauf schneidet man mit einer älteren Klinge die Fläche wieder glatt und setzt neu an. Da nicht jeder Schnitt gleich gut gelingt, sollte stets eine größere Anzahl von Schnitten hergestellt werden, von denen nur die dünnsten für die mikroskopische Untersuchung Verwendung finden. Bei Anfertigung mehrerer Schnitte wird die Schnittfläche rasch schief oder uneben. Es empfiehlt sich daher, sie mit einer älteren Klinge von Zeit zu Zeit wieder glatt zu schneiden.

Die Schnitte werden mit einem feinen Pinsel von der Klinge abgestreift und in einen Tropfen Wasser auf den Objektträger überführt. Durch leichtes Drehen des Pinsels beim Abstreifen der Schnitte vermeidet man das Umklappen der Ränder. Schließlich wird das Präparat mit einem Deckglas abgedeckt und das überschüssige Wasser am Rande mit einem Streifen Fließpapier abgesaugt. Da sich beim Auflegen des Deckglases leicht Luftblasen bilden, setzt man dieses zweckmäßig mit der Kante einseitig auf den Objektträger auf und läßt es langsam nach unten gleiten.

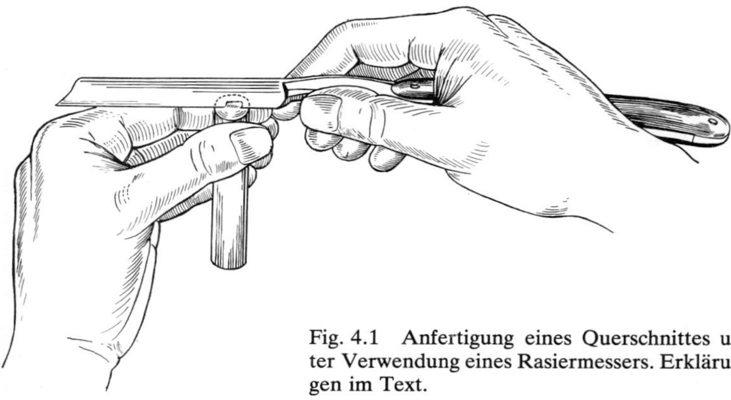

Fig. 4.1 Anfertigung eines Querschnittes unter Verwendung eines Rasiermessers. Erklärungen im Text.

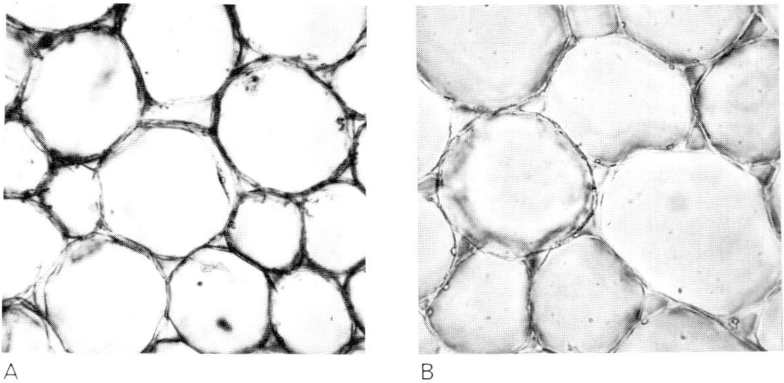

Fig. 4.2 Parenchymzellen mit Interzellularen, A. eines Blattstieles von *Beta vulgaris* (250 ×), B. eines Ausläufers von *Chlorophytum comosum* (500 ×).

Aufgabe: Es sind einige Zellen des Grundgewebes mit dazwischenliegenden Interzellularen zu zeichnen.

Beobachtungen: Die das Grundgewebe des Blattstieles durchziehenden Interzellularen sind schizogen entstanden. Sie erscheinen im mikroskopischen Bild drei- bis viereckig und sind von Kugelflächen begrenzt (Fig. 4.2). Bei Verwendung lebenden Materials sind sie mit Luft gefüllt und erscheinen dunkel. Durch Zusatz von etwas Ethanol läßt sich die Luft jedoch leicht vertreiben.

4.2. *Juncus inflexus:* Sternparenchym im Mark

Material: Ältere Stengelabschnitte von *Juncus inflexus* (syn. *Juncus glaucus,* Binse, Juncaceae, Juncales) als Alkoholmaterial. Grundsätzlich läßt sich auch Frischmaterial verwenden, doch stört u. U. die in den Interzellularräumen eingeschlossene Luft die Beobachtung erheblich. Es empfiehlt sich daher, das frischen Stengeln entnommene Markgewebe zur Vertreibung der Luft zunächst in ein Uhrglas mit Ethanol zu überführen und erst dann in Wasser zu untersuchen.

Präparation: Die Stengel werden der Länge nach gespalten. Etwas Markgewebe, das in den älteren Stengelteilen auf querverlaufende Diaphragmen begrenzt ist, wird mit der Pinzette vorsichtig herausgezupft und in Wasser untersucht.

Aufgabe: Unter Verwendung einer mittleren Vergrößerung werden einige Zellen des Sternparenchyms im Verband gezeichnet. Man be-

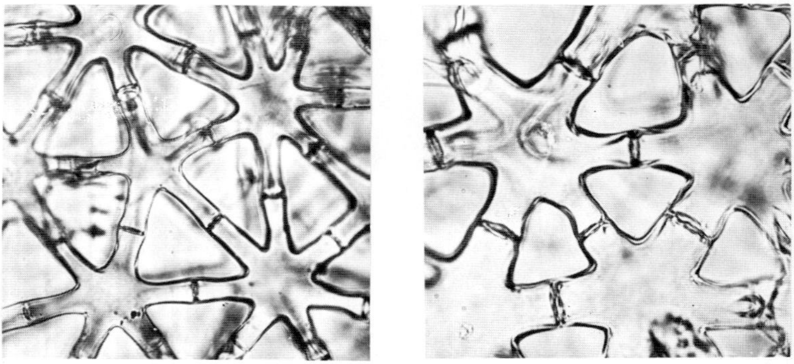

A B

Fig. 4.3 *Juncus inflexus,* Sternparenchymzellen, in A. schwächer (120 ×) in B. stärker vergrößert (500 ×).

achte die räumliche Ausdehnung der Fortsätze! Bei der Zeichnung ist darauf zu achten, daß die an die Interzellularräume grenzenden Zellwände durch zwei, die an den Fortsatz der Nachbarzellen grenzenden Querwände durch insgesamt drei Linien markiert werden müssen.

Beobachtungen: Die Zellen des Markparenchyms von *Juncus* besitzen sternartige Fortsätze (Fig. 4.3 A, B), die durch lokales Flächenwachstum der Zellwände entstanden sind (s. S. 49). In der Beobachtungsebene liegen meist 6, bisweilen aber auch 5 oder 7 Fortsätze. Verändert man die Focussierung, so kann man an günstigen Stellen einzelne nach unten oder oben aus der Ebene herauslaufende, im Umriß etwa kreisförmig erscheinende Fortsätze erkennen.

Die Sternfortsätze benachbarter Zellen stoßen aufeinander. Auf diese Weise entsteht ein dreidimensionales Netzwerk sternförmiger Zellen, das von großen Interzellularräumen durchzogen ist, also ein typisches Aerenchym darstellt.

4.3. *Nuphar lutea:* Aerenchym mit Idioblasten

Material: Blattstiele von *Nuphar lutea* (Gelbe Teichrose, Nymphaeaceae, Nymphaeales) als Alkoholmaterial. Bei Verwendung von Frischmaterial empfiehlt es sich, eventuell störende Lufteinschlüsse durch Vorbehandlung der Schnitte mit Ethanol zu entfernen (vgl. Präp. Nr. 4.2.).

Präparation: Es werden dünne Querschnitte durch den Blattstiel geführt (s. Präp. Nr. 4.1.) und in Wasser untersucht.

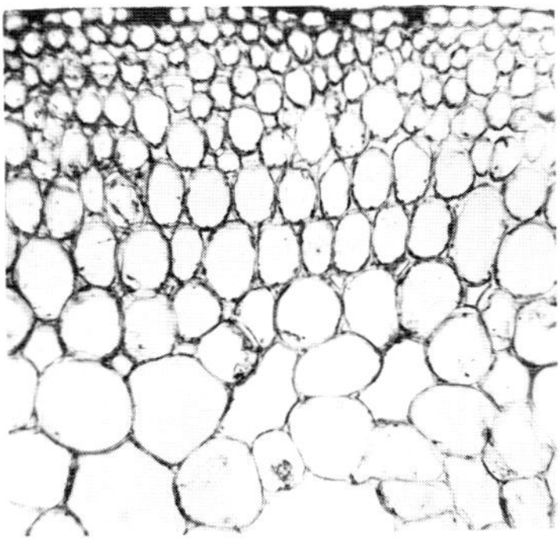

A

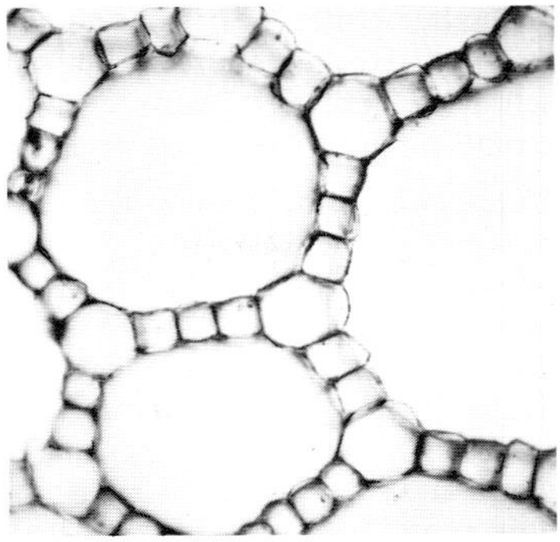

B

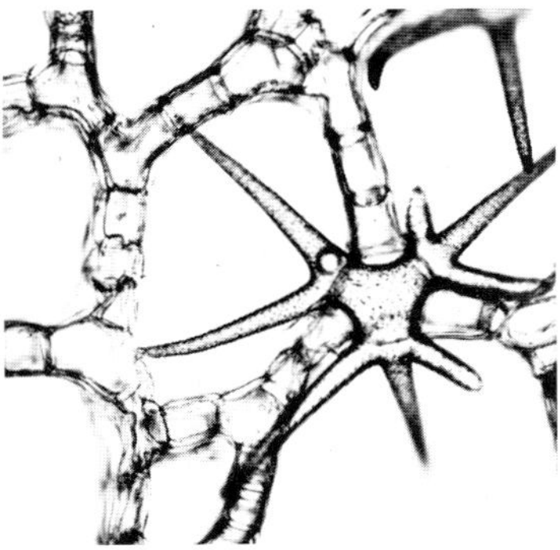

C

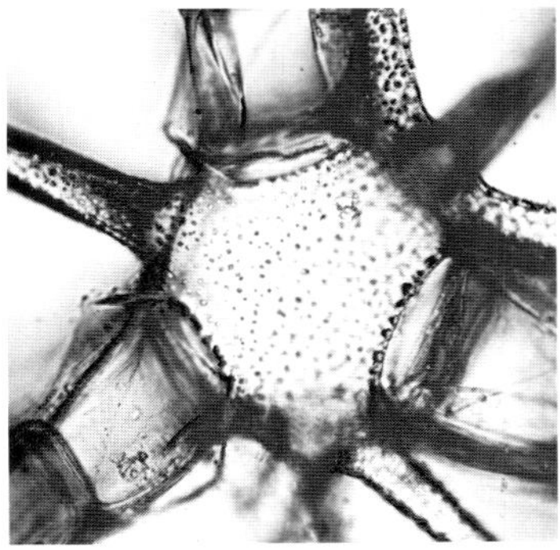

D

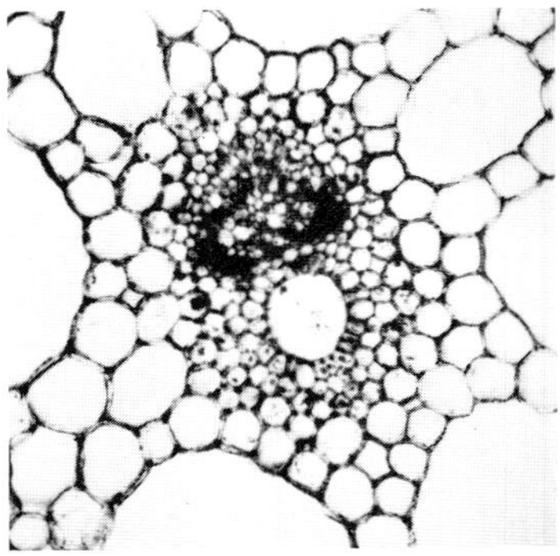

E

Fig. 4.4 *Nuphar lutea,* Aerenchym des Blattstiels, A. Übersichtsaufnahme aus dem peripheren Bereich des Blattstiels mit einigen Luftkanälen am unteren Bildrand (120 ×), B. Luftkanäle, stärker vergrößert (200 ×), C. Idioblast (280 ×), D. warzige Skulpturen der Zellwand des Idioblasten (500 ×), E. Leitbündel mit großem »Gefäßgang«. Das Phloem erscheint dunkel (120 ×).

Aufgabe: Unter Verwendung der Lupe bzw. der schwächsten Vergrößerung wird eine Übersichtsskizze eines Sektors aus dem Stengelquerschnitt angefertigt. Außerdem ist bei mittlerer Vergrößerung ein Luftkanal mit Idioblasten zu zeichnen.

Beobachtungen: Unter der Epidermis liegt ein kollenchymatisches Festigungsgewebe, auf das nach innen ein Parenchymgewebe folgt (Fig. 4.4 A), dessen Zellen meist Stärkekörner enthalten. In diesem Gewebe liegt ein großer Teil der Leitbündel, die in einem etwa parallel zur Oberfläche verlaufenden Kranz angeordnet sind. Das Innere des Stengels ist mit einem Aerenchym ausgefüllt, dessen große, vieleckige Luftkanäle man schon mit dem unbewaffneten Auge erkennen kann. Sie sind durch einfache Lagen parenchymatischer Zellen voneinander getrennt (Fig. 4.4 B). In den Luftkanälen finden sich vereinzelt, und zwar im typischen Falle an den Ecken, mehr oder weniger sternförmige Zellen, deren Strahlen in die Lufträume hineinragen (Fig. 4.4 C). Diese entstehen durch lokales Flächenwachstum der Zellwand (s. S. 49) und sind nicht etwa, wie es bei zu hoher oder zu tiefer Einstellung den Anschein hat, durch Querwände von den Eckzellen abgegrenzt. In die Zellwand sind Calciumoxalat-Kristalle eingelagert. Sie erhält hierdurch eine rauhe bis warzige Oberfläche (Fig. 4.4 D). Gleich anderen Zelltypen, die in ihrem Bau vom umgebenden Gewebe stark abweichen, bezeichnet man diese sternförmigen Zellen als Idioblasten.

Zwischen den Luftkanälen befinden sich, von parenchymatischen Zellen umgeben, weitere Leitbündel (Fig. 4.4 E). Die Leitbündel sind hier also über den ganzen Stielquerschnitt verteilt und zeigen somit eine Anordnung, die bei Dikotylen selten ist. Während das Phloem stark entwickelt ist, sind die infolge der submersen Lebensweise praktisch funktionslos gewordenen Xylem-Elemente weitgehend reduziert (unvollständige Leitbündel). Übrig bleibt neben einigen wenigen tracheidalen Elementen ein von Parenchymzellen umgebener Hohlraum, auch »Gefäßgang« genannt.

5. Zellwand

Die Zellen der Pflanzen sind im typischen Falle von einer Zellwand umgeben. Infolgedessen wird bei jeder Zellteilung während der Telophase (s. S. 183) eine neue Querwand eingezogen, die Zellplatte, die aus Protopektin besteht und somit der Mittellamelle entspricht. Sie verbindet später als Kitt- oder Interzellularsubstanz die Wände benachbarter Zellen. Noch bevor sie ganz fertiggestellt ist und Anschluß an die Seitenwände erhält, werden ihr von beiden Seiten die Primärwände der Tochterzellen aufgelagert. Diese enthalten bereits, wenn auch nur zu einem geringen Prozentsatz, Cellulose, die in Form von Fibrillen in die Grundsubstanz (Matrix) eingelagert ist. Diese besteht aus Protopektin und anderen nicht-cellulosischen Polysacchariden. Die Cellulose läßt sich mit Chlorzinkjod nachweisen, bei dessen Einwirkung sie eine blaue Färbung annimmt.

Die junge Zellwand ist dünn und elastisch. Der Volumenvergrößerung der Zelle folgt sie durch Flächenwachstum, bei dem sie unter Synthese neuen Wandmaterials plastisch gedehnt wird. Verläuft das Flächenwachstum nach allen Richtungen gleichmäßig, so entstehen isodiametrische Zellen parenchymatischen Charakters. Wird hingegen eine Richtung bevorzugt, so entstehen langgestreckte Zellen prosenchymatischer Natur. Schließlich kann das Flächenwachstum auch auf bestimmte Bezirke der Zellwände begrenzt sein. Die Folge eines solchen lokalen Flächenwachstums ist die Ausbildung von Verzweigungen (s. S. 46) oder Fortsätzen, wie wir sie bereits beim Sternparenchym von *Juncus* (Präp. Nr. 4.2.) und bei den Idioblasten von *Nuphar* (s. Präp. Nr. 4.3.) kennengelernt haben.

Gegen Ende der Zellvergrößerung setzt das Dickenwachstum der Zellwand ein, das zur Bildung der Sekundärwand führt. Diese besteht meist aus mehreren Schichten, die bei günstigen Objekten schon mit dem Lichtmikroskop zu erkennen sind. Ihr Cellulosegehalt beträgt etwa 90%, ist also wesentlich höher als bei der Primärwand. Die Elastizität der Sekundärwände nimmt mit zunehmender Dicke ab, ihre Festigkeit entsprechend zu. Letztere kann durch Einlagerung anderer Substanzen (Inkrustierung) noch gesteigert werden. Neben gewissen Mineralien (Calciumcarbonat, Calciumoxalat, Kieselsäure) sind hier vor allem die Lignine (Holzstoffe) zu nennen. Diese nehmen bei Behandlung mit Phloroglucin und konzentrierter, nicht rauchender Salzsäure oder Perchlorsäure eine rot-violette Färbung an und lassen sich so nachweisen.

Hinsichtlich der Art der Wandverdickungen unterscheidet man Kollenchyme und Sklerenchyme. Bei den Kollenchymen erfährt die Primärwand in bestimmten Bereichen eine Verdickung durch einander abwechselnde Schichten aus Cellulose und pektinartigen Stoffen, die nicht verholzen. Infolgedessen bleiben die Wände relativ weich und geschmeidig. Je nachdem, ob ganze Seitenwände oder nur Kanten der meist langgestreckten Zellen verdickt werden, unterscheidet man Plattenkollenchyme (s. Fig. 14.2) und Kanten-(Ecken-)kollenchyme. Bei den Sklerenchymen sind die Sekundärwände durch allseitige Auflagerung überwiegend aus Cellulose bestehender Schichten gleichmäßig verdickt. In der Regel verholzen sie später und werden hierdurch sehr hart. Bleiben die Verdickungen der Zellwände auf sehr enge Bereiche begrenzt, so entstehen lokale Wandverdickungen, wie etwa die Zäpfchen in den Rhizoiden mancher Lebermoose und die Cystolithen.

Beim Dickenwachstum der Zellwände werden die Tüpfel ausgespart. Sie erleichtern den durch die Verdickung der Zellwand beeinträchtigten Stoffaustausch. Die Tüpfel benachbarter Zellen stoßen aufeinander. Sie sind nur durch eine dünne, aus der Mittellamelle und den beiden Primärwänden bestehende Schließhaut getrennt. Diese ist von den Plasmodesmen durchbrochen, die die Protoplasten benachbarter Zellen miteinander verbinden. Mit zunehmender Dicke der Sekundärwände bilden sich regelrechte Tüpfelkanäle aus, die nicht selten miteinander fusionieren, so daß verzweigte Tüpfelkanäle entstehen.

Die oberirdischen Organe der höheren Pflanzen sind von einer meist einschichtigen Epidermis bedeckt. Die Außenwände der Epidermiszellen sind im typischen Falle verdickt und von einer zusammenhängenden dünnen oder dickeren Schicht aus Cutin, der Cuticula, überzogen. In manchen Fällen, besonders bei Pflanzen, die an trockene Areale angepaßt sind (Xerophyten), enthalten auch die peripheren Bereiche der Außenwände Cutin. Sie werden als Cuticularschichten bezeichnet. Die Cuticula und die Cuticularschichten färben sich bei Behandlung mit Sudan-Glycerin gelblich-orange bis rot an.

Nicht selten enthalten die Zellwände saure Polysaccharide, die bei Berührung mit Wasser aufquellen und die Oberfläche der Zellen mit einer Schleimschicht bedecken. Solche verschleimenden Zellwände findet man u.a. bei manchen Samen.

5.1. *Clematis vitalba:* Bau der Zellwand. Tüpfel

Material: Nicht zu junge Sproßstücke von *Clematis vitalba* (Waldrebe, Ranunculaceae, Ranunculales) als Alkoholmaterial.

Reagenzien: Phloroglucin-Reagenz, hergestellt durch Auflösen einer kleineren Menge Phloroglucin in 96%igem Äthanol. Konzentrierte, nicht rauchende Salzsäure oder Perchlorsäure, Chloralhydrat (s. Präp. Nr. 3.1.), Jodjodkalium-Lösung (s. Präp. Nr. 2.1.).

Präparation: Es werden dünne Querschnitte durch die Sproßachse geführt (s. Präp. Nr. 4.1.) und teils in Chloralhydrat, teils in Phloroglucin-Salzsäure untersucht.

Aufgabe: Bei schwacher Vergrößerung wird ein schematisches Übersichtsbild des Stengelquerschnittes angefertigt. Anschließend wird bei stärkerer Vergrößerung eine Gruppe von Zellen unterschiedlicher Wandstärke aus dem peripheren Bereich des Marks gezeichnet.

Beobachtungen: Die Markzellen von *Clematis* sind zum Studium des Aufbaus und des Dickenwachstums der Zellwand gut geeignet. Sie sind

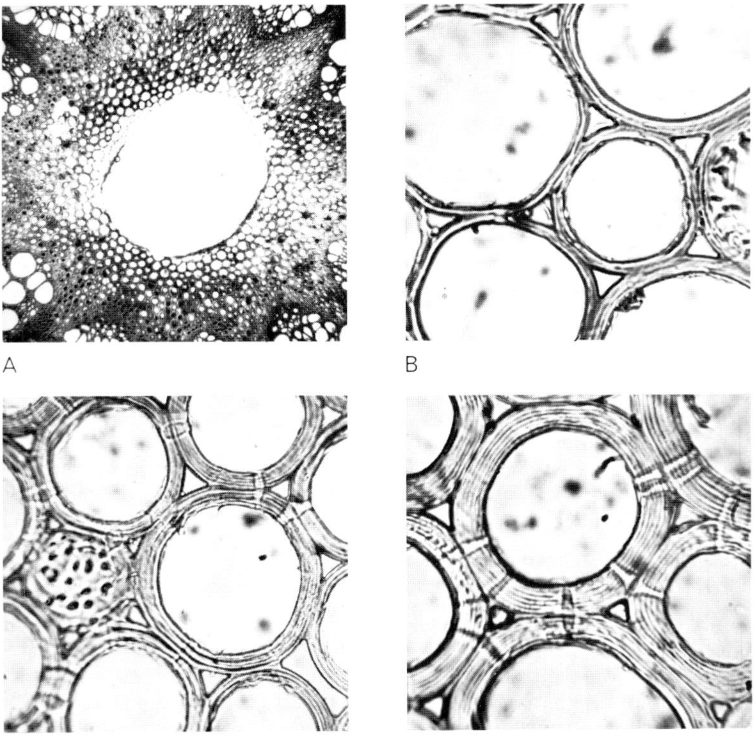

A B C D

Fig. 5.1 Mark von *Clematis vitalba*. A. Übersichtsaufnahme mit Markhöhle. Die Dicke der Zellwände nimmt von innen nach außen zu (50 ×). B.–D. Zellen mit zunehmend verdickten Wänden, deren Schichtung deutlich zu erkennen ist. Sie sind von zahlreichen Tüpfeln durchbrochen, die in C. auch in Aufsicht zu sehen sind (750 ×).

rund bis polyedrisch und enthalten häufig Stärkekörner, die sich mit Jodjodkalium nachweisen lassen. Die Interzellularräume sind bei Frischmaterial mit Luft gefüllt, die sich durch Zusatz von Äthanol vertreiben läßt. Der Durchmesser der Markzellen nimmt von innen nach außen ab, während umgekehrt die Dicke der Zellwände zunimmt (Fig. 5.1 A). Die am Rande des Marks liegenden kleineren, dickwandigen Zellen sind daher für die Untersuchung besonders geeignet.

Bei stärkerer Vergrößerung sind die Mittellamelle, die Primärwände und die Schichten der Sekundärwände deutlich zu erkennen (Fig. 5.1 B, C, D), und zwar besonders nach Behandlung mit Phloroglucin-Salzsäure, da die aufeinanderfolgenden Wandschichten in verschieden starkem Maße verholzt sind und sich infolgedessen nach Behandlung mit Phloroglucin-Salzsäure mehr oder weniger intensiv rot färben.

Die Zellwände sind von zahlreichen Tüpfeln bzw. Tüpfelkanälen durchsetzt (Fig. 5.1 C, D). Die Tüpfel benachbarter Zellen stoßen aufeinander. Sie sind durch die Schließhaut voneinander getrennt. Bei einseitig angeschnittenen Zellen kann man die Tüpfel auch in Aufsicht als mehr oder weniger runde, scharf umschriebene Bereiche erkennen (Fig. 5.1 C).

5.2. *Marchantia polymorpha:* Zäpfchenrhizoide

Material: Thalli von *Marchantia polymorpha* (Brunnenlebermoos, Marchantiaceae, Marchantiales) als Frischmaterial. Auch *Conocephalum conicum* (gleiche Familie) ist geeignet.

Präparation: Ein Thallus wird von der Unterlage vorsichtig abgehoben, worauf ein weißer Filz von Rhizoiden auf seiner Unterseite sichtbar wird. Hiervon wird ein Büschel mit der Pinzette abgezogen, in einem Tropfen Wasser mit zwei Nadeln vorsichtig zerzupft und mit dem Deckglas abgedeckt.

Aufgabe: Bei schwächerer bis mittelstarker Vergrößerung ist je ein Vertreter der verschiedenen Rhizoidtypen zu zeichnen.

Beobachtungen: Die Rhizoide von *Marchantia* sind langgestreckte, einzellige Schläuche. Im Präparat finden sich zwei Typen: die Zäpfchenrhizoide mit nach innen gerichteten, zapfenförmigen Wandverdikkungen und die glatten Rhizoide ohne derartige Zäpfchen (Fig. 5.2 A). Die Zäpfchenrhizoide finden sich vorwiegend im Bereich der Mittelrippe. Die Zäpfchen, die in Aufsicht als einfache Kreise erscheinen (Fig. 5.2 B), sind durch lokales Dickenwachstum eng umgrenzter Bereiche der Zellwand entstanden. Neben dem in Fig. 5.2 B, C dargestellten, einfacheren Typus findet sich nicht selten ein weiterer von etwa schraubigem Bau (Fig. 5.2 D). Die Zäpfchen springen hier meist weiter in das Lumen der Zelle vor und sind häufig verzweigt.

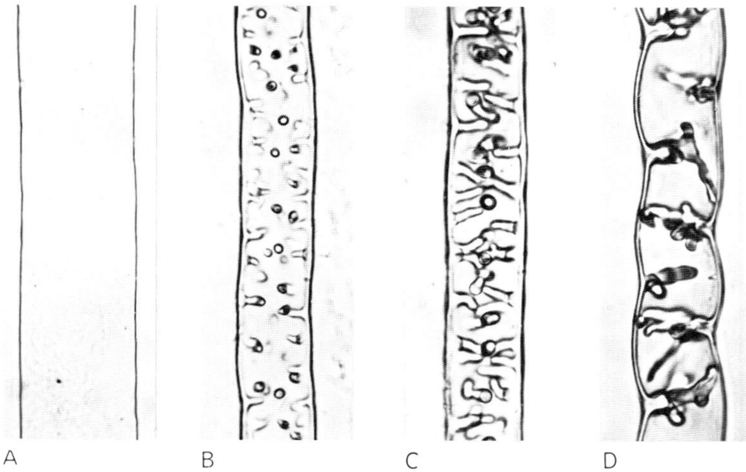

Fig. 5.2 Rhizoide von *Marchantia polymorpha*. A. glattes Rhizoid, B. Zäpfchenrhizoid mit kurzen, C. mit längeren Zäpfchen, D. schraubig gedrehter Typus (A–D 750 ×).

5.3. *Ficus elastica:* Cystolith

Material: Ältere Blätter von *Ficus elastica* (Gummibaum, Moraceae, Urticales) mit stark verkalkten Cystolithen (vorher kontrollieren!). Styropor oder Holundermark. Auch die Blätter unserer *Urtica*-Arten (Brennessel, Urticaceae, Urticales) besitzen Cystolithen.

Reagenzien: Verdünnte Salzsäure, verdünnte Essigsäure. Chlorzinkjod-Lösung: 50 g Zinkchlorid und 16 g Kaliumjodid werden in 17 ml Wasser gelöst. Hierauf wird so viel Jod zugesetzt, wie sich löst. Die Lösung ist im Dunkeln lange Zeit haltbar.

Präparation: Aus den Blättern werden etwa 3 mm breite, parallel zu den Blattrippen laufende Streifen herausgeschnitten und zwischen Styropor oder Holundermark quer geschnitten. Styropor ist überall erhältlich und läßt sich leicht in jede gewünschte Form zuschneiden. Es sind jedoch nicht alle Styropor-Sorten gleich gut geeignet. Manche sind zu hart, manche zu weich, andere zu grobkörnig. Es muß daher vorher festgestellt werden, ob das verfügbare Styropor fest genug ist und sich dennoch gut schneiden läßt.

Bei Verwendung von Holundermarkstangen werden diese auf den Tisch gelegt und mit einem scharfen Messer oder einer älteren Klinge längs

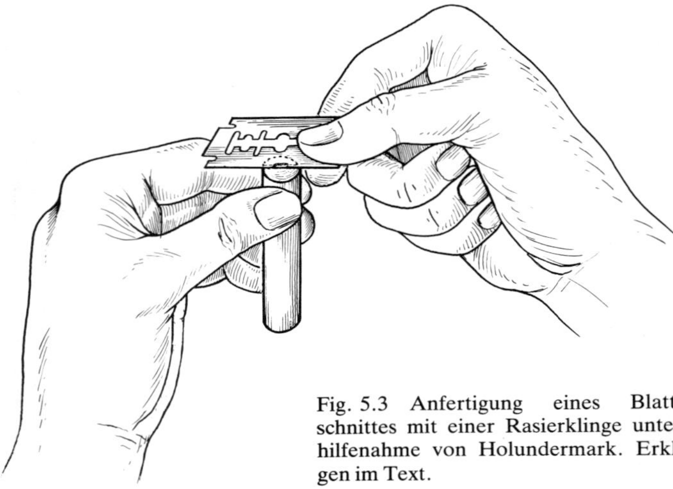

Fig. 5.3 Anfertigung eines Blattquerschnittes mit einer Rasierklinge unter Zuhilfenahme von Holundermark. Erklärungen im Text.

halbiert. Da die Spalthälften leicht abbrechen, darf das Holundermark nicht senkrecht gestellt und wie Holz gespalten werden.

Dann legt man einen Blattstreifen der Länge nach zwischen zwei Styropor-Stücke bzw. die beiden Spalthälften des Holundermarks und drückt diese mit dem Daumen und dem Zeigefinger der linken Hand zusammen. Der über die Schnittfläche herausragende Teil des Blattstreifens wird abgeschnitten und gegebenenfalls ein etwas dickerer Schnitt geführt, um eine glatte Schnittfläche zu erhalten. Es ist darauf zu achten, daß die Blattkante parallel zur Schneide liegt (Fig. 5.3) und nicht etwa die schmale Kante getroffen wird. Nun wird die Klinge vor dem Objekt *auf* dem Styropor bzw. Holundermark angesetzt und in der bereits beschriebenen Weise (s. Präp. Nr. 4.1.) durch das Objekt gezogen.

Da die Blätter von *Ficus* verhältnismäßig hart sind, kann man sie allerdings auch mehrfach fächerförmig falten und ohne Halterung schneiden. Auf diese Weise erhält man gleich eine größere Anzahl von Schnitten.

Es werden mehrere Objektträgerpräparate hergestellt. Zur Entkalkung wird unter mikroskopischer Kontrolle durch je ein Präparat verdünnte Salzsäure bzw. verdünnte Essigsäure durchgesaugt (Vorsicht! Nur kleine Tropfen am Deckglasrand zusetzen!). Die entkalkten Schnitte werden dann in Chlorzinkjod-Lösung übertragen.

Aufgabe: Bei schwacher Vergrößerung wird eine geeignete Stelle des Blattgewebes mit gut getroffenem Cystolithen eingestellt und bei stärkerer Vergrößerung gezeichnet. Anschließend wird in der angegebenen Weise der Nachweis von Carbonat und Cellulose geführt. Als Ergänzung können Flächenschnitte der Blattoberseite untersucht werden.

Beobachtungen: Das Blatt von *Ficus elastica* ist äquifazial gebaut, doch ist das Palisadenparenchym auf der Unterseite nur schwach entwickelt. Die Epidermis des Blattes ist sowohl auf der Oberseite als auch auf der

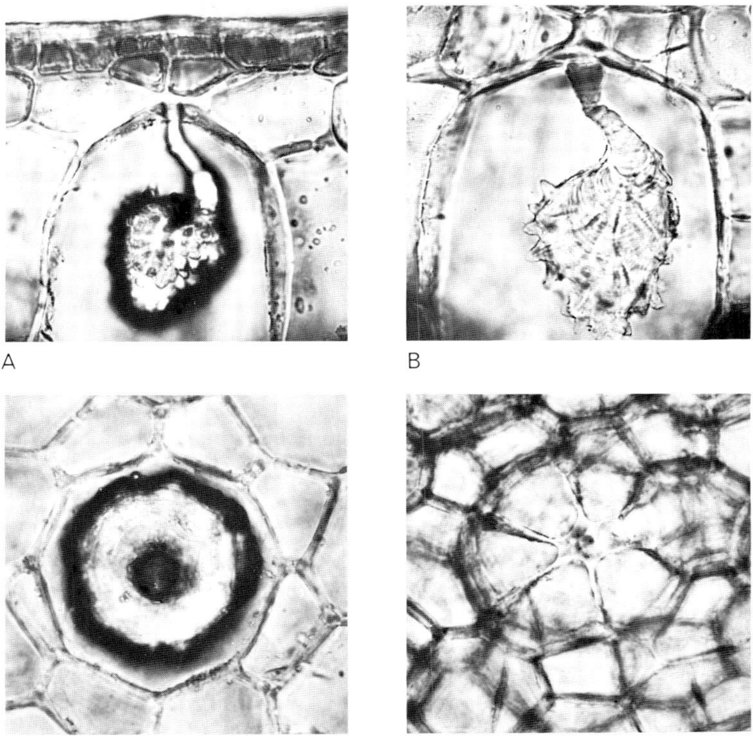

A B C D

Fig. 5.4 *Ficus elastica,* Cystolith. A und B Blattquerschnitte, C und D Flächenschnitte der Blattoberseite. In A ist der Stielansatz des Cystolithen genau getroffen (500 ×), B. Grundkörper des Cystolithen nach Entkalkung (500 ×), C. Cystolith quer getroffen (500 ×), D. Epidermiszellen, konzentrisch um die Stielansatzstelle angeordnet (500 ×).

Unterseite dreischichtig. Tatsächlich handelt es sich um eine mehrschichtige Epidermis und nicht etwa um eine Hypodermis, da die drei Zellschichten aus der äußersten Schicht, dem Protoderm, durch perikline Teilungen hervorgegangen sind. Die drei Epidermisschichten sind frei von Chloroplasten. Die äußerste Schicht besteht aus relativ kleinen Zellen mit stark verdickten Außenwänden. Die darunterliegenden, größeren Zellen fungieren als Wasserreservoir des Blattes. Ihre mehr oder weniger regelmäßige Anordnung ist auf der Blattoberseite in gewissen Abständen durch sehr große Idioblasten unterbrochen, die bis in das Palisadenparenchym hineinreichen und große Einschlußkörper, die Cystolithen, enthalten (Fig. 5.4 A). Sie entstehen dadurch, daß in einzelnen Epidermiszellen, eben den künftigen Cytolith-Idioblasten, die periklinen Zellteilungen unterbleiben, und von der Außenwand durch lokales Dickenwachstum ein zapfenartiger Körper zentripetal, also nach innen wächst, der dann mit Calciumcarbonat inkrustiert wird.

Die Cystolithen sind mit einem Stiel an der äußeren Zellwand befestigt, und zwar an der gleichen Stelle, an der die Wände der darüberliegenden Epidermiszellen zusammenstoßen. Diese sind, wie die Betrachtung eines Flächenschnittes lehrt (Fig. 5.4 D), konzentrisch um die Stielansatzstelle angeordnet. Stark verkalkte Cystolithen haben eine warzige Oberfläche. Daß es sich in der Hauptsache um Calciumcarbonat handelt, läßt sich durch Säurezusatz demonstrieren: sowohl Salzsäure als auch Essigsäure lösen die Hauptmasse des Cystolithen unter lebhafter CO_2-Entwicklung auf. Der zurückbleibende Grundkörper hat eine etwa keulige Gestalt und läßt meist eine deutliche Schichtung erkennen (Fig. 5.4 B). An seinem Aufbau ist außer Cellulose auch Kallose beteiligt. Infolgedessen erscheint er nach Behandlung mit Chlorzinkjod nicht rein blau, sondern schmutzig violett. Fig. 5.4 C zeigt einen Flächenschnitt der Blattoberseite, in dem der Cystolith quer getroffen ist.

5.4. *Begonia* spec.: Kollenchym

Material: Blattstiele von *Begonia*-Arten (Schiefblatt, Begoniaceae, Begoniales) in etwa 3 cm langen Stücken als Frisch- oder Alkoholmaterial. Auch Blattstiele von *Beta vulgaris* ssp. *cicla* (Mangold, Chenopodiaceae, Caryophyllales) als Frisch- oder Alkoholmaterial sind geeignet.

Reagenzien: Chlorzinkjod-Lösung (s. Präp. Nr. 5.3.).

Präparation: Dünne Querschnitte durch den Blattstiel von *Begonia* (s. Präp. Nr. 4.1.) werden z. T. in einen Tropfen Wasser, z. T. in Chlorzinkjod-Lösung übertragen.

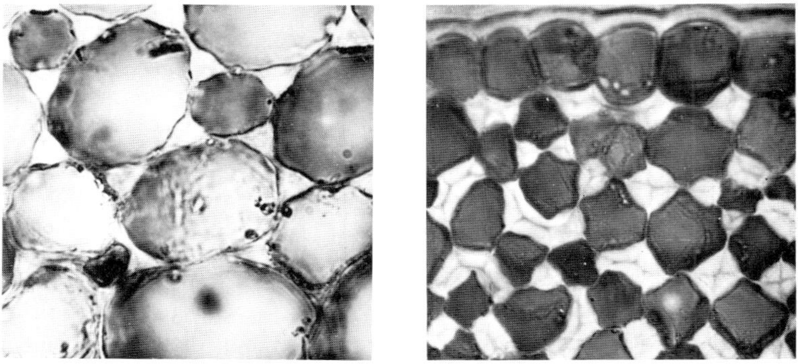

A B

Fig. 5.5 Eckenkollenchym. A. des Blattstiels von *Begonia* spec. (750 ×), B. des Blattstiels von *Beta vulgaris* (500 ×).

Aufgabe: Bei schwacher Vergrößerung bzw. Lupenvergrößerung ist eine Übersichtsskizze des Stengelquerschnitts und bei stärkerer Vergrößerung ein Ausschnitt aus dem Kollenchymgewebe zu zeichnen. Da die Kollenchyme dem ungeübten Beobachter erfahrungsgemäß einige Schwierigkeiten bereiten, ist es unbedingt notwendig, die im Objekt ohne besondere Hilfsmittel meist schlecht erkennbare Mittellamelle einzuzeichnen. Anschließend ist das Ergebnis der Chlorzinkjod-Behandlung zu kontrollieren.

Beobachtungen: Bei *Begonia* bildet das Festigungsgewebe einen in der Peripherie des Blattstieles verlaufenden, geschlossenen Zylinder. Dem Typus nach handelt es sich um ein Kanten- (Ecken-)kollenchym, bei dem die Verdickungen der Zellwand auf die Ecken, bzw. bei räumlicher Betrachtung auf die Kanten beschränkt sind (Fig. 5.5 A). Die Verdikkungen bestehen aus abwechselnden Lagen von Cellulose und pektinartigen Stoffen und sind unverholzt. Bei Behandlung mit Chlorzinkjod färben sie sich mäßig blau und quellen stark auf. Im unbehandelten Zustand sind sie stark lichtbrechend und erscheinen deshalb im Präparat sehr hell.

Den gleichen Typus von Kollenchymzellen findet man in den Blattstielen von *Beta vulgaris*. Wie Fig. 5.5 B zeigt, ist hier der Verlauf der Mittellamellen verhältnismäßig gut zu erkennen, und auch die Schichtung tritt an einigen Stellen schwach hervor. Nach Einwirkung von Chlorzinkjod wird das Bild noch etwas deutlicher, wenn auch nur für kurze Zeit, da die Zellwände in Chlorzinkjod stark quellen.

5.5. *Hoya carnosa:* Steinzellen

Material: Ältere, stärker verholzte Sprosse von *Hoya carnosa* (Wachsblume, Asclepiadaceae, Gentianales) als Alkohol- oder Frischmaterial. Auch das Fruchtfleisch von *Pirus communis* (Birne, Rosaceae, Rosales) oder von *Cydonia oblonga* (Quitte, Rosaceae, Rosales) ist geeignet.

Reagenzien: Phloroglucin-Lösung (s. Präp. Nr. 5.1.), konz. Salzsäure oder Perchlorsäure. Anilinsulfat: Gesättigte wäßrige Lösung von Anilinsulfat, der etwas Schwefelsäure zugesetzt wird. Chloralhydrat (s. Präp. Nr. 3.1.). Chlorzinkjod (s. Präp. Nr. 5.3.).

Präparation: Querschnitte durch das Mark der Sproßachse (s. Präp. Nr. 4.1.) werden zunächst in Wasser beobachtet und dann z.T. mit einem Gemisch von Phloroglucin-Reagenz und Salzsäure, z.T. mit Anilinsulfat behandelt. Um einer Beschädigung der Mikroskope durch Chemikalien, insbesondere durch Säuren, vorzubeugen, empfiehlt es sich, die Lösung nicht durch das fertige Präparat zu saugen, sondern je einen Objektträger mit einem Tropfen Phloroglucin-Salzsäure-Gemisch sowie mit einem Tropfen Anilinsulfat vorzubereiten, die Schnitte gleich auf diese zu übertragen und mit einem Deckglas abzudecken. Es ist von Vorteil, die Schnitte vorher mit Chloralhydrat aufzuhellen.

Aufgabe: Bei schwächerer Vergrößerung wird ein geeignetes Steinzellen-Nest im Mark ausgewählt und dann bei stärkerer Vergrößerung im Verband gezeichnet. Anschließend ist das Ergebnis der Behandlung mit Phloroglucin-Salzsäure bzw. mit Anilinsulfat zu kontrollieren.

Beobachtungen: Die Steinzellen (Sklereiden) sind isodiametrisch, d.h. sie haben nach allen Richtungen des Raumes etwa die gleiche Ausdehnung. Sie liegen im parenchymatischen Grundgewebe des Marks meist in Gruppen. Ihre Wände sind annähernd gleichmäßig verdickt und erscheinen deutlich geschichtet (Fig. 5.6 A). Durch Aussparung gewisser Wandstellen beim Dickenwachstum entstehen Tüpfel bzw. Tüpfelkanäle, die bei starker Verdickung der Zellwand zusammenlaufen und verzweigte Tüpfel bilden können. Sie sind von den Tüpfeln der Nachbarzellen durch eine Schließhaut getrennt. Sind die Steinzellen nicht oben und unten, sondern nur einseitig angeschnitten, so erscheinen die Tüpfel in Aufsicht etwa kreisförmig (Fig. 5.6 B). Der Protoplast der Steinzellen stirbt nach Fertigstellung der Zellwand ab.

Die Wände der Steinzellen sind verholzt, d. h. mit Lignin inkrustiert. Sie färben sich daher bei Behandlung mit dem Cellulose-Reagenz Chlorzinkjod nicht blau, sondern gelb. Das Vorhandensein von Lignin läßt sich durch die rot-violette Färbung der Zellwände nach Behandlung mit Phloroglucin-Salzsäure sowie durch deren Gelbfärbung nach Behandlung mit Anilinsulfat nachweisen.

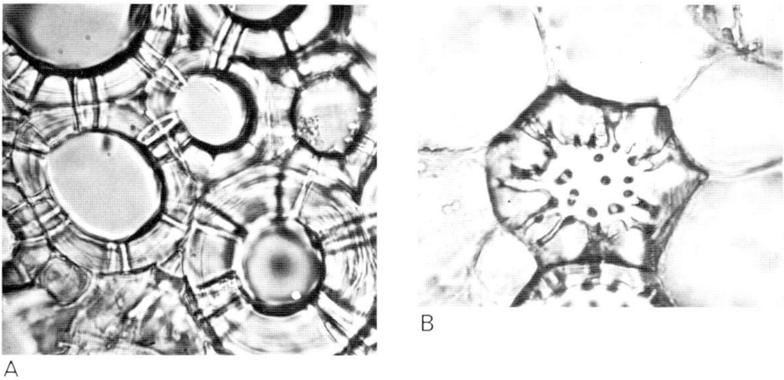

Fig. 5.6 *Hoya carnosa,* Steinzellen aus dem Mark der Sproßachse. A. Zellen quer geschnitten, mit deutlicher Schichtung und zahlreichen Tüpfeln (750 ×), B. eine Zelle im Anschnitt, Tüpfel z.T. in Aufsicht (750 ×).

5.6. *Chlorophytum comosum:* Sklerenchymfasern

Material: Ausläufer von *Chlorophytum comosum* (Liliengrün, Liliaceae, Liliales) in Stücken als Frisch- oder Alkoholmaterial.

Reagenzien: Phloroglucin-Lösung (s. Präp. Nr. 5.1.), konz. Salzsäure oder Perchlorsäure.

Präparation: Dünne Querschnitte (s. Präp. Nr. 4.1.) durch Ausläufer von *Chlorophytum* werden z. T. in Wasser, z. T. in Phloroglucin-Salzsäure übertragen.

Aufgabe: Bei schwacher bzw. Lupenvergrößerung wird eine Übersichtsskizze des Stengelquerschnittes angefertigt. Außerdem sind bei starker Vergrößerung einige Zellen des Sklerenchymringes im Verband zu zeichnen. Der Ausfall der Phloroglucin-Salzsäure-Reaktion ist zu beobachten.

Beobachtungen: Innerhalb des chloroplastenführenden Rindengewebes liegt ein Ring von Festigungsgewebe (Fig. 5.7 A). Es handelt sich um Sklerenchymfasern, die quer geschnitten sind. Ihre Wände sind, wie die der Steinzellen, gleichmäßig verdickt, doch lassen sie sich von den Steinzellen im Querschnitt leicht durch die geringere Zahl von Tüpfeln unterscheiden (Fig. 5.7 B). Die Tüpfel sind schmal und erscheinen in Längsschnitten spaltförmig und schräg aufsteigend. Die Verdickung der Wände ist u. U. so stark, daß das Lumen im Querschnitt nur noch als kleines, zentrales Loch erscheint. Die Schichtung ist meist zu erkennen,

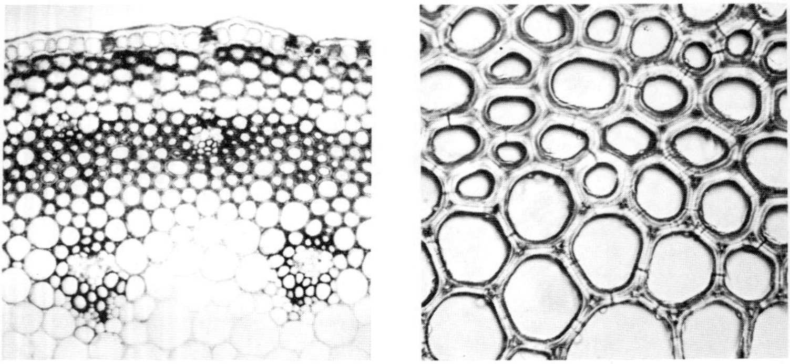

Fig. 5.7 *Chlorophytum comosum,* Querschnitt durch einen Ausläufer. A. Übersichtsbild (120 ×). Die Wände der Zellen des etwa in der Mitte des Bildes liegenden Sklerenchymrings erscheinen dunkel. B. quergeschnittene Sklerenchymfasern, stärker vergrößert (500 ×). Die Mittellamellen, wie auch die Schichtung, sind bei einigen Zellen deutlich zu erkennen. An mehreren Stellen sind die schmalen, spaltförmigen Tüpfel angeschnitten.

wenn auch nicht so deutlich wie bei den Steinzellen. Nach Behandlung mit Phloroglucin-Salzsäure zeigen die Zellwände eine mehr oder weniger intensive Rotfärbung, die vom schwachen Rosa bis zum tiefen Rot variieren kann. Am intensivsten sind in der Regel die Mittellamellen gefärbt, was darauf schließen läßt, daß sie am stärksten verholzt sind.

5.7. *Agave americana:* Epidermis

Material: Blattstücke von *Agave americana* (Agavaceae, Liliales) als Frisch- oder Alkoholmaterial. Für die Nachweise von Cellulose und Cutin ist Alkoholmaterial besser geeignet.

Reagenzien: Chlorzinkjod-Lösung (s. Präp. Nr. 5.3.). Sudan-Glycerin: Sudan IV färbt neben Fetten und Wachsen auch Cutin und Suberin. Es kommt in verschiedenen Rezepturen zur Anwendung. Eine der häufigsten Anwendungsformen ist Sudan-Glycerin: 0,1 g Sudan IV wird in 50 ml 96%igem Ethanol gelöst und mit 50 ml Glycerin versetzt.

Präparation: Senkrecht zur Längsachse des Blattes werden dünne Querschnitte durch die Epidermis geführt und teils in Wasser, teils in Chlorzinkjod-Lösung und teils in Sudan-Glycerin übertragen. Die Färbung mit Sudan-Glycerin wird kräftiger, wenn man das Präparat über der Flamme vorsichtig etwas erwärmt (nicht aufkochen!).

Aufgabe: Zeichnung eines Ausschnittes aus der Epidermis mit angrenzendem Gewebe bei starker Vergrößerung. Es empfiehlt sich, zunächst die Mittellamellen bis zur Cuticula zu zeichnen. Die Cuticula und die Cuticularschichten werden, dem Ausfall der Nachweis-Reaktionen entsprechend, markiert.

Beobachtungen: *Agave americana* ist ein Xerophyt. Die Blätter sind daher auf beiden Seiten von einer starken Epidermis überzogen, deren Zellen lückenlos aneinanderschließen. Die Spaltöffnungen, die hier jedoch nicht näher betrachtet werden sollen, sind eingesenkt, was ebenfalls für Xerophyten charakteristisch ist.

Während die Innenwände und die inneren Abschnitte der Seitenwände der Epidermiszellen nur wenig dicker sind als die Wände der darunterliegenden parenchymatischen Zellen, sind die Außenwände und die angrenzenden Partien der Seitenwände stark verdickt (Fig. 5.8 A, B). Infolgedessen laufen die Lumina der Zellen nach außen mehr oder weniger spitz zu. Bereits die in Wasser liegenden, ungefärbten Schnitte lassen erkennen, daß die Außenwand von mehreren Schichten gebildet wird, die sich im Grad der Lichtbrechung unterscheiden. Außen liegt die dicke, stark lichtbrechende Cuticula, die als geschlossene Schicht die Epidermiszellen überzieht und keine Zellgrenze erkennen läßt. Sie besteht aus Cutin und ist ein Abscheidungsprodukt der Epidermiszellen. Auch die darunterliegenden, äußeren Partien der Zellwand sind mehr oder weniger stark cutinisiert, so daß nur die innerste Schicht ausschließlich aus Cellulose besteht.

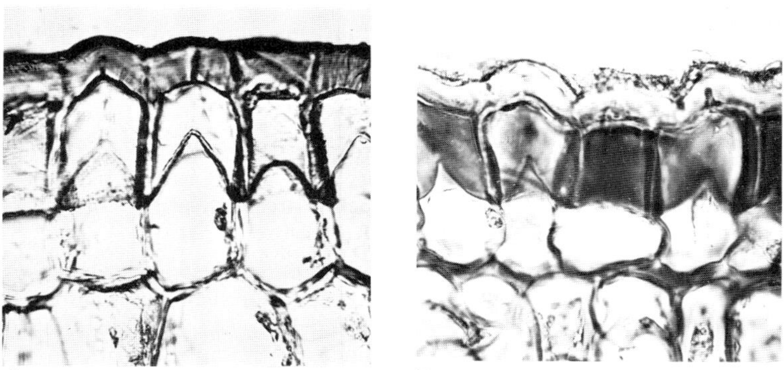

A B

Fig. 5.8 Querschnitt durch das Blatt von *Agave americana,* A. Epidermiszellen nach Behandlung mit Sudan-Glycerin. Die Seitenwände sind z.T. zerrissen (500 ×), B. nach Behandlung mit Chlorzinkjod (500 ×).

Die Schichtung tritt in den mit Chlorzinkjod behandelten Schnitten besonders deutlich hervor (Fig. 5.8 B), da nur die ausschließlich aus Cellulose bestehenden Zellwandschichten eine blau-violette Färbung annehmen. Die Cuticula färbt sich gelb. Die dazwischenliegenden Cuticularschichten zeigen ihrem Cutingehalt entsprechende Farbübergänge bräunlicher Tönung. Allerdings quillt die Cellulose nach längerer Chlorzinkjod-Einwirkung erheblich, so daß das Dickenverhältnis der einzelnen Wandschichten sehr bald nicht mehr dem ursprünglichen Zustand entspricht.

Bei Behandlung mit Sudan-Glycerin färben sich Cutin und Suberin orange bis rot. Dementsprechend nimmt die Cuticula eine rötliche Farbe an, während die Cuticularschichten, dem Grad der Cutinisierung entsprechend, eine schwächere Färbung erkennen lassen. Dabei wird deutlich, daß die Cutinisierung sich auch auf die Seitenwände der Epidermiszellen erstreckt (Fig. 5.8 A). Durch nachträgliche Behandlung der mit Sudan-Glycerin gefärbten Schnitte mit Chlorzinkjod kann man die Kontraste noch erhöhen.

5.8. *Clivia miniata:* Epidermis

Material: Blattstücke von *Clivia miniata* (syn. *Clivia nobilis,* Clivie, Amaryllidaceae, Liliales) als Frisch- oder Alkoholmaterial. Für die Nachweisreaktionen ist Alkoholmaterial besser geeignet.

Reagenzien: Chlorzinkjod-Lösung (s. Präp. Nr. 5.3.), Sudan-Glycerin (s. Präp. Nr. 5.7.).

Präparation: Senkrecht zur Längsachse des Blattes werden dünne Querschnitte durch die Epidermis geführt und teils in Wasser, teils in Chlorzinkjod-Lösung und teils in Sudan-Glycerin übertragen. Wie bereits erwähnt (s. Präp. Nr. 5.7.), kann die Sudan-Färbung durch leichte Erwärmung des Präparates verstärkt werden.

Aufgabe: Zeichnung eines Ausschnittes der Epidermis mit angrenzendem Gewebe bei starker Vergrößerung. Die Cuticula und die Cuticularschichten werden, dem Ausfall der Nachweisreaktionen mit Chlorzinkjod und Sudan-Glycerin entsprechend, gekennzeichnet.

Beobachtungen: Schon im ungefärbten Präparat, besonders aber nach Behandlung mit den genannten Reagenzien lassen die Außenwände der Epidermiszellen eine charakteristische Schichtung in Cuticula, Cuticularschicht und Celluloseschicht erkennen. Während die Cuticula die Epidermis als geschlossenes Häutchen überzieht, läßt die Cuticularschicht eine feine Schichtung erkennen und erscheint keilartig zwischen die äußeren Abschnitte der Seitenwände eingeschoben. Sie besteht aus einem Gemisch von Cutin sowie pektin- und celluloseartigen Wandstof-

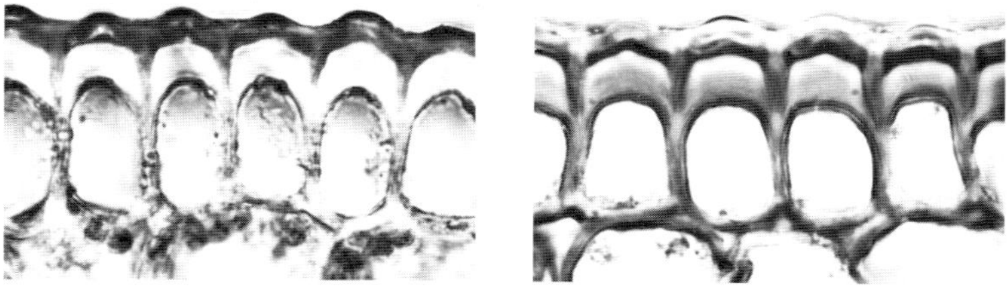

A B

Fig. 5.9 Querschnitt durch das Blatt von *Clivia miniata*. Epidermiszellen (500 ×), in A. nach Behandlung mit Sudan-Glycerin, in B. nach Behandlung mit Chlorzinkjod.

fen und liegt über den eigentlichen Primärwänden der Epidermiszellen. Die darunterliegende, durch Sudan-Glycerin nicht gefärbte und daher hell erscheinende Sekundärwand (Fig. 5.9 A) besteht, ähnlich den kollenchymatischen Wandverdickungen (vgl. Präp. Nr. 5.4.), aus einander abwechselnden Lagen von Cellulose und pektinartigen Substanzen. Infolgedessen färbt sich nach Behandlung mit Chlorzinkjod nur dieser Bereich der Außenwand violett (Fig. 5.9 B), während die Cuticularschicht einen gelb-braunen und die Cuticula einen gelben Farbton annimmt. Zwischen Cuticularschicht und Cellulosewand befindet sich eine dünne Schicht aus Protopektin, die jedoch bei den angewandten Nachweisverfahren nicht hervortritt.

5.9. *Linum usitatissimum:* Verschleimende Zellwände

Material: Trockene Samen von *Linum usitatissimum* (Lein, Linaceae, Geraniales). Auch trockene Samen von *Lepidium sativum* (Gartenkresse, Brassicaceae, Capparales) oder *Collomia grandiflora* (Polemoniaceae, Polemoniales) sind geeignet.

Reagenzien: 96%iges Ethanol, chinesische Tusche.

Präparation: Die Samen von *Linum* sind einerseits zu klein, um sie beim Schneiden mit den Fingern zu halten, andererseits aber auch so hart, daß sie nicht zwischen Holundermark geschnitten werden können. Es empfiehlt sich daher, die Samen mit der Spitze in ein Stück Kork, in das zuvor mit der Lanzettnadel ein Loch eingestochen wurde, tief einzudrücken und dann zusammen mit dem Kork zu schneiden. Die Querschnitte werden zunächst in 96%igem Ethanol untersucht. Dabei wird das Deckglas seitlich durch zwei schmale, in Längsrichtung des Objektträgers gelegte Fließpapierstreifen abgestützt.

Nach Anfertigung der Zeichnung wird in der bereits beschriebenen Weise (s. Präp. Nr. 2.1.) von der Seite her Wasser durch das Präparat gesaugt, ohne daß die mikroskopische Beobachtung des Objektes unterbrochen wird. Das Durchsaugen muß langsam erfolgen, damit die entstehende Strömung das Objekt nicht aus dem Gesichtsfeld reißt. Die durch die Quellung der Zellwand entstehende Schleimhülle tritt nach Zusatz chinesischer Tusche besonders kontrastreich hervor.

Aufgabe: Bei stärkerer Vergrößerung wird ein Teil aus der Randpartie des in Ethanol liegenden Querschnittes mit Samenschale gezeichnet. Beim Durchsaugen des Wassers werden die an der Oberfläche des Samens eintretenden Veränderungen verfolgt und dieselbe Stelle des Schnittes anschließend noch einmal gezeichnet.

Beobachtungen: Für die Untersuchung ist eine möglichst dünne Stelle des Schnittes zu wählen, an der die Samenschale (Testa) nicht vom Nährgewebe (Endosperm) abgerissen wurde. Die Zellen des Endosperms sind mit Tropfen fetter Öle sowie mit Aleuron-Körnern angefüllt.

Die Samenschale zeigt einen mehrschichtigen Aufbau, der allerdings erst nach Zusatz des Wassers deutlich hervortritt (Fig. 5.10). Zuinnerst liegt eine Schicht brauner gerbstoffhaltiger Zellen, die in Fig. 5.10 fast schwarz erscheinen. An diese schließen sich nach außen einige Lagen

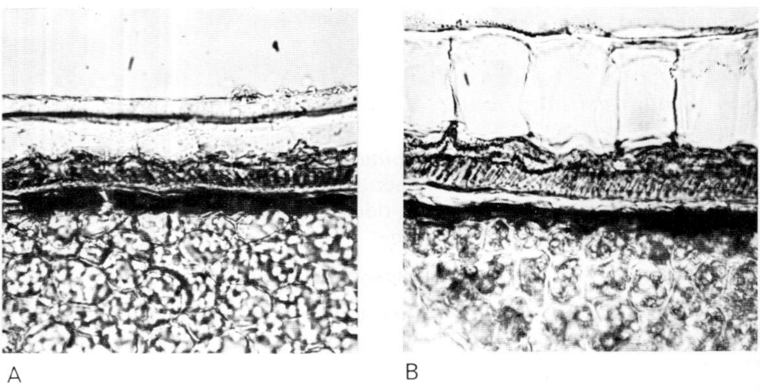

A B

Fig. 5.10 Querschnitt durch den Samen von *Linum usitatissimum* (500 ×). A. in 96% Ethanol, B. in Wasser. In B. sind die einzelnen Schichten deutlich zu erkennen. Von oben nach unten: Epidermis mit aufgequollenen Wänden; parenchymatische Zellen; Sklerenchymzellen mit stark verdickten Wänden; zusammengedrückte Zellen (hell); gerbstoffhaltige Zellen (fast schwarz); Endosperm.

stark zusammengedrückter, meist nicht deutlich begrenzter Zellen an. Hierauf folgt ein Mantel stark verdickter, sklerenchymatischer Zellen, die besonders in Fig. 5.10 B gut zu erkennen sind. Darüber liegen meist noch ein bis mehrere Schichten parenchymatischer Zellen, die von der Epidermis bedeckt sind.

Betrachtet man die Epidermiszellen bei stärkerer Vergrößerung, so stellt man fest, daß sie verdickte Außenwände haben (Fig. 5.10 A). Diese bestehen aus stark quellbaren Kohlenhydraten, die bei Berührung mit Wasser fast explosionsartig aufquellen (daher mikroskopische Beobachtung während des Durchsaugens erforderlich!), so daß die Epidermis von einer zusammenhängenden Schleimschicht bedeckt ist (Fig. 5.10 B). Saugt man anschließend chinesische Tusche durch das Präparat, so hebt sich der Schleimmantel, in den die Tusche nicht eindringt, als heller Saum kontrastreich gegen die dunkle Umgebung ab, was man schon bei Betrachtung mit dem unbewaffneten Auge gut erkennen kann. Die Cuticula wird beim Aufquellen der Epidermiswände meist in Fetzen zerrissen.

6. Reservestoffe

Obwohl prinzipiell jede lebende Zelle in der Lage ist, Reservestoffe zu synthetisieren und abzulagern, ist die Funktion der Stoffspeicherung meist auf bestimmte Zellen und Gewebe begrenzt. Hierzu zählen das Nährgewebe (Endosperm) der Samen, die Speicherkotyledonen, das Holzstrahlparenchym, das Parenchym der Knollen und Speicherwurzeln u. a. Bei den Reservestoffen handelt es sich überwiegend um Produkte des Primärstoffwechsels, und zwar Kohlenhydrate, Fette und Eiweiße, die in Form von Körnern, Tropfen oder Kristalloiden (s. u.) abgelagert werden.

Das am weitesten verbreitete Reservekohlenhydrat der grünen Pflanzen ist das Polysaccharid Stärke. Im Gegensatz zur Assimilationsstärke, die in den Chloroplasten als vorläufiges Photosynthese-Endprodukt entsteht (s. S. 32), wird die Reservestärke in den Amyloplasten (s. S. 33), die zu den Leukoplasten gehören, durch Polykondensation von Glucosemolekülen synthetisiert und in Form von Stärkekörnern abgelagert. Diese sind bei den einzelnen Pflanzenarten recht verschieden gestaltet: rund, ellipsoidisch, polyedrisch, hantelförmig (Fig. 8.2 B) o. a. Häufig weisen sie eine mehr oder weniger deutliche Schichtung auf, die ihre Ursache in Dichteunterschieden hat. Je nachdem, ob das Bildungszentrum des Stärkekornes im Zentrum des Amyloplasten liegt oder zu dessen Rand hin verschoben ist, entstehen konzentrisch oder exzentrisch geschichtete Körner. Werden mehrere bis viele Bildungszentren angelegt, so können zusammengesetzte Körner entstehen. Werden diese noch von gemeinsamen Schichten umgeben, so bezeichnet man sie als halb zusammengesetzte Körner. Bei der Keimung wird die Stärke durch die Amylasen und die Maltase wieder abgebaut und in Glucose überführt (Korrosion der Stärkekörner).

Die Stärkemoleküle haben die Gestalt einer Schraube, in der jede Windung aus etwa 6 Glucosemolekülen besteht. Der Innendurchmesser dieser Schraube ist so groß, daß sich Jodmoleküle einlagern können. Hierdurch ändert sich das Absorptionsverhalten: die Stärke nimmt eine blau-violette Färbung an (Jod-Stärke-Reaktion).

Als weitere Reservepolysaccharide seien hier noch das aus Fructose-Bausteinen bestehende Inulin sowie die Reservecellulose genannt. Obwohl die letztere den Zellwänden innen aufgelagert wird und sich nach Behandlung mit Chlorzinkjod schwach blau färbt, handelt es sich in Wirklichkeit nicht um Cellulose, sondern um Cellulosane (Hemicellulosen), die in der Hauptsache aus Mannanen aufgebaut sind, daneben aber auch Arabinose, Xylose und Galaktose enthalten.

Auch Proteine dienen zahlreichen Pflanzen als Reservestoffe. Sie kommen meist in Form runder Aleuronkörner vor, in großer Menge

z. B. in der nach ihnen benannten Aleuronschicht der Getreidekörner. Die Aleuronkörner entstehen durch Entwässerung aus Eiweißvakuolen, die von einer Biomembran umgeben sind. Im Gegensatz zu den Stärkekörnern färben sie sich bei Behandlung mit Jodjodkalium-Lösung nicht blau, sondern braun. Nicht selten liegen die Proteine auch als Kristalloide vor, die sich von den echten Kristallen vor allem durch die Quellbarkeit unterscheiden. Häufig, wenn auch keineswegs immer, finden sich in den Aleuronkörnern Globoide, die aus Phytin, einem Calcium-Magnesiumsalz der Inosithexaphosphorsäure, bestehen. Dieses dient offensichtlich als Phosphatspeicher, könnte darüber hinaus aber auch als Kationenspeicher fungieren.

Die dritte große Gruppe von Speicherstoffen sind die Fette und Öle. Sie finden sich bei höheren Pflanzen vor allem in den Samen. Da die pflanzlichen Fette fast stets ungesättigte Fettsäuren enthalten, haben sie in der Regel eine flüssige Konsistenz (Öle) und kommen folglich in Form von Tröpfchen vor.

6.1. *Solanum tuberosum:* Stärkekörner

Material: Knollen von *Solanum tuberosum* (Kartoffel, Solanaceae, Scrophulariales) in Stücken.

Reagenzien: Jodjodkalium-Lösung (s. Präp. Nr. 2.1.), 5%ige Kalilauge.

Präparation: Von der frischen Schnittfläche einer Kartoffel wird mit dem Messer etwas Material abgeschabt, auf einen Objektträger übertragen und mit dem Deckglas abgedeckt. Zunächst wird in Wasser beobachtet, dann Jodjodkalium-Lösung durchgesaugt.

Aufgabe: Zeichnung von Stärkekörnern verschiedener Typen bei starker Vergrößerung. Beobachtung der Jod-Stärke-Reaktion.

Beobachtungen: Die Zellen des Speichergewebes der Kartoffelknollen sind dicht mit Stärkekörnern gefüllt, die bei der Präparation frei werden. Die Stärkekörner sind leicht abgeflacht und erscheinen bei stärkerer Vergrößerung exzentrisch geschichtet (Fig. 6.1 A). Innerhalb einer jeden Schicht nimmt die Dichte von innen nach außen ab und steigt in der nächsten Schicht sprunghaft wieder an. Pro Tag werden vom Amyloplasten etwa zwei bis drei Schichten gebildet. Infolge der exzentrischen Anlage des Bildungszentrums umgibt die Grundsubstanz des Amyloplasten das sich bildende Korn nicht gleichmäßig und lagert um so mehr Stärke ab, je dicker die das Korn bedeckende Schicht ist. Die innersten Schichten sind noch etwa konzentrisch angelegt. Mit zunehmendem Abstand vom Bildungszentrum wird jedoch die Exzentrizität immer auffälliger und die Schichtung selbst immer undeutlicher. Neben einfa-

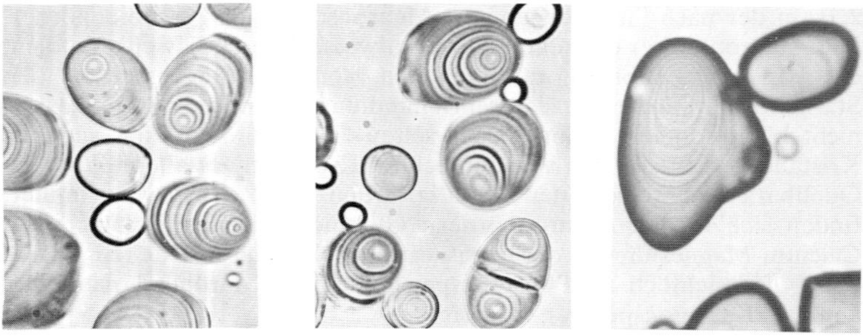

A B C

Fig. 6.1 *Solanum tuberosum,* Stärkekörner. A. Einzelkörner mit deutlicher Schichtung, B. zusammengesetztes Stärkekorn, im Bild unten rechts, C. beginnende Jod-Stärke-Reaktion (A–C 500 ×).

chen findet man auch einige zusammengesetzte Körner. Sie enthalten meist zwei (Fig. 6.1 B), selten drei oder gar vier Bildungszentren. Hin und wieder findet man auch ein halb zusammengesetztes Korn (Fig. 6.1 C).

Saugt man nach Anfertigung der Zeichnungen in der bereits beschriebenen Weise (s. Präp. Nr. 2.1.) unter gleichzeitiger Beobachtung Jodjodkalium-Lösung durch das Präparat, so nehmen die Körner zunächst einen blauen, dann einen blauvioletten und schließlich einen fast schwarzen Farbton an. Die Schichtung wird dabei vorübergehend etwas deutlicher, ist aber bald wegen des dunkler werdenden Farbtones nicht mehr zu erkennen. Behandelt man die Körner anschließend mit Kalilauge, so verschwindet mit zunehmender Quellung der Stärke der Farbton wieder.

6.2. *Triticum* spec.: Stärkekörner

Material: Lufttrockene Körner von *Triticum aestivum* oder *Triticum durum* (Weizen, Poaceae, Poales). Zum Vergleich können Körner von *Secale cereale* (Roggen, gleiche Familie) herangezogen werden.

Reagenzien: Jodjodkalium-Lösung (s. Präp. Nr. 2.1.).

Präparation: Ein Weizenkorn wird mit einem Messer quer durchgeschnitten. Mit der Nadel wird etwas Mehl aus dem Endosperm herausgekratzt und in einen Tropfen Wasser übertragen. Nach Anferti-

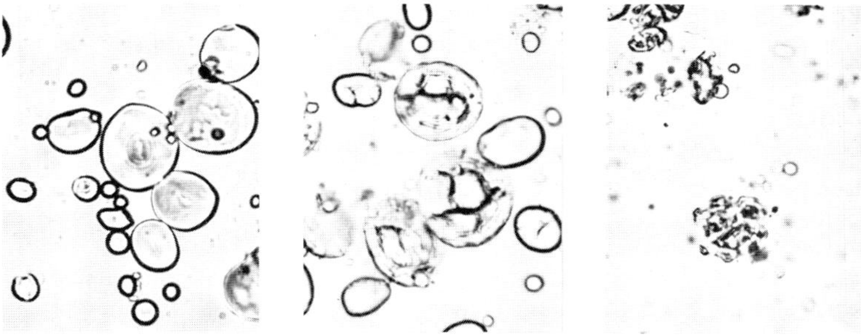

A B C

Fig. 6.2 *Triticum aestivum,* Stärkekörner. A. Groß- und Kleinkörner. Bei dem in der Bildmitte liegenden Großkorn ist die konzentrische Schichtung undeutlich zu erkennen. B. teilweise korrodierte Körner. Die Schichtung wird nach Einsetzen der Korrosion etwas deutlicher. C. Körner durch fortschreitende Korrosion in Bruchstücke zerfallen (A–C 500 ×).

gung der Zeichnungen wird Jodjodkalium-Lösung durch das Präparat gesaugt.

Aufgabe: Einige große und kleine Körner sind bei starker Vergrößerung zu zeichnen.

Beobachtungen: Bereits bei oberflächlicher Betrachtung fällt auf, daß im Weizenmehl zwei Größenklassen von Stärkekörnern vorhanden sind, die entsprechend als Groß- bzw. Kleinkörner bezeichnet werden (Fig. 6.2 A). Die Großkörner sind rund und abgeflacht. Sie sind konzentrisch geschichtet, doch ist die Schichtung meist nur undeutlich. Bei den z. T. sehr kleinen, kugeligen Kleinkörnern ist keine Schichtung zu erkennen. Nach Behandlung mit Jodjodkalium-Lösung zeigen Groß- und Kleinkörner gleichermaßen eine violette Färbung. Kleine Körner, die sich bei dieser Behandlung braun färben, bestehen nicht aus Stärke, sondern aus Proteinen. Es handelt sich um die Kleberkörner.

Auch im Roggenmehl sind große und kleine Körner vorhanden. Sie treten uns jedoch nicht in Form zweier scharf voneinander geschiedener Größenklassen entgegen, sondern es finden sich alle Übergänge.

6.3. *Triticum* spec.: Korrodierte Stärke

Material: Samen von *Triticum aestivum* oder *Triticum durum* (Weizen, Poaceae, Poales) werden etwa 4–7 Tage vor der Verwendung in einer feuchten Kammer bei Zimmertemperatur ausgelegt.

Präparation: Ein gequollenes Korn wird angeritzt, mit der Nadel etwas von seinem milchigen Inhalt herauspräpariert und in einen Tropfen Wasser übertragen.

Aufgabe: Einige Großkörner unterschiedlichen Korrosionsgrades werden bei starker Vergrößerung untersucht und gezeichnet.

Beobachtungen: Verglichen mit der Stärke aus ungequollenen Weizenkörnern (vgl. Präp. Nr. 6.2.) tritt die konzentrische Schichtung bei den Stärkekörnern aus gequollenem und angekeimtem Weizen etwas deutlicher hervor. Die Stärkekörner sind in verschieden starkem Maße korrodiert, d. h. von der Oberfläche sind Kanäle in die Körner eingefressen, die man teils in Aufsicht, teils im optischen Längsschnitt sieht (Fig. 6.2 B). Mit zunehmendem Korrosionsgrad werden diese Kanäle breiter und dringen immer weiter zur Mitte vor, so daß das Stärkekorn in Teilstücke zerfällt (Fig. 6.2 C) und sich schließlich ganz auflöst. Die Korrosion ist eine Folge der Aktivierung der Amylasen, die die Stärke zu Maltose abbauen. Diese wird dann durch Maltase in Glucose überführt.

6.4. *Triticum* spec.: Querschnitt durch das Korn

Material: Lufttrockene Körner von *Triticum aestivum* oder *Triticum durum* (Weizen, Poaceae, Poales). Gekeimte Weizenkörner mit kurzen Koleoptilen.

Reagenzien: Jodjodkalium-Lösung (s. Präp. Nr. 2.1.).

Präparation: Es werden möglichst dünne Schnitte durch die Randpartie eines Weizenkorns hergestellt und in einem Tropfen Wasser untersucht. Hierzu werden die Körner mit einem Skalpell quer durchgeschnitten und die Schnitte mit dem Rasiermesser genau senkrecht zur Längsachse geführt. Da sich das Korn mit den Fingern schlecht halten läßt, kann man sich die Arbeit erleichtern, indem man es in bereits beschriebener Weise (s. Präp. Nr. 5.9.) mit einem Stück Kork hält. In diesem Falle ist ganz besonders auf die richtige Orientierung des Korns zu achten. Nach Anfertigung der Zeichnung wird Jodjodkalium-Lösung durch das Präparat gesaugt (s. Präp. Nr. 2.1.).

Aufgabe: Bei starker Vergrößerung ist ein Ausschnitt aus dem peripheren Bereich des Querschnittes mit Frucht- und Samenschale sowie einem Teil des Endosperms zu zeichnen. Anschließend ist das Ergebnis der Jodjodkalium-Behandlung festzustellen. Außerdem ist ein gekeimtes Korn mit Wurzel und Koleoptile zu zeichnen.

Beobachtungen: Das Weizenkorn ist eine Karyopse, d. h. eine Nußfrucht, die aus einem oberständigen Fruchtknoten hervorgegangen ist und bei der Fruchtwand und Samenschale miteinander verwachsen sind.

Die an der Peripherie angeschnittenen Elemente gehören also teils zur Fruchtwand, teils zur Samenschale, was die Verhältnisse etwas kompliziert. Im Bereich der Furche, die am Korn in Längsrichtung entlang läuft, sind die Verhältnisse noch unübersichtlicher, weshalb dieser Bereich für die Untersuchung nicht geeignet ist.

Die Fruchtwand ist mehrschichtig. Unter der Epidermis, deren Zellwände stark verdickt sind, liegen weitere Zellschichten mit verdickten und getüpfelten Zellwänden (Fig. 6.3 A). Hierauf folgt nach innen eine

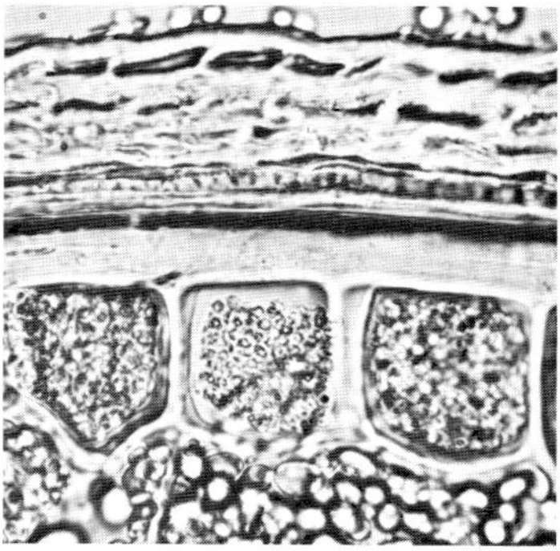
A

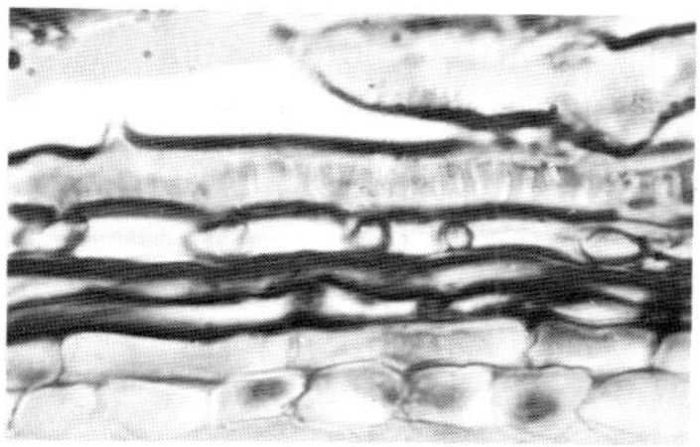
C

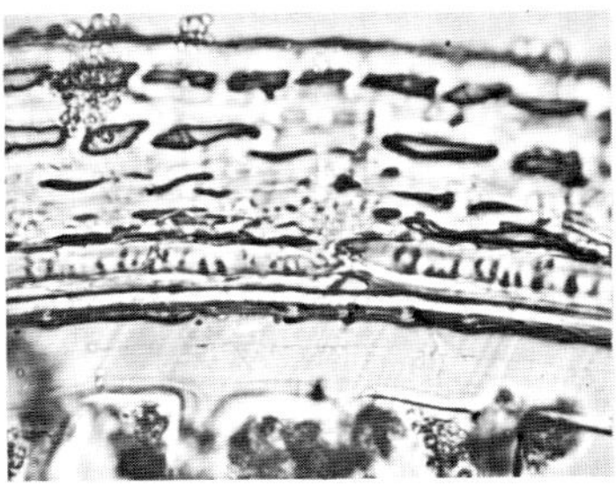
B

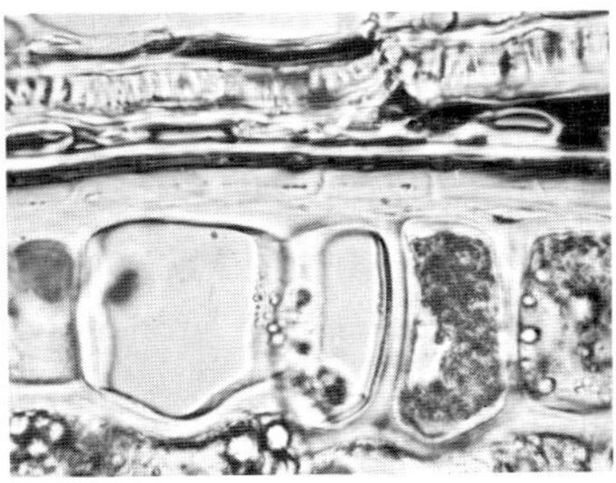
D

Fig. 6.3 *Triticum aestivum,* A. Querschnitt durch Fruchtwand, Samenschale und die äußeren Endospermschichten. Schichten von oben nach unten: Epidermis, subepidermale Schichten mit verdickten Zellwänden, Querzellen, Samenschale (dunkel), Nucellarschicht (hell), Aleuronschicht, Stärkeendosperm (Zellen nur noch z. T. sichtbar). Die Schlauchzellen sind in diesem Schnitt nicht zu erkennen (500 ×). B. wie A. stärker vergrößert (750 ×). C. Querzellen deutlich getüpfelt. Darunter einzelne Schlauchzellen, die quer getroffen sind und daher rund bis oval erscheinen (750 ×), D. wie C. jedoch Schlauchzellen flachgedrückt. Die zelluläre Struktur der Nucellarschicht ist deutlich zu erkennen (500 ×).

Schicht langgestreckter Zellen mit schmalen, querstehenden Tüpfeln. Da diese Zellen quer zur Längsachse des Korns verlaufen, werden sie als Querzellen bezeichnet (Fig. 6.3 B, C). Unter dieser Schicht finden sich vereinzelt Schlauchzellen, die in Längsrichtung des Korns angeordnet sind und deshalb quer angeschnitten erscheinen (Fig. 6.3 C, D).

Unmittelbar unter der Fruchtwand liegt die Samenschale, die Testa, die im Präparat als dunkle, einheitliche Schicht erscheint, in Wirklichkeit jedoch aus einer dünnen, farblosen Haut und einer Schicht abgeplatteter Zellen besteht, deren Inhalt braun gefärbt ist.

Unter der Samenschale liegt eine weitere Schicht flacher Zellen, die im Präparat hell erscheint. Es handelt sich um die äußerste Schicht des Nucellus, deren Zellen plattgedrückt sind (Fig. 6.3 D). Auf die Nucellarschicht folgt die äußerste Schicht des Endosperms, die Aleuronschicht, die neben fetten Ölen vor allem Aleuronkörner enthält. Diese bestehen aus Proteinen und färben sich mit Jodjodkalium-Lösung braun. Alle unter der Aleuronschicht liegenden Endospermzellen sind mit Stärkekörnern angefüllt (Fig. 6.3 A), die sich nach Behandlung mit Jodjodkalium-Lösung blau färben. Zwischen ihnen liegen Körner aus Klebereiweiß, die ebenfalls braun werden.

6.5. *Avena sativa:* Stärkekörner

Material: Lufttrockene Körner von *Avena sativa* (Hafer, Poaceae, Poales). Ähnliche Stärkekörner hat auch *Oryza sativa* (Reis, gleiche Familie).

Präparation: s. Präp. Nr. 6.2.

Aufgabe: s. Präp. Nr. 6.2.

Beobachtungen: Die großen Stärkekörner des Hafers sind aus zahlreichen Einzelkörnern, u. U. bis zu 300, zusammengesetzt. Infolgedessen erscheint ihre Oberfläche netzartig unterteilt (Fig. 6.4 A). Betrachtet man ein beschädigtes Korn oder herausgebrochene Einzelkörner (Fig. 6.4 B), so erkennt man, daß die Teilkörner eine polyedrische Form haben. Daneben finden sich auch kleinere, aus wenigen Teilstücken zusammengesetzte Körner sowie zahlreiche Einzelkörner von kugeliger, tropfenförmiger und insbesondere spindelförmiger Gestalt (Fig. 6.4 A). Bildungszentren oder Schichten sind in der Regel nicht zu erkennen.

Beim Reis sind die zusammengesetzten Stärkekörner etwas unregelmäßiger gestaltet und die Teilkörner kleiner als beim Hafer. Die Einzelkörner sind ebenfalls polyedrisch. Tropfen- oder spindelförmige Körner fehlen.

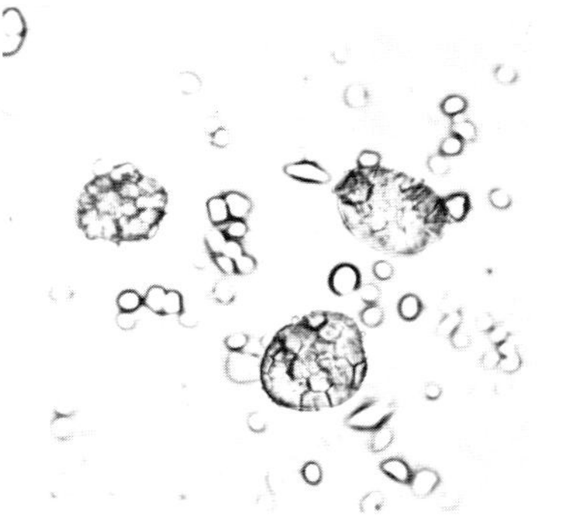

A

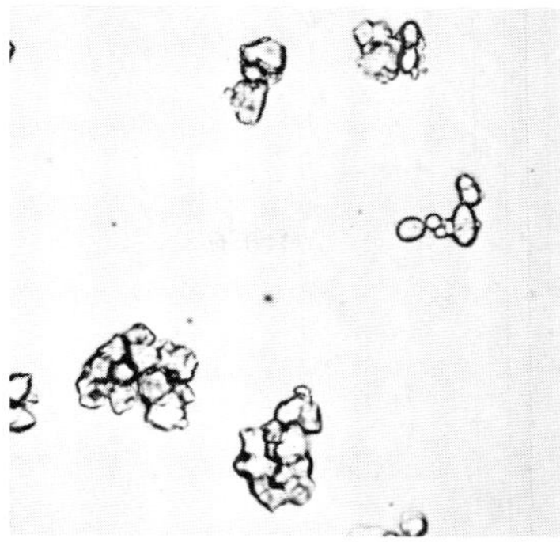

B

Fig. 6.4 *Avena sativa,* zusammengesetzte Stärkekörner, A. vielfach zusammengesetzte Großkörner und zahlreiche Kleinkörner, z. T. spindelförmig (500 ×), B. Bruchstücke der großen Körner, die die polyedrische Form der Einzelkörner erkennen lassen (500 ×).

6.6. *Phaseolus* spec.: Stärkekörner, Same und Keimling

Material: Lufttrockene Samen und etwa 10 bis 14 Tage alte Keimlinge von *Phaseolus vulgaris* (Gartenbohne, Fabaceae, Fabales) und *Phaseolus coccineus* (syn. *Ph. multiflorus,* Feuerbohne).

Präparation: Ein Bohnensame *(Ph. vulgaris* oder *Ph. coccineus)* wird der Länge nach halbiert. Dann wird durch das Speichergewebe eines Kotyledos ein dünner Schnitt geführt und in einem Tropfen Wasser untersucht. Zur Untersuchung der Stärkekörner genügt es, etwas von dem Speichergewebe des Kotyledos abzuschaben.

Aufgabe: Der Same ist im Längsschnitt zu zeichnen. Die Untersuchung des Schnittes erfolgt bei starker Vergrößerung. Es ist eine Zelle des Speichergewebes mit einigen Stärkekörnern zu zeichnen. Außerdem werden Zeichnungen je eines Keimlings von *Ph. vulgaris* und *Ph. coccineus* angefertigt.

Beobachtungen: Bei der Bohne wird die Speicherung der Reservestoffe von den Kotyledonen (Keimblättern) übernommen, die hier stark entwickelt sind (Speicherkotyledonen). Ein Nährgewebe wird nicht ausgebildet. Zwischen Kotyledonen und Radicula (Keimwurzel), deren Lage man auch beim ungeöffneten Samen schon erkennen kann, ist das Hypokotyl eingeschaltet. Oberhalb der Kotyledonen befinden sich das kurze, aber deutlich erkennbare Epikotyl, das am oberen Ende die

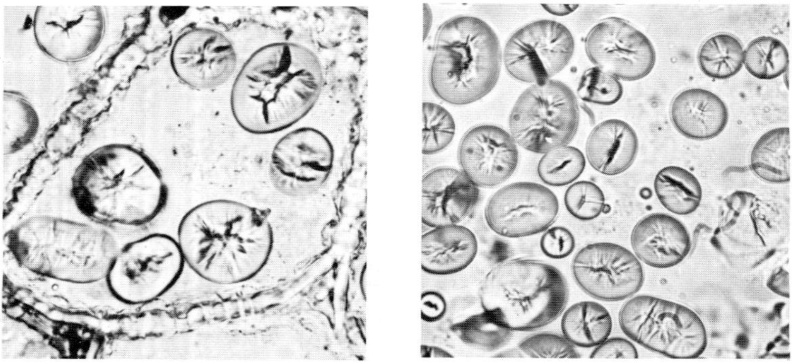

A B

Fig. 6.5 *Phaseolus vulgaris,* Stärke. A. Zelle aus einem Schnitt durch einen Kotyledo mit Stärkekörnern. Die Zellwände sind reich getüpfelt (500 ×). B. Stärkekörner (500 ×).

Sproßknospe (Plumula) und die beiden ersten, noch sehr jungen Laubblätter (Primärblätter) trägt.

Die Stärkekörner sind bei beiden Arten etwas abgeflacht und erscheinen in Aufsicht rund oder elliptisch. Sie sind durch zahlreiche radial verlaufende, von dem hohl erscheinenden Bildungszentrum des Kornes ausgehende Spalten zerklüftet (Fig. 6.5 A, B).

Die Keimpflanzen von *Ph. coccineus* und *Ph. vulgaris* sind geeignet, das hypogäische und epigäische Keimungsverhalten zu demonstrieren. Bei *Ph. coccineus* erfährt das Hypokotyl keine Streckung. Infolgedessen bleiben die Kotyledonen in der vom Keimling gesprengten Samenschale (Fig. 6.6) unter der Bodenoberfläche (daher *hypo*gäische Keimung). Das Epikotyl streckt sich und trägt die Plumula und die beiden sich entfaltenden Primärblätter über die Oberfläche. Bei *Ph. vulgaris* streckt sich auch das Hypokotyl, so daß die Kotyledonen über die Bodenoberfläche gelangen (deshalb *epi*gäische Keimung). Sie ergrünen, ohne sich zu flächig ausgebreiteten Blättern zu entwickeln (Fig. 6.7). Nach einiger Zeit schrumpfen sie und fallen schließlich ab. Das Epikotyl streckt sich dann ebenfalls.

6.7. *Zea mays:* Stärkekörner des Hornendosperms

Material: 24 bis 48 Stunden vorgequollene Samen von *Zea mays* (Mais, Poaceae, Poales). Es empfiehlt sich, Sorten mit breitem Hornendosperm zu verwenden.

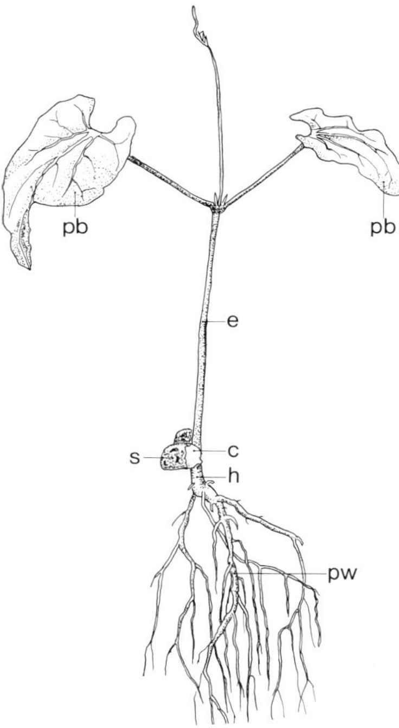

Fig. 6.6 Keimpflanze von *Phaseolus coccineus.*

c = Kotyledonen,
e = Epikotyl,
h = Hypokotyl,
pb = Primärblätter
pw = Primärwurzel,
s = Samenschale.

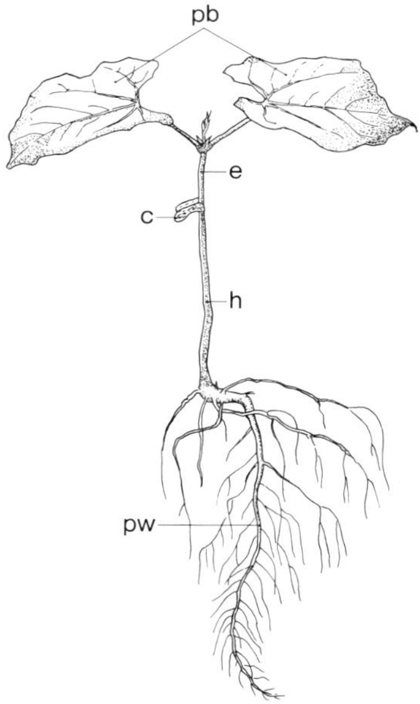

Fig. 6.7 Keimpflanze von *Phaseolus vulgaris.* Zeichenerklärung s. Fig. 6.6.

Präparation: Die Körner werden mit einem Messer oder Skalpell so angeschnitten, daß ein großer Teil der Schnittfläche vom gelblich-glasig erscheinenden Hornendosperm gebildet wird. Hierauf faßt man die Körner mit Daumen und Zeigefinger möglichst kurz und führt dünne Schnitte durch das Hornendosperm. Diese werden in Wasser untersucht.

Aufgabe: Vergleiche den Aufbau von Fruchtwand, Samenschale und den äußeren Endospermschichten mit dem von *Triticum* (s. Präp. Nr. 6.4.). Zeichnung einer Zelle des Hornendosperms mit Stärkekörnern.

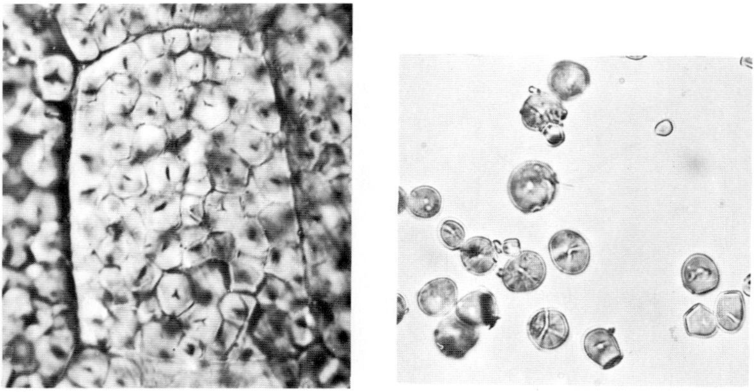

A B

Fig. 6.8 Hornendosperm von *Zea mays*. A. Zelle des Hornendosperms, dicht mit Stärkekörnern angefüllt. Die Bildungszentren treten deutlich hervor (500 ×), B. einzeln liegende Stärkekörner. Bei einigen ist die polyedrische Form deutlich zu erkennen.

Beobachtungen: Der Aufbau von Fruchtwand, Samenschale und Endosperm ist dem von *Triticum* bis zu einem gewissen Grade ähnlich und meist sogar besser zu erkennen als bei *Triticum*. Die Zellen des Hornendosperms sind dicht mit Stärkekörnern angefüllt, die zwar das Bildungszentrum, aber keine Schichtung erkennen lassen (Fig. 6.8 A). Einzeln liegende, herausgefallene Stärkekörner erscheinen polyedrisch abgeflacht (Fig. 6.8 B). In der Zelle sind sie so dicht gepackt, daß sie deren Innenraum nahezu lückenlos ausfüllen. Infolgedessen erscheint dieser Teil des Endosperms glasig-durchsichtig, im Gegensatz zum mehligen Endosperm, an dessen runden, durch mehr oder weniger große Zwischenräume getrennten Stärkekörnern eine Streuung und Totalreflexion des Lichtes erfolgt.

6.8. *Elatostema repens:* Plastidenstärke

Material: 3–4 cm lange, möglichst dicke Sproßstücke von *Elatostema repens* (syn. *Pellionia daveauana,* Urticaceae, Urticales). Frischmaterial. Auch *E. pulchra* ist geeignet.

Reagenzien: Lösung von Rhodamin B in Leitungswasser (1:10000).

Präparation: Es werden dünne Querschnitte durch den Stengel (s. Präp. Nr. 4.1.) hergestellt. Ein Teil der Schnitte wird in Leitungswasser übertragen, mit dem Deckglas abgedeckt und sofort untersucht. Einige Schnitte werden für 30 Min. in Rhodamin B-Lösung überführt, in Leitungswasser ausgewaschen und dann untersucht.

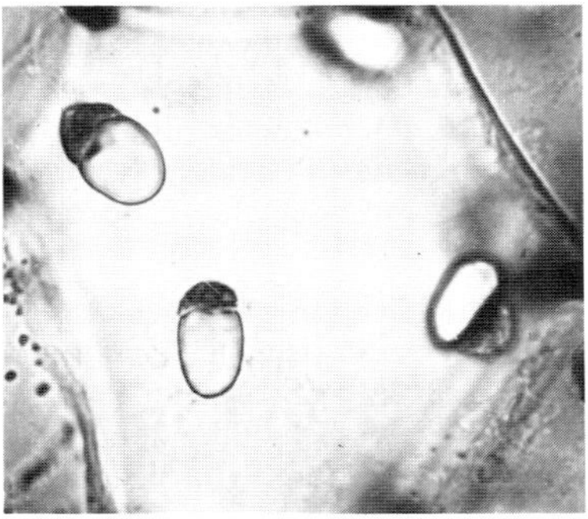

A

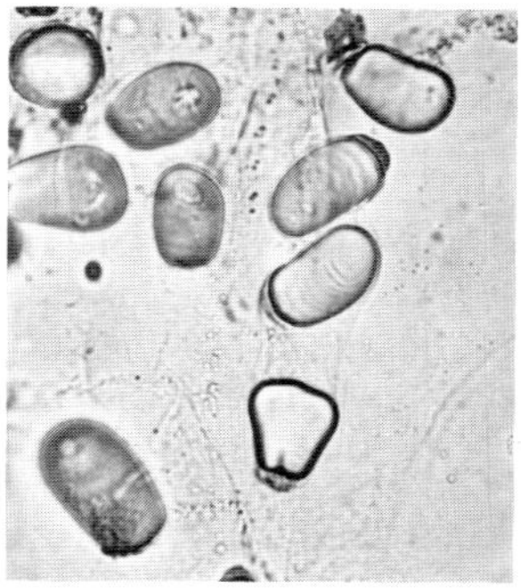

B

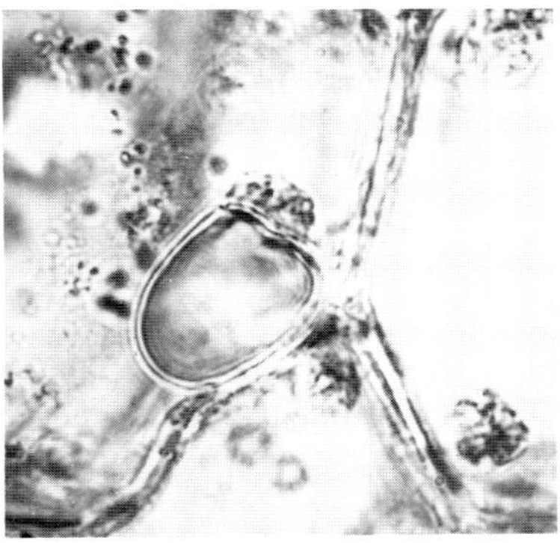

C

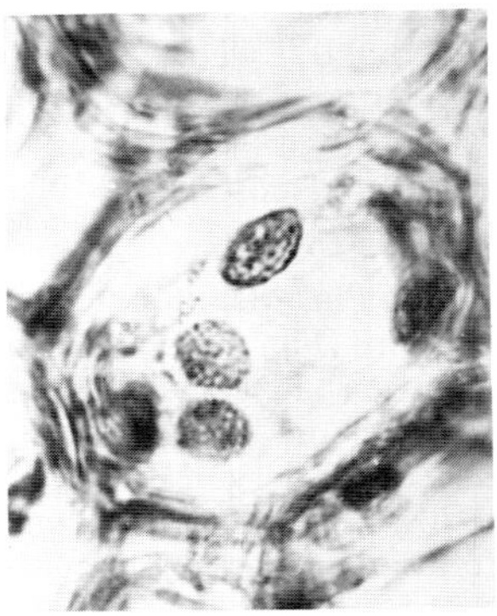

D

Fig. 6.9 *Elatostema repens*. A. Markzelle mit stärkeführenden Plastiden (500 ×), B. einzelne Plastiden. Die Schichtung der Stärkekörner ist deutlich zu erkennen. Die dunkel erscheinende Grundsubstanz der Plastiden sitzt den Stärkekörnern wie eine Kappe auf (500 ×). C. Einzelnes Stärkekorn in einer Zelle des Marks. Die chlorophyllhaltige Plastide sitzt dem Korn als Kappe auf (1200 ×). D. Plastiden einer Rindenzelle. Die punktförmigen Grana sind deutlich zu erkennen (1200 ×).

Aufgabe: Beobachtung und Zeichnung von Plastiden mit verschieden großen Stärkeeinschlüssen. Beobachtung der Grana in den Plastiden der Rindenzellen. Untersuchung des Ergebnisses der Rhodamin B-Färbung.

Beobachtungen: Die Markzellen von *Elatostema repens* enthalten grüne Plastiden mit mehr oder minder großen, exzentrisch geschichteten Stärkekörnern (Fig. 6.9 A, B). Obwohl diese Plastiden Chlorophyll enthalten, sind sie, funktionell gesehen, nicht eigentlich Chloroplasten, sondern eher Amyloplasten, da es sich bei den Stärkekörnern nicht um Assimilationsstärke, die von den Plastiden selbst erzeugt wurde, sondern um Ablagerungen von Reservestärke handelt. Zum Rande des Querschnittes hin werden die Stärkeeinschlüsse immer kleiner, und in den äußeren Zellschichten der Sproßachse sind die Plastiden frei von Reservestärke, unterscheiden sich also nicht von normalen Chloroplasten.

Die Plastiden von *Elatostema repens* sind zugleich ein günstiges Objekt zum Studium des Zustandekommens einer exzentrischen Schichtung. Da das Bildungszentrum des Stärkekorns nicht im Zentrum der Plastide liegt, ist die Grundsubstanz auf der einen Seite des sich bildenden Korns stärker und lagert mehr Stärke ab als auf der anderen. Infolgedessen wird die Schichtung exzentrisch.

Hat das Stärkekorn eine gewisse Größe erreicht, so sitzt die Hauptmasse der Grundsubstanz der Plastide dem Stärkekorn wie eine Kappe auf (Fig. 6.9B), während die übrigen Partien des Korns nur von einem dünnen, mikroskopisch kaum nachweisbaren Häutchen überzogen sind. Dieses kann u. U. aufreißen und das Stärkekorn z. T. freigeben, so daß die Grundsubstanz der Plastide nur noch auf die Kappe beschränkt ist. (Fig. 6.9C).

In den Plastiden können zuweilen feine, körnige Einschlüsse beobachtet werden (Fig. 6.9D). Sie sind auch nach längerer Verdunklung noch nachweisbar, bestehen also nicht etwa aus Stärke. Vielmehr handelt es sich um die Grana. Nach Färbung mit Rhodamin B treten sie noch deutlicher hervor, und zwar in allen Chlorophyll enthaltenden Plastiden, d. h. sowohl in denen der Rindenzellen als auch in den Reservestärke führenden Plastiden der Markzellen.

6.9. *Dahlia variabilis:* Inulin

Material: Wurzelknollen von *Dahlia variabilis* (Georgine, Asteraceae, Asterales) werden in Stücke geschnitten und in 96%iges Ethanol eingelegt. Nach 12 Stunden wird dieses noch einmal gewechselt, und das Material dann bis zum Gebrauch in Ethanol aufbewahrt.

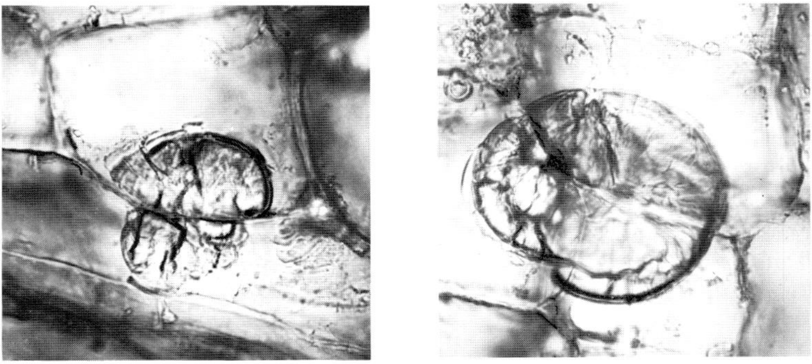

A B

Fig. 6.10 *Dahlia variabilis*. A. und B. Inulin-Sphärokristalle verschiedener Größe (500 ×).

Präparation: Schnitte durch das Knollengewebe werden in einen Tropfen Wasser überführt und mit dem Deckglas abgedeckt. Nach Beendigung der Untersuchung und Zeichnung wird das Präparat über einem Bunsenbrenner vorsichtig etwas erwärmt.

Aufgabe: Bei schwächerer Vergrößerung wird der Schnitt durchgemustert und eine geeignete Stelle ausgewählt. Bei stärkerer Vergrößerung ist eine Zelle mit möglichst einzeln liegenden Sphärokristallen im Verband zu zeichnen.

Beobachtungen: Das Reservekohlenhydrat von *Dahlia* ist das Inulin. Seine Moleküle bestehen aus etwa 30 bis 40 Fructose-Einheiten, sind also relativ klein. Infolgedessen liegt es im Zellsaft gelöst vor. Bei der Entwässerung der Knollen durch Ethanol wird es in Form von Sphärokristallen (Sphäriten) ausgefällt (Fig. 6.10 A, B). Diese sind aus radial angeordneten Kristallnadeln aufgebaut und haben infolgedessen eine etwa kugelige Gestalt. Bisweilen lassen sie eine mehr oder weniger deutliche, konzentrische Schichtung erkennen. Sie sitzen stets an den Zellwänden, die nicht selten durch sie hindurchlaufen, so daß die einzelnen Kugelabschnitte in benachbarten Zellen liegen (Fig. 6.10 A). Häufig sind mehrere Sphärite verschiedener Größe in Gruppen angeordnet. Beim Erwärmen in wäßrigem Medium geht das Inulin wieder in Lösung, und die Sphärokristalle verschwinden.

Die Inulin-Sphärite dürfen nicht mit den meist ebenfalls vorhandenen, ähnlich gestalteten, jedoch bräunlich gefärbten Sphäriten aus Calciumphosphat verwechselt werden. Diese sind meist kleiner und lösen sich allmählich im Untersuchungswasser auf.

6.10. *Phoenix dactylifera:* Cellulosane

Material: 24 Stunden vorgequollene Samen von *Phoenix dactylifera* (Dattelpalme, Arecaceae, Arecales).

Reagenzien: Chlorzinkjod-Lösung (s. Präp. Nr. 5.3.), Jodjodkalium-Lösung (s. Präp. Nr. 2.1.).

Präparation: Die Samen werden entlang der Furche, am besten mit einer Kneifzange, der Länge nach halbiert. Zur Anfertigung von Tangentialschnitten wird eine Samenhälfte mit einem Skalpell senkrecht zur Furche angeschnitten. Hierauf werden mit der Rasierklinge tangentiale Längsschnitte durch das weiße Endosperm geführt. Dreht man den Samen um 90° und führt das Messer parallel zur Furche, so erhält man Radialschnitte, bei Schnittführung senkrecht zur Längsachse des Samens Querschnitte. Die Schnitte werden teils in Wasser, teils in Chlorzinkjod-Lösung übertragen und mit dem Deckglas abgedeckt. Zur Kontrolle werden einige Schnitte in Jodjodkalium-Lösung eingelegt.

Aufgabe: Bei schwächerer Vergrößerung wird der Verlauf der Chlorzinkjod-Reaktion verfolgt und von Zeit zu Zeit das Vergleichspräparat mit Jodjodkalium-Lösung kontrolliert. Nach Eintreten einer schwachen Blaufärbung in den mit Chlorzinkjod-Lösung behandelten Schnitten wird jeweils eine möglichst dünne Stelle, am besten wohl in den Randpartien des Quer- bzw. Längsschnittes, eingestellt und bei stärke-

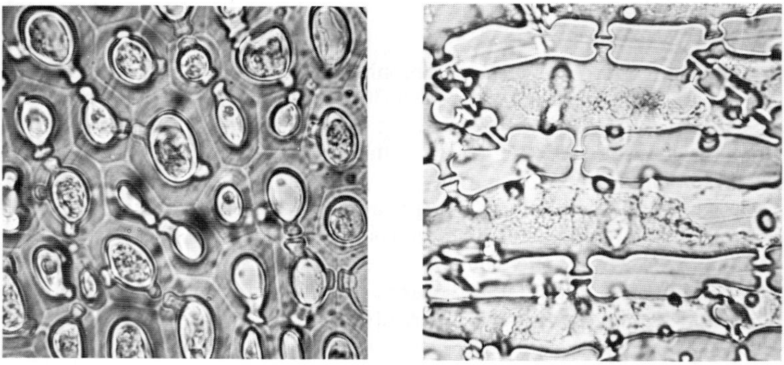

A B

Fig. 6.11 *Phoenix dactylifera,* Endosperm. A. Zellen des Endosperms bei tangentialer Schnittführung quer angeschnitten. Die Wände sind infolge Chlorzinkjod-Behandlung dunkel. Die ungefärbte Mittellamelle tritt deutlich hervor (500 ×). B. Zelle bei radialer Schnittführung längs getroffen. Tüpfel mit Schließhäuten. In den Lumina zahlreiche Öltropfen (500 ×).

rer Vergrößerung untersucht. Einige Zellen werden im Verband gezeichnet. Die Einzeichnung der Mittellamelle ist hier unerläßlich.

Beobachtungen: Die Zellen des Endosperms von *Phoenix dactylifera* sind, vom Embryo etwa radial ausstrahlend, senkrecht zur Längsachse des Samens angeordnet. Infolgedessen erhält man sie nur bei tangentialer Schnittführung quer angeschnitten (Fig. 6.11 A). In Quer- und radialen Längsschnitten durch den Samen erscheinen sie in Längsansicht, die weniger übersichtlich ist (Fig. 6.11 B). Die Zellwände sind gleichmäßig und stark verdickt. Sie bestehen aus Cellulosanen (= Hemicellulosen), und zwar hauptsächlich aus Mannanen. Gleich der Cellulose zeigen sie nach Chlorzinkjod-Behandlung eine allerdings etwas schwächere Blaufärbung. Das Zellwandmaterial wurde deshalb früher fälschlich als Reservecellulose bezeichnet. Nach Chlorzinkjod-Behandlung heben sich die Mittellamellen infolge ausbleibender Färbung als helle Grenzlinien von dem dunkler gefärbten Wandmaterial deutlich ab (Fig. 6.11 A). Bei längerer Chlorzinkjod-Behandlung quellen die Zellwände allerdings erheblich. Das Ausbleiben der Färbung in dem mit Jodjodkalium-Lösung behandelten Präparat zeigt, daß weder Stärke noch Amyloid*) vorliegt.

In den Zellwänden sind breite Tüpfel ausgespart, die auf Tüpfel der Nachbarzellen stoßen und von diesen durch dünne Schließhäute getrennt sind. Die Schließhaut ist von Plasmodesmen durchsetzt, die sich hier aber nur nach besonderer Vorbehandlung und bei stärkerer Vergrößerung nachweisen lassen. In den Lumina der Zellen finden sich zahlreiche Öltropfen, die sich mit Jod braun färben und die Beobachtung bisweilen stören.

6.11. *Ricinus communis:* Endosperm mit Aleuronkörnern

Material: Lufttrockene Samen von *Ricinus communis* (Euphorbiaceae, Euphorbiales).

Reagenzien: Ethanol abs. oder Methanol.

Präparation: Nach Ablösen der harten Samenschale werden dünne Querschnitte durch das weiche, gut schneidbare Endosperm geführt und in Wasser untersucht. Ein Teil der Schnitte wird in ein Schälchen mit Ethanol oder Methanol übertragen und erst dann in Wasser untersucht. Sollen die durch den Alkohol bewirkten Veränderungen direkt mikroskopisch verfolgt werden, so kann man diesen auch seitlich am

*) Als Amyloid bezeichnet man gewisse Cellulosane, die sich, abweichend von den übrigen Vertretern dieser Stoffklasse, mit Jodjodkalium-Lösung blau färben.

Deckglas zusetzen und in der bereits beschriebenen Weise durch das Präparat saugen (s. Präp. Nr. 2.1.).

Aufgabe: Bei stärkerer Vergrößerung werden die in Alkohol entfetteten und die nicht entfetteten Schnitte miteinander verglichen. Es ist eine Endospermzelle mit Einschlüssen zu zeichnen. Für die genauere Untersuchung und Zeichnung der Aleuronkörner finden die entfetteten Schnitte Verwendung.

Beobachtungen: Die Zellen des *Ricinus*-Endosperms enthalten große Mengen von Reservestoffen, die die mikroskopische Untersuchung

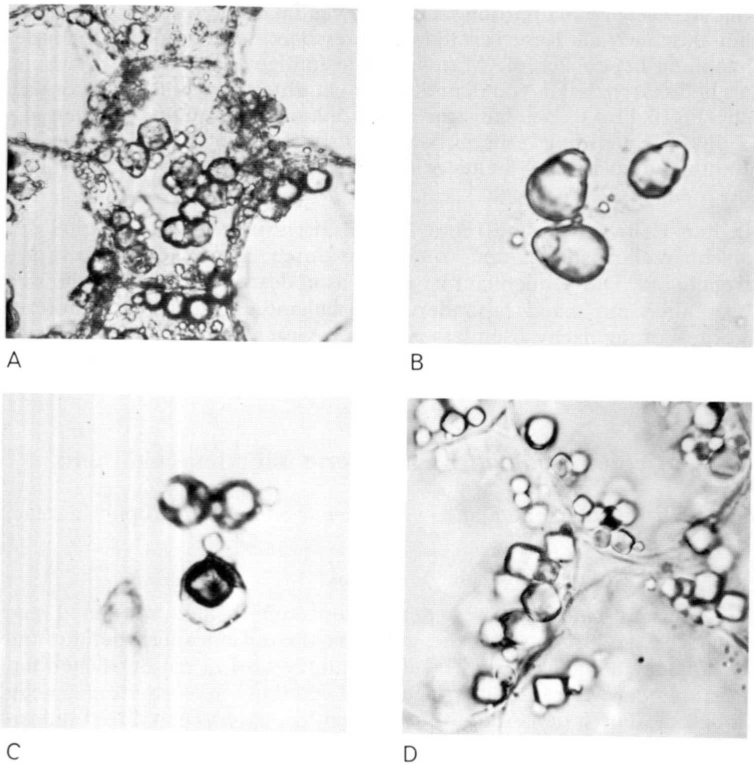

Fig. 6.12 *Ricinus communis.* A. Endospermzelle mit Aleuronkörnern aus einem entfetteten Schnitt (750 ×). B. einzelne Aleuronkörner, die aus Kristalloiden und Globoiden zusammengesetzt sind (1000 ×), C. wie B., in anderer Einstellung (750 ×), D. isolierte Kristalloide (1200 ×).

selbst bei dünnen Schnitten erschweren. Es handelt sich z. T. um Tröpfchen von Rizinusöl, z. T. um Aleuronkörner (Fig. 6.12 A). Das Öl ist optisch dichter und somit stärker lichtbrechend als Wasser. Daher erscheinen die Tröpfchen bei mittlerer Einstellung hell und lassen einen schmalen Rand erkennen. Focussiert man auf eine tiefere Ebene, so erscheinen sie noch heller, und der dunkle Saum verschwindet. Wird umgekehrt auf eine höhere Ebene focussiert, so nimmt der dunkle Rand an Breite zu. Öltropfen verhalten sich somit optisch umgekehrt wie Luftblasen.

Für die genauere Untersuchung der Aleuronkörner wird das Öl zweckmäßigerweise mit Ethanol bzw. Methanol herausgelöst. Jede Zelle enthält zahlreiche Aleuronkörner unterschiedlicher Größe. Diese enthalten bei *Ricinus* in der Regel Eiweißkristalloide, die an den Ecken meist etwas abgerundet erscheinen (Fig. 6.12 C, D). Sie treten vor allem in großen Aleuronkörnern deutlich hervor. Da bei der Präparation meist einige Aleuronkörner aus den Schnitten herausfallen und z. T. zerstört werden, findet man fast stets auch isoliert liegende Kristalloide in den Präparaten (Fig. 6.12 D). Die großen Aleuronkörner sind in der Regel zusammengesetzt und enthalten außer dem Eiweißkristalloid ein Globoid aus Phytin (Fig. 6,12 B, C). Auch die Globoide liegen infolge der Zerstörung von Aleuronkörnern bei der Präparation nicht selten einzeln im Präparat.

7. Kristalle

Neben den im vorigen Kapitel erwähnten Eiweißkristalloiden kommen in Pflanzenzellen auch echte Kristalle vor. Sie bestehen in der Mehrzahl der Fälle aus Calciumoxalat, das entweder als monoklin-kristallisierendes Monohydrat Ca $(COO)_2 \times H_2O$ oder als tetragonal-kristallisierendes Dihydrat Ca $(COO)_2 \times 2\,H_2O$ vorliegt. In ihrer Gestalt sind die Oxalatkristalle außerordentlich mannigfaltig. Neben größeren Solitärkristallen und feinkristallinem Kristallsand findet man morgensternförmige Kristallaggregate, die Kristalldrusen, sowie Raphiden-Bündel, die aus langen, an den Enden zugespitzten Kristallnadeln bestehen und in besonderen Idioblasten gebildet werden. Calciumcarbonat liegt meist in feinkristallinem Zustand vor.

In der Regel liegen die Kristalle im Vakuolenraum, doch sind sie bisweilen auch in anderen Bereichen der Zelle zu finden, z. B. in der Zellwand. Calciumoxalat und Calciumcarbonat lassen sich durch ihre verschiedene Säurelöslichkeit voneinander unterscheiden. Calciumcarbonat löst sich sowohl in Essigsäure als auch in Salzsäure unter CO_2-Entwicklung, während Calciumoxalat nur durch Salzsäure gelöst wird, und zwar ohne Gasentwicklung.

7.1. *Vanilla planifolia:* Oxalatkristalle

Material: Ältere Blätter von *Vanilla planifolia* (Vanille, Orchidaceae, Orchidales) als Frischmaterial.

Reagenzien: Verd. Salzsäure, verd. Essigsäure.

Präparation: Die Epidermis der Blattoberseite wird durch Anritzen mit der Rasierklinge in schmale Streifen unterteilt. Kleinere Stücke der Epidermis lassen sich dann leicht mit der Pinzette in Längsrichtung des Blattes abziehen. Mit gleichem Erfolg kann man jedoch auch Flächenschnitte der Unter- oder Oberseite des Blattes verwenden.

Aufgabe: Bei stärkerer Vergrößerung werden einige Epidermiszellen mit Kristallen im Verband gezeichnet. Nach Beendigung der Zeichnung wird dem Präparat verdünnte Essigsäure zugesetzt und geprüft, ob die Kristalle sich auflösen. Der gleiche Versuch wird an einem zweiten Präparat mit verdünnter Salzsäure durchgeführt.

Beobachtungen: Die lückenlos aneinanderschließenden Epidermiszellen von *Vanilla* sind unregelmäßig polygonal gestaltet. In den zur Oberfläche senkrecht stehenden, also antiklinen Zellwänden sind zahlreiche Tüpfel zu erkennen. Die Epidermiszellen enthalten in der Vakuole meist einen großen, tetragonal gebauten Einzelkristall (Solitärkristall,

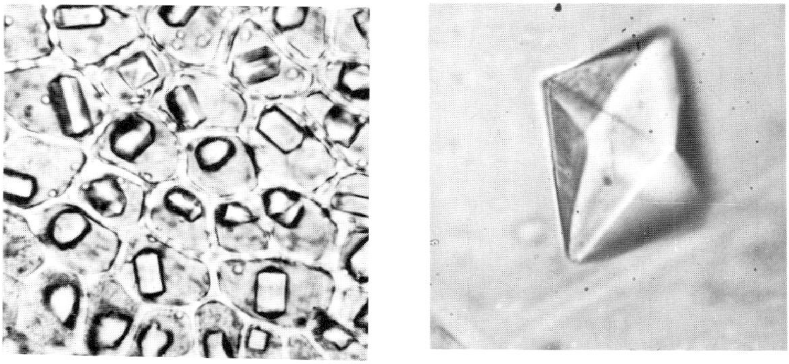

A B

Fig. 7.1 Oxalatkristalle. A. *Vanilla planifolia,* Zellen der oberen Blattepidermis mit Solitärkristallen (750 ×), B. *Rhoeo spathacea,* oktaedrischer Solitärkristall (1200 ×).

Fig. 7.1 A). Da er aus Calciumoxalat besteht, löst er sich nicht in Essigsäure, wohl aber ohne Gasentwicklung in Salzsäure. Der tetragonale Bau läßt erkennen, daß das Calciumoxalat als Dihydrat vorliegt. Kristalle dieser Art finden sich auch bei zahlreichen anderen Objekten, z. B. bei *Rhoeo spathacea* (Fig. 7.1 B).

7.2. *Begonia* spec.: Kristalldrusen

Material: Dickere, nicht zu junge Blattstiele von *Begonia* (Schiefblatt, Begoniaceae, Begoniales) in Stücken von 2–3 cm Länge. Gut geeignet sind z. B. *Begonia dichotoma, B. rex* und *B. heracloides.*

Reagenzien: Verd. Salzsäure, verd. Essigsäure.

Präparation: Es werden Quer- oder Längsschnitte durch den Blattstiel hergestellt. Zur Herstellung von Längsschnitten wird der Blattstiel halbiert. Die Schnitte werden durch die Randpartien geführt, wo die Kristallzellen in Reihen übereinanderliegen. Die Beobachtung der Schnitte erfolgt in Wasser. Außerdem werden einige Schnitte in verdünnte Salzsäure, einige in verdünnte Essigsäure überführt.

Aufgabe: Bei schwächerer Vergrößerung wird eine geeignete Zelle eingestellt und dann bei stärkerer Vergrößerung gezeichnet. Anschließend ist das Ergebnis der Säurebehandlung festzustellen.

Beobachtungen: Die Kristalle liegen in den Vakuolen parenchymatischer Zellen, die, wie die Längsschnitte erkennen lassen, in den

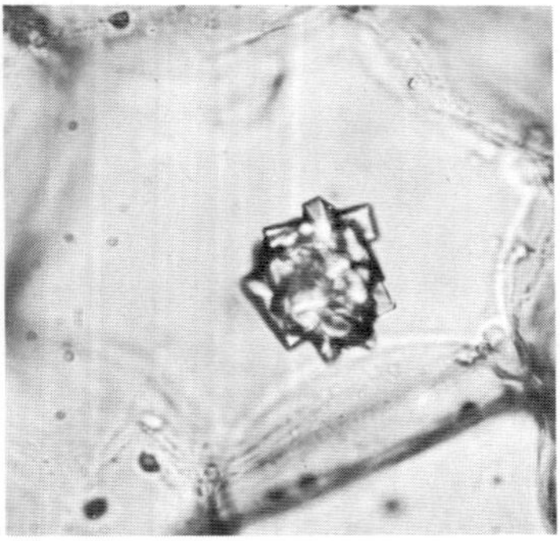

A

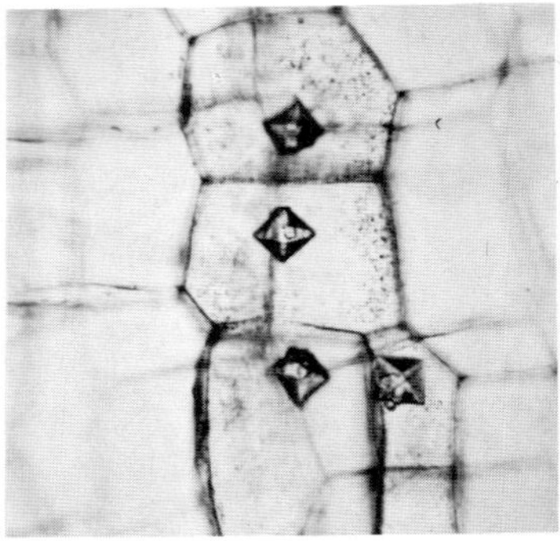

B

Fig. 7.2 *Begonia* spec., Oxalatkristalle. A. Zelle mit Kristalldruse (500 ×), B. Längsschnitt durch den Blattstiel. Reihe von Zellen mit oktaedrischen Solitärkristallen (250 ×).

Randpartien in Reihen übereinander angeordnet sind (Fig. 7.2 B). Zum Teil handelt es sich um Einzelkristalle in Oktaederform (Fig. 7.2 B), häufig jedoch um Kristalldrusen (Fig. 7.2 A). Dazwischen gibt es Übergänge. Die Drusen entstehen aus einem Mutterkristall, an dem zahlreiche Sekundärkristalle ansetzen. Wie die Säurebehandlung zeigt, bestehen sowohl die Einzelkristalle als auch die Drusen aus Calciumoxalat.

7.3. *Agave americana:* Raphiden

Material: Blattstücke von *Agave americana* (Agavaceae, Liliales) als Frischmaterial.

Präparation: Längsschnitte durch das Blattfleisch werden in einem Tropfen Wasser untersucht. Die Schnitte sollten über einen größeren Bereich geführt werden und nicht zu dünn sein, da die großen, raphidenführenden Zellen sonst angeschnitten und die Raphiden herausgerissen werden.

Aufgabe: Bei schwächerer Vergrößerung wird eine unversehrte Raphidenzelle im Gewebeverband gezeichnet. Außerdem ist eine herausgerissene, einzeln liegende Raphide zu zeichnen. Eventuell störende Luftblasen lassen sich durch Alkoholzusatz leicht entfernen.

Beobachtungen: Im Mesophyll der sukkulenten Blätter von *Agave* liegt ein Wasserspeichergewebe, dessen relativ große Zellen dünnwandig sind

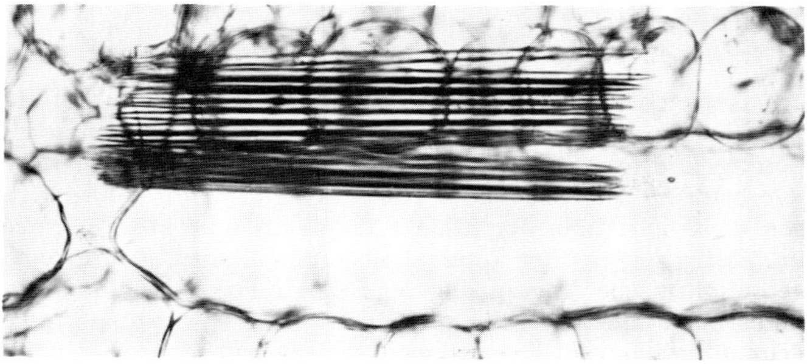

A

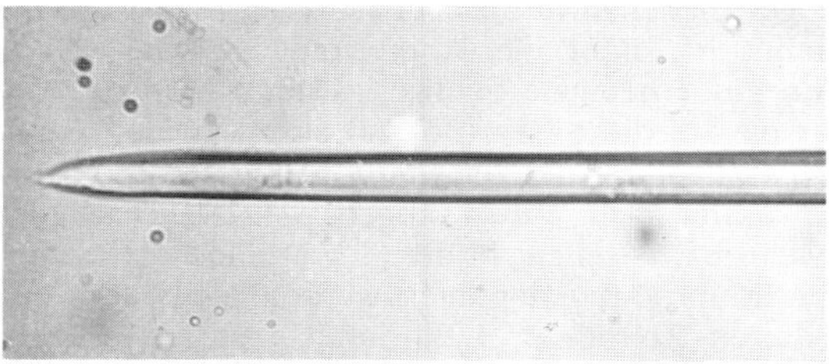

B

Fig. 7.3 *Agave americana.* A. Kristallidioblast. Das Raphidenbündel wurde beim Schneiden verschoben (250 ×), B. Spitze einer Kristallnadel (750 ×).

und keine Chloroplasten enthalten. Vereinzelt liegen darin Kristallidioblasten, die erheblich größer sind als die umgebenden Parenchymzellen (Fig. 7.3 A). Ihr Plasma ist auf einen Wandbelag beschränkt. In der Vakuole liegt, von Schleim umgeben, ein Raphiden-Bündel, dessen feine, monokline Kristallnadeln aus Calciumoxalat bestehen. Betrachtet man eine beim Schneiden herausgerissene Nadel bei stärkerer Vergrößerung (Fig. 7.3 B), so erkennt man, daß sie vierkantig und an den Enden zugespitzt ist. Reibt man mit der das Blatt quer treffenden Schnittfläche über die Haut, so spürt man einen brennenden Schmerz. Personen mit sehr empfindlicher Haut oder Allergien ist diese Probe nicht zu empfehlen, da es infolge der Verletzung der Haut u. U. zu unangenehmen und langwierigen Entzündungen kommen kann.

8. Exkretbehälter

Die im Tierreich verbreitete Ausscheidung von Stoffwechselprodukten in fester oder gelöster Form ist für die Pflanzen von untergeordneter Bedeutung. Die Endprodukte insbesondere des Sekundärstoffwechsels, wie Gerbstoffe, ätherische Öle, Harze, Oxalat- und andere Kristalle werden meist innerhalb der Pflanze deponiert, und zwar in einzelnen Zellen, Zellgruppen oder Interzellularräumen. Die im Tierreich benutzte definitorische Abgrenzung der Begriffe Exkretion und Sekretion ist daher bei Pflanzen häufig nicht anwendbar. Vereinbarungsgemäß bezeichnet man hier als Exkrete nicht mehr verwendbare Stoffwechselschlacken, als Sekrete dagegen solche Ausscheidungsprodukte, die noch eine Aufgabe für den Organismus erfüllen können. Da jedoch die Bedeutung des abgeschiedenen Stoffes für die Pflanze in vielen Fällen nicht sicher bekannt ist, stößt die Abgrenzung von Exkreten und Sekreten bisweilen auf erhebliche Schwierigkeiten. Manche Autoren verzichten daher ganz auf diese Begriffe und unterscheiden Ausscheidungsgewebe bzw. -zellen, die die von ihnen gebildeten Stoffwechselprodukte laufend aktiv nach außen abgeben (z.B. Drüsen), und Absonderungsgewebe bzw. -zellen, in deren Vakuolen die nicht mehr benötigten Stoffwechselprodukte deponiert werden. Sie können eventuell zu einem späteren Zeitpunkt, z.B. durch Laubfall, abgestoßen werden.

Einzelzellen mit exkretorischer Funktion sind z.B. die Köpfchenzellen mancher Drüsenhaare (Fig. 9.4) und die oben erwähnten Kristallidioblasten. Häufig sind die exkretorischen Zellen in Gruppen zusammengefaßt, wie bei den mehrzelligen Drüsen oder den Drüsenepithelien interzellulärer Exkretbehälter und -kanäle. Diese entstehen schizogen, d.h. durch Auseinanderweichen der benachbarten Zellen nach Auflösen der Kittsubstanz (s. S. 43). Ein Beispiel für derartige Interzellulargänge sind die Harzkanäle (Fig. 10.4 F).

Lysigene Ölbehälter entstehen durch Auflösen exkrethaltiger Zellen. Die in den einzelnen Zellen gebildeten Öltröpfchen fließen dann zu großen Tropfen zusammen, die den entstandenen Behälter mehr oder weniger ausfüllen.

Zu den Exkretbehältern gehören auch die Milchröhren. Die *ungegliederten* Milchröhren, die verzweigt oder unverzweigt sein können, gehen jeweils aus einer Zelle hervor, die mit der Pflanze weiterwächst und schließlich die ganze Pflanze durchzieht. Sie sind mehrkernig, zählen also definitionsgemäß zu den Coenoblasten. Die *gegliederten* Milchröhren entstehen, gleich den Gefäßen (s. S. 131), durch Zellfusion, d.h. durch Auflösen von Querwänden zwischen benachbarten Zellen. Auch sie können durch Querverbindungen miteinander in Verbindung treten und als zusammenhängendes Netzwerk den gesamten Vegetationskörper durchziehen.

Der Milchsaft enthält eine große Anzahl von Stoffen, teils in gelöster, teils in fester oder emulgierter Form. Letzteres ist die Ursache seines milchigen Aussehens. Neben Gerbstoffen, Glykosiden, Alkaloiden und anderen gelöst vorliegenden Stoffen finden sich ätherische Öle, Harze, Gummi, Stärkekörner u.a.

8.1. *Ruta graveolens:* Lysigene Ölbehälter

Material: Blätter von *Ruta graveolens* (Weinraute, Rutaceae, Rutales) als Frischmaterial. Auch Schalen von *Citrus*-Früchten, z.B. *Citrus sinensis* (Apfelsine) oder *Citrus reticulata* (Mandarine, beide Rutaceae, Rutales) sind geeignet. Styropor oder Holundermark.

Präparation: Zwischen Styropor oder Holundermark werden in der bereits beschriebenen Weise (vergl. Präp. Nr. 5.3.) Querschnitte durch ein Blatt von *Ruta* hergestellt und bei stärkerer Vergrößerung untersucht. Der Bau der Ölbehälter läßt sich am besten an sehr dünnen Stellen des Schnittes beobachten. Da jedoch beim Anschneiden der Behälter das Öl ausläuft, empfiehlt es sich, zum Vergleich auch einen unversehrten Ölbehälter an einer dickeren Stelle des Schnittes anzusehen. Querschnitte durch *Citrus*-Schalen lassen sich ohne Zuhilfenahme von Styropor leicht herstellen.

Aufgabe: Zeichnung eines Ölbehälters mit umliegendem Gewebe.

Beobachtungen: Das Blatt von *Ruta* zeigt einen bifazialen Bau (s. S. 100). Charakteristisch sind die großen runden Ölbehälter, die unmittelbar unter der Epidermis, teils im Palisaden-, teils im Schwammparenchym liegen. Sie sind durch eine Schicht dickwandiger, weißlich aussehender Zellen gegen das umliegende Gewebe abgegrenzt (Fig. 8.1 A). Im Inneren der Behälter befinden sich dünnwandige, z.T. in Auflösung begriffene Zellen, im Zentrum Öltropfen verschiedener Größe (Fig. 8.1 B). Es handelt sich um ätherische Öle, die von den Sekretzellen gebildet und durch deren Auflösung frei geworden sind. Die Ölbehälter sind also lysigenen Ursprungs. Die Epidermis ist über den Ölbehältern etwas eingesenkt. Ihre Zellen sind hier kleiner als auf der übrigen Blattfläche.

In den Schalen von *Citrus*-Früchten findet man lysigene Ölbehälter verschiedener Größe und Entwicklungsstadien. Viele von ihnen sind so groß, daß sie mit dem unbewaffneten Auge zu erkennen sind. Infolgedessen fallen bei der Anfertigung der Schnitte die Öltropfen meist heraus (Fig. 8.1 C).

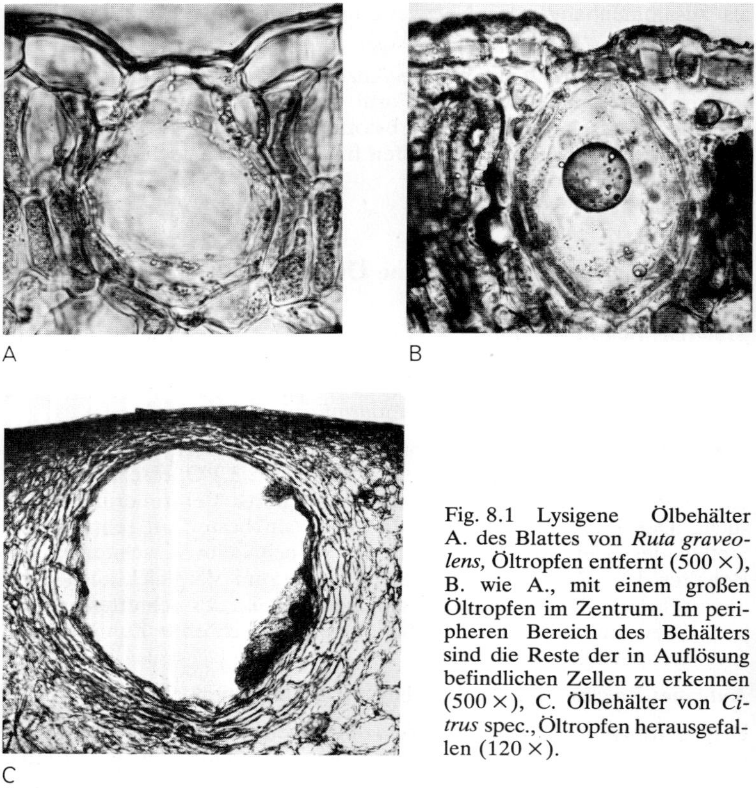

Fig. 8.1 Lysigene Ölbehälter A. des Blattes von *Ruta graveolens,* Öltropfen entfernt (500 ×), B. wie A., mit einem großen Öltropfen im Zentrum. Im peripheren Bereich des Behälters sind die Reste der in Auflösung befindlichen Zellen zu erkennen (500 ×), C. Ölbehälter von *Citrus* spec., Öltropfen herausgefallen (120 ×).

8.2. *Euphorbia milii:* Ungegliederte Milchröhren

Material: Sproßstücke von *Euphorbia milii* (syn. *Euphorbia splendens,* glänzende Wolfsmilch, Euphorbiaceae, Euphorbiales) als Frisch- oder Alkoholmaterial.

Präparation: Dünne Längsschnitte durch den Sproß werden in einem Tropfen Wasser untersucht. Außerdem wird ein Tropfen Milchsaft mit etwas Wasser verdünnt, mit einem Deckglas abgedeckt und bei starker Vergrößerung untersucht.

Aufgabe: Bei schwächerer Vergrößerung wird eine Milchröhre, möglichst mit Verzweigung, eingestellt und bei stärkerer Vergrößerung

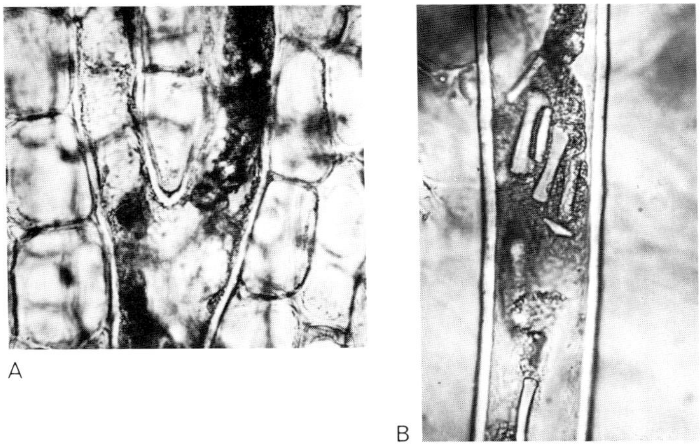

Fig. 8.2 *Euphorbia milii,* A. Teil einer ungegliederten Milchröhre mit Verzweigung (500 ×), B. Milchröhrenabschnitt mit hantelförmigen Stärkekörnern (500 ×).

gezeichnet. Außerdem sind einige der charakteristisch gestalteten Stärkekörner bei starker Vergrößerung zu zeichnen.

Beobachtungen: *Euphorbia milii* besitzt ungegliederte Milchröhren (Fig. 8.2 A). Sie sind verzweigt und querwandlos. Ihre Zellwände sind verhältnismäßig dick, aber nicht verholzt und führen keine Tüpfel. Im wandständigen Plasma liegen zahlreiche Kerne.

Der Milchsaft enthält zahlreiche Tröpfchen und Körnchen, die ihm sein milchigweißes Aussehen verleihen. Sie befinden sich in Brownscher Molekularbewegung. Auffällig sind die relativ großen, hantelförmigen Stärkekörner (Fig. 8.2 B). Bisweilen findet man Körner, bei denen sich der Amyloplast infolge Wasseraufnahme abgehoben hat. Er ist dann als dünnes Häutchen deutlich zu sehen.

8.3. *Scorzonera hispanica:* Gegliederte Milchröhren

Material: Wurzeln von *Scorzonera hispanica* (Schwarzwurzel, Cichoriaceae, Asterales) als Frisch- oder Alkoholmaterial. Auch Wurzeln von *Lactuca* (Salat, gleiche Familie) oder *Cichorium* (Cichorie, gleiche Familie) sind geeignet.

Präparation: Durch die Rindenzone der Wurzel werden tangentiale Schnitte geführt und in einem Tropfen Wasser untersucht.

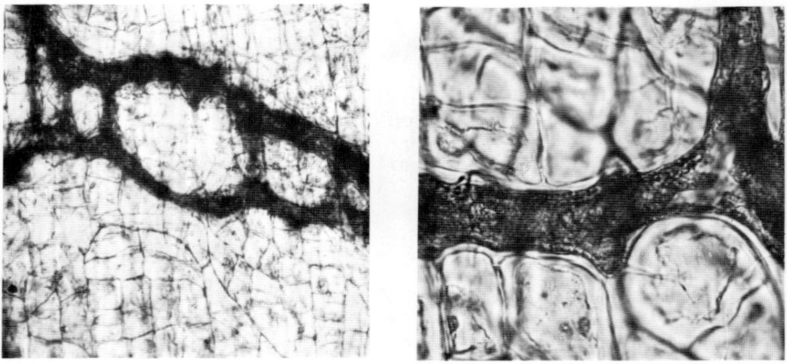

Fig. 8.3 *Scorzonera hispanica.* A. gegliederte Milchröhren mit Querverbindungen (120 ×), B. stärker vergrößert, mit kurzem, blind endendem Seitenfortsatz (750 ×).

Aufgabe: Bei schwächerer Vergrößerung sind Verlauf und Verzweigung der Milchröhren zu skizzieren. Außerdem ist bei stärkerer Vergrößerung eine Ausschnittszeichnung anzufertigen.

Beobachtungen: Das Rindengewebe der Schwarzwurzel ist von einem Netzwerk von Röhren durchzogen, die mit Milchsaft gefüllt sind. Dieser färbt sich nach längerem Liegen des Schnittes braun, so daß das Röhrensystem auch bei schwacher Vergrößerung leicht zu erkennen ist (Fig. 8.3 A). Bei stärkerer Vergrößerung findet man hier und da noch Reste aufgelöster Querwände, die zeigen, daß das Röhrennetzwerk durch Zellfusion, d. h. durch nachträgliche Auflösung der Querwände, entstanden ist. Es handelt sich also um gegliederte Milchröhren oder Milchgefäße. Einzelne seitliche Fortsätze der Röhren enden blind (Fig. 8.3 B). Im Milchsaft sind zahlreiche Stoffe gelöst, emulgiert oder suspendiert. Die kleinen Tröpfchen und Partikel befinden sich in Brownscher Molekularbewegung. An der Luft gerinnt der Milchsaft und ergibt einen gummiartig-zähen Wundverschluß. Unmittelbar nach Übertragen eines frischen Schnittes in Wasser kann man in den Milchröhren Strömungen des Milchsaftes erkennen.

9. Haare

Als Haare oder Trichome bezeichnet man Anhangsgebilde der Epidermis, die durch Auswachsen einzelner Epidermiszellen entstanden sind. Hierdurch unterscheiden sie sich von den Emergenzen, an deren Bildung auch subepidermale Zellschichten beteiligt sind.

Unter den pflanzlichen Haaren herrscht sowohl in morphologischer als auch in funktioneller Hinsicht eine große Mannigfaltigkeit. Sie können ein- oder mehrzellig, unverzweigt oder verzweigt, ein- oder mehrreihig, an den Enden köpfchenförmig oder schildartig verbreitert, u. a. gestaltet sein. Die Haare sind mit ihrem unteren Teil, dem Fuß, in der Epidermis verankert. Den über die Epidermis hinausragenden Teil bezeichnet man als Schaft.

Bei vielen Haaren stirbt nach deren Fertigstellung der plasmatische Inhalt der Zellen ab. Sie sind dann von Luft erfüllt und sehen infolge der Totalreflexion des Lichtes weiß aus. Sie überziehen meist als dichter Filz die oberirdischen Pflanzenteile und dienen hauptsächlich als Strahlungs- und Verdunstungsschutz.

In anderen Fällen bleiben die Protoplasten der Haarzellen am Leben und entwickeln u. U. sogar besondere physiologische Leistungen. Das trifft z. B. für die meist köpfchenförmigen Endzellen der Drüsenhaare zu, die, je nach Pflanzenart, verschiedenartige Sekrete erzeugen und nach außen abscheiden.

Einen verhältnismäßig komplizierten Aufbau zeigen die Brennhaare der *Urtica*-Arten. Bei ihnen sind die eigentlichen Haarzellen mit ihrem unteren, balgförmigen Teil in einen Gewebesockel eingesenkt, der über die Epidermis hinausragt. An der Bildung des Sockels sind auch subepidermale Zellschichten beteiligt. Er zählt also zu den Emergenzen. Der Zellsaft der Haarzelle enthält Natriumformiat, Acetylcholin und Histamin. Gelangt der Saft in eine Wunde, so erzeugt er einen brennenden Schmerz.

9.1. *Arabis alpina:* Einzellige, verzweigte Haare

Material: Pflanzen von *Arabis alpina* (Alpenkresse, Brassicaceae, Capparales) als Frisch- oder Alkoholmaterial. Auch *Aubrietia* (gleiche Familie) ist geeignet.

Präparation: Zwischen Styropor oder Holundermark (s. Präp. 5.3.) werden dünne Blattquerschnitte hergestellt und in einem Tropfen Wasser untersucht. Will man lediglich den Verzweigungstypus des Haares und nicht seine Insertion in der Epidermis untersuchen, so genügt es, mit

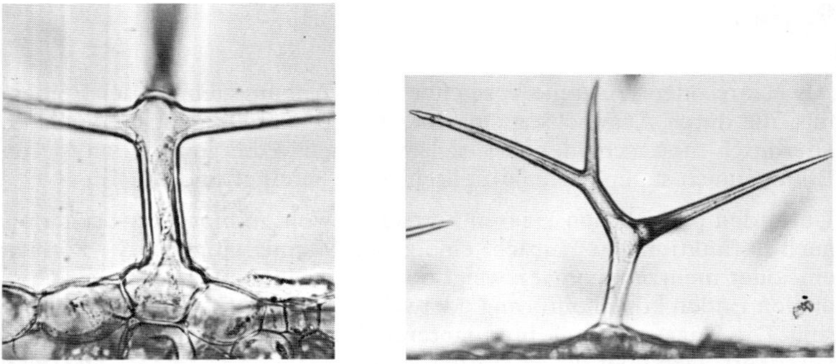

Fig. 9.1 Einzellige, verzweigte Haare von *Arabis alpina,* in A. auf Fuß und Schaft scharf eingestellt (500 ×), in B. auf die Verzweigungen (250 ×).

dem Messer einige Haare von der Blattober- bzw. -unterseite abzurasieren.

Aufgabe: Zeichnung eines verzweigten Haares mit Fuß und angrenzenden Epidermiszellen bei stärkerer Vergrößerung.

Beobachtungen: Die Blätter von *Arabis* sind, wie der Querschnitt erkennen läßt, beidseitig behaart. Die Haare sind verzweigt, bestehen jedoch nur aus einer einzigen Zelle, die mit ihrem Unterteil, dem Fuß, in die Epidermis eingesenkt ist (Fig. 9.1 A). Bei größeren Haaren erheben sich die an den Fuß grenzenden Epidermiszellen meist etwas über das Niveau der Epidermis, so daß ein kleiner Buckel entsteht. Die Zellwände sind verhältnismäßig dick, besonders an den Verzweigungen. Diese haben bisweilen kaum noch ein Lumen, und die spitz zulaufenden Enden sind praktisch massiv (Fig. 9.1 B). Der plasmatische Inhalt der Haarzellen ist bei Alkoholmaterial koaguliert.

9.2. *Verbascum* spec.: Mehrzellige, verzweigte Haare

Material: Blätter von *Verbascum*-Arten, etwa *V. phlomoides* oder *V. thapsiforme* (Königskerze, Scrophulariaceae, Scrophulariales) als Frisch- oder Alkoholmaterial.

Präparation: Von der Unterseite der Blätter werden mit dem Rasiermesser einige Haare abrasiert, in einen Tropfen Wasser übertragen und mit zwei Präpariernadeln vorsichtig auseinandergezupft. Soll auch die

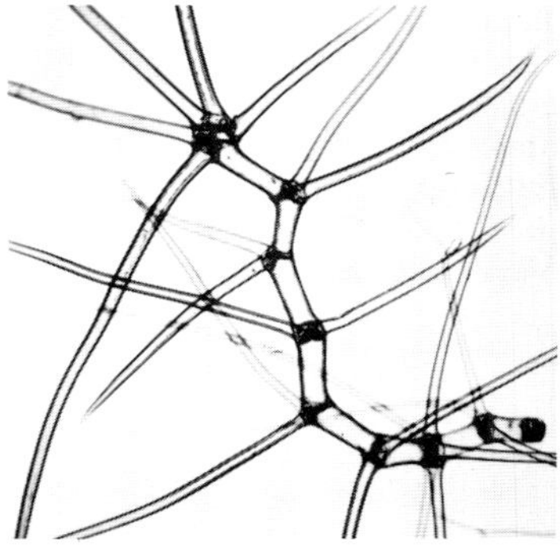

Fig. 9.2 Teil eines mehrzelligen, verzweigten Haares von *Verbascum* spec. (120 ×).

Insertion der Haare in der Epidermis untersucht werden, sind Querschnitte durch das Blatt erforderlich.

Aufgabe: Zeichnung eines Etagenhaares bei mittelstarker Vergrößerung. Die räumliche Anordnung der Verzweigungen ist durch Drehen am Feintrieb zu erschließen.

Beobachtungen: Die Etagenhaare von *Verbascum,* die einen dichten, die Blattoberfläche bedeckenden Filz bilden (daneben kommen kleinere, sternförmige Haare vor), weisen in den einzelnen Etagen mehrere eingliedrige Verzweigungen auf (Fig. 9.2). Da der Zellinhalt nach Fertigstellung des Haares abstirbt, sind die Zellen von Luft erfüllt. Sie erscheinen daher bei mikroskopischer Betrachtung in Wasser dunkel (sofern nicht Alkoholmaterial Verwendung findet, aus dem die Luft bereits vertrieben ist), bei Betrachtung in Luft infolge von Totalreflexion weiß.

9.3. *Elaeagnus angustifolia:* Schuppenhaar

Material: Blätter von *Elaeagnus angustifolia* (Ölweide, Elaeagnaceae, Elaeagnales) als Frisch- oder Alkoholmaterial.

Präparation: Es werden Flächenschnitte der Blattunterseite sowie Blattquerschnitte hergestellt und in Wasser untersucht.

Aufgabe: Zeichnung eines Schuppenhaares in Aufsicht und im Querschnitt. Beim Querschnitt ist der Insertion des Haares in der Epidermis besondere Aufmerksamkeit zu schenken.

Beobachtungen: Stellt man bei der Betrachtung des Flächenschnittes zunächst auf den flächig ausgebreiteten, schildförmigen Teil des Haares ein (Fig. 9.3 A), so sieht man, daß dieser aus zahlreichen strahlig angeordneten Zellen besteht, die nahezu in einer Ebene liegen. Im mittleren Bereich der Scheibe sind sie miteinander verwachsen, während ihre Spitzen frei über den Rand der Scheibe nach außen ragen. Verwendet man Frischmaterial, so sind die Zellen mit Luft gefüllt.

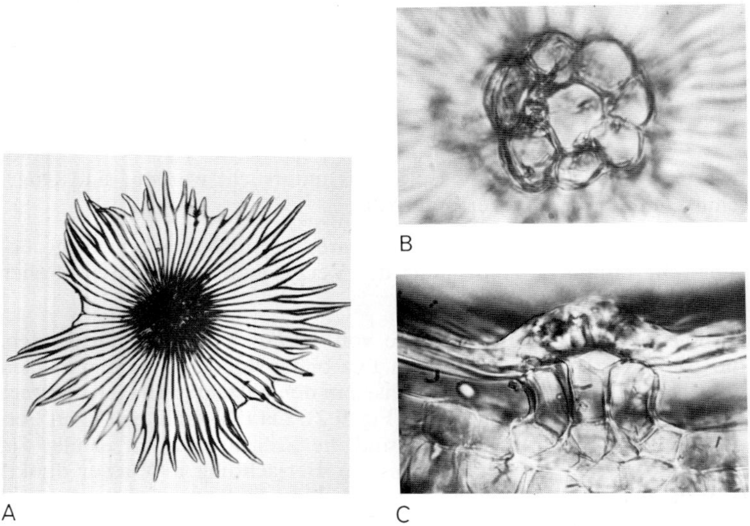

Fig. 9.3 Schuppenhaar von *Elaeagnus angustifolia.* A. in Aufsicht (250 ×), B. Stielzellen in Aufsicht (500 ×), C. Querschnitt durch das Haar, Stiel median getroffen (250 ×).

Stellt man nun durch Drehen des Feintriebes auf den Stiel des Haares ein, so erkennt man, daß dieser aus mehreren Zellreihen aufgebaut ist. Im typischen Falle ist eine zentrale Zelle von einem Kranz von Zellen umgeben (Fig. 9.3 B). Dies kommt im Querschnitt deutlich zum Ausdruck, wenn dieser den Stiel median getroffen hat (Fig. 9.3 C). An der Insertionsstelle ist zu erkennen, daß die Epidermiszellen sich in den äußeren Kranz der Stielzellen fortsetzen, während die zentrale Stielzelle auf die darunterliegende Zellschicht des Blattes stößt.

9.4. *Pelargonium zonale:* Drüsenhaar

Material: Blattstiele junger Blätter von *Pelargonium zonale* (Geraniaceae, Geraniales) als Frischmaterial. Beim Abschneiden Stiele nicht berühren, sondern Blätter an der Spreite anfassen.

Präparation: Um eine Berührung der Drüsenhaare zu vermeiden, werden die Blätter an der Spreite möglichst kurz gefaßt und Querschnitte durch den Blattstiel geführt. Die Schnitte werden vorsichtig in einen Tropfen Wasser übertragen und mit einem Deckglas abgedeckt.

Aufgabe: Zeichnung eines Drüsenhaares bei stärkerer Vergrößerung.

Beobachtungen: Zwischen einzelligen und mehrzelligen unverzweigten Haaren liegen Drüsenhaare, die auf einem mehrzelligen Stiel ein Drüsenköpfchen tragen. Die Zellen lassen sowohl das Plasma als auch den Zellkern deutlich erkennen. Insbesondere die Drüsenzelle ist sehr plasmareich. Sie sondert ätherisches Öl nach außen ab in einen Raum, der sich zwischen Zellwand und einem dünnen Häutchen ausbildet, das aus der Cuticula und daran haftenden Zellwandschichten besteht. Im optischen Schnitt erscheint das Öl als sichelförmige, stark lichtbrechende Kappe (Fig. 9.4). Reißt das Häutchen, etwa infolge mechanischer Beschädigung, so wird das Sekret frei. Die Drüsenzelle geht dann entweder zugrunde oder bildet ein neues Häutchen aus, worauf sie wiederum ätherisches Öl sezerniert.

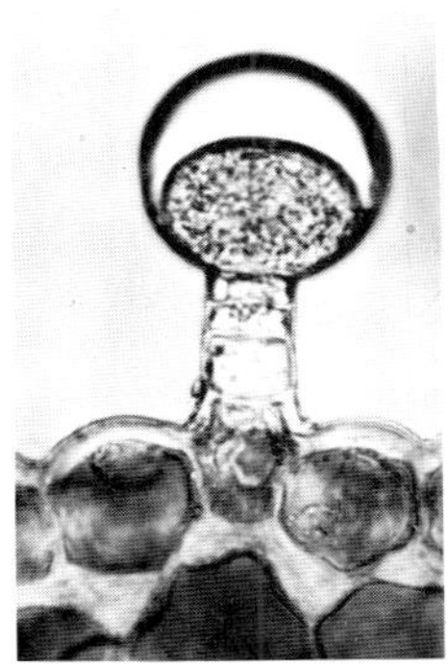

Fig. 9.4 *Pelargonium zonale,* Drüsenhaar. Unter der Epidermis liegt ein Kollenchymgewebe (750 ×).

9.5. *Urtica dioica:* Brennhaar

Material: Blätter von *Urtica dioica* (Brennessel, Urticaceae, Urticales) als Frischmaterial. Für den Winter rechtzeitig einige Pflanzen eintopfen. Auch *Urtica urens* ist geeignet.

Präparation: Von der Unterseite der Rippe eines nicht zu alten Blattes oder von einem Blattstiel werden einige der schon mit bloßem Auge sichtbaren Brennhaare mit dem Rasiermesser in Richtung von der Spitze zur Basis unmittelbar über der Epidermis abrasiert und vorsichtig in einen Tropfen Wasser übertragen. Da die Spitzen der Brennhaare leicht abbrechen, ist jede Berührung zu vermeiden.

Aufgabe: Zeichnung eines Brennhaares mit Sockel bei schwächerer Vergrößerung. Außerdem sind bei starker Vergrößerung eine unversehrte und eine abgebrochene Spitze zu zeichnen.

Beobachtungen: Das Brennhaar von *Urtica* geht aus einer Epidermiszelle hervor, die erheblich an Größe zunimmt und zugleich durch einen Gewebesockel über das Niveau der übrigen Epidermiszellen emporgehoben wird. An der Bildung des Sockels sind außer der Epidermis auch subepidermale Schichten beteiligt. Es liegt also eine Emergenz vor. Die Haarzelle ist mit ihrem unteren, angeschwollenen Teil, dem Bulbus, in den oberen Teil des Sockels eingesenkt und von dessen Zellen wie von einem Becher umgeben (Fig. 9.5 A). An seinem oberen Ende läuft das Haar spitz aus, um in einem seitlich etwas abgebogenen Köpfchen zu enden. An der Übergangsstelle zum Köpfchen ist die Zellwand deutlich dünner (Fig. 9.5 B) und infolge von Verkieselung sehr spröde. Aus diesem Grunde bricht das Köpfchen bei Berührung leicht ab und hinterläßt an der Abbruchstelle eine Spitze, die der einer Injektionskanüle gleicht (Fig. 9.5 C). Die Verkieselung der Zellwand, die sich auch auf das

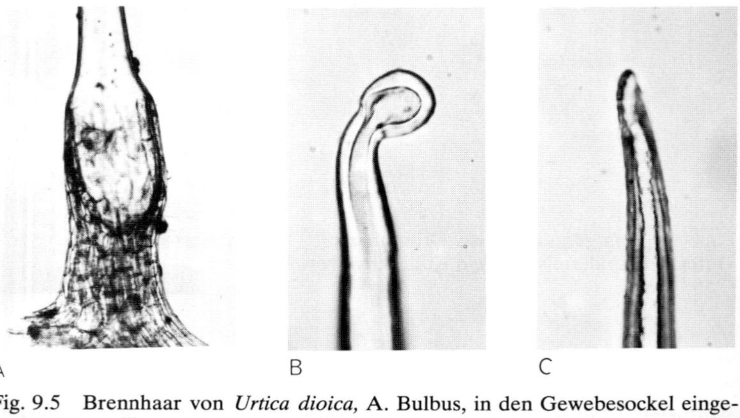

A B C

Fig. 9.5 Brennhaar von *Urtica dioica*, A. Bulbus, in den Gewebesockel eingesenkt. Der Zellkern, in einer Kerntasche an Plasmafäden aufgehängt, ist deutlich sichtbar (120 ×), B. Spitze des Brennhaars mit Köpfchen (750 ×), C. wie B., Köpfchen abgebrochen (750 ×).

Köpfchen erstreckt, wird zur Basis des Brennhaares hin schwächer. Hier ist die Zellwand mit Calciumcarbonat inkrustiert, so daß die Haarzelle insgesamt sehr starr und formkonstant ist. Wird nun bei Berührung ein Druck auf das Haar ausgeübt, so wirkt sich dieser wegen der Starrheit der Zellwand vor allem auf den nicht inkrustierten und daher elastischen Bulbus aus. Dieser wird zusammengedrückt und injiziert seinen Inhalt durch die Kanüle in die Wunde.

Die Cuticula des Brennhaares zeigt eine zur Spitze hin schraubig aufsteigende Streifung. Der Zellkern befindet sich meist in einer Plasmatasche, die an Plasmafäden im Bulbus aufgehängt ist. Das körnige Plasma zeigt eine lebhafte Plasmaströmung.

10. Blatt und Spaltöffnungen

Die Laubblätter der höheren Pflanzen sind meist bifazial, besitzen also eine Ober- und eine Unterseite. Sind beide Seiten verschieden, nennt man die Blätter dorsiventral, sind sie gleich gestaltet, äquifazial. Bei unifazialen Blättern ist die Oberseite reduziert. Sie sind beidseitig von einer einschichtigen Epidermis bedeckt, deren Zellen meist keine Chloroplasten enthalten. Zwischen den beiden Epidermen liegt das Mesophyll, das im typischen Falle in Palisaden- und Schwammparenchym geschieden ist. Das oberseits liegende Palisadenparenchym besteht aus langgestreckten, palisadenartig angeordneten Zellen mit zahlreichen Chloroplasten. Es ist das eigentliche Assimilationsgewebe. Das Schwammparenchym ist von großen Interzellularräumen durchzogen. Seine Zellen sind unregelmäßig gestaltet und enthalten weniger Chloroplasten als die des Palisadenparenchyms. Bei manchen Pflanzen liegt zwischen der Epidermis und dem Mesophyll noch eine meist mehrschichtige Hypodermis. Dient diese als Wasserspeichergewebe, so sind ihre Zellen dünnwandig, hat sie die Funktion eines Festigungsgewebes, so sind die Wände ihrer Zellen verdickt.

Die dorsiventralen Blätter sind in der Regel hypostomatisch, d.h. die den Gasaustausch regulierenden Spaltöffnungen (Stomata) liegen nur in der Epidermis der Unterseite, während die äquifazialen Blätter in der Regel amphistomatisch sind, also Spaltöffnungen auf beiden Seiten besitzen. Dem Bau und der Mechanik nach lassen sich verschiedene Spaltöffnungstypen unterscheiden. Die Schließzellen des *Helleborus*-Typus, zu dem auch *Rhoeo* gehört, sind bohnenförmig. Zwischen ihnen befindet sich der Spalt. Dieser erweitert sich nach außen zum Vorhof, nach innen zum Hinterhof. Letzterer führt in einen relativ großen Interzellularraum, der als sub- oder suprastomatische Kammer bezeichnet wird (früher als „Atemhöhle"). Er steht mit dem Interzellularensystem des Blattes in Verbindung.

Die Außen- und Innenwände der Schließzellen sind nach dem Spalt hin zunehmend verdickt, während die an die Nachbarzellen grenzenden Rückenwände sowie die mittleren Partien der Bauchwände unverdickt bleiben. Daher werden die Außen- und Innenwände mit steigendem Turgor auseinandergedrückt. Hierdurch wird die dünne Rückenwand gedehnt, und die Krümmung der Schließzellen nimmt zu. Sie weichen auseinander, und der Spalt öffnet sich. Mit abnehmendem Turgor entkrümmen sich die Schließzellen wieder, nähern sich also einander, und der Spalt schließt sich. Auch *Iris* besitzt bohnenförmige Schließzellen, doch sind diese unter die Blattoberfläche eingesenkt. Die Schließzellen grenzen bei vielen Pflanzen unmittelbar an die Epidermiszellen. In anderen Fällen sind sie von besonderen Nebenzellen umgeben, die am

Öffnungs- und Schließungsmechanismus beteiligt sind und einen von den übrigen Epidermiszellen abweichenden Bau aufweisen. Die Gesamtheit von Schließ- und Nebenzellen bezeichnet man als Spaltöffnungsapparat.

Bei den Gräsern, aber auch bei anderen systematischen Gruppen findet sich ein besonderer Typus von Spaltöffnungen, der wegen der früheren Zusammenfassung der Gräser in der Familie der Gramineen als Gramineentypus bezeichnet wird. Die Schließzellen haben hier eine etwa hantelförmige Gestalt, d. h. sie sind an den Enden dünnwandig und blasenförmig aufgetrieben, während die Zellwand des Verbindungsstückes stark verdickt ist, so daß nur ein enges Lumen bleibt. Mit steigendem Turgor werden die dünnwandigen Endabschnitte stark gedehnt, wodurch die weitgehend starren Mittelstücke zwangsläufig auseinandergedrückt werden. Der Schließvorgang erfolgt in umgekehrter Weise.

Die Nadelblätter von *Pinus* sind äquifazial, haben also auf beiden Seiten ein Palisadenparenchym entwickelt. Sie zeigen einen ausgesprochen xeromorphen Bau, wie er für viele an trockene Standorte angepaßte Pflanzen charakteristisch ist. Die Zellen ihrer Epidermis sowie der darunterliegenden, ebenfalls chloroplastenfreien Hypodermis haben stark verdickte Zellwände. Die Spaltöffnungen sind unter das Niveau der Epidermis eingesenkt. Das Assimilationsparenchym besteht aus Armpalisaden, deren Zellwände leistenartige Verdickungen aufweisen, die in die Lumina der Zellen vorspringen. Die beiden Leitbündel verlaufen in Längsrichtung und liegen im Zentrum. Sie sind von einem besonderen, den Wasser- und Stoffaustausch vermittelnden Transfusionsgewebe umgeben.

10.1. *Helleborus niger:* Bau des Laubblattes

Material: Blätter von *Helleborus niger* (Christrose, Ranunculaceae, Ranunculales) als Frischmaterial. Styropor oder Holundermark.

Reagenzien: 0,3 mol. Lösung von Glucose, die auf pH 7,3 gepuffert ist.

Präparation: In der bereits beschriebenen Weise (s. Präp. 2.3.) werden Flächenschnitte der Blattoberseite hergestellt und auf einen Objektträger übertragen. Dabei legt man einen Teil der Schnitte mit der Wundseite nach unten, die übrigen mit der Wundseite nach oben. In der gleichen Weise stellt man ein zweites Präparat mit Flächenschnitten der Blattunterseite her. Zur Herstellung von Querschnitten werden schmale Streifen des Blattgewebes parallel zu den Blattrippen herausgeschnitten und in der üblichen Weise (s. Präp. Nr. 5.3.) zwischen Styropor oder Holundermark geschnitten. Beim Schneiden ist darauf zu achten, daß die Unterseite des Blattes dem Messer zugekehrt ist, da das Schwammparenchym sonst leicht zerrissen wird. Die Querschnitte sollen möglichst

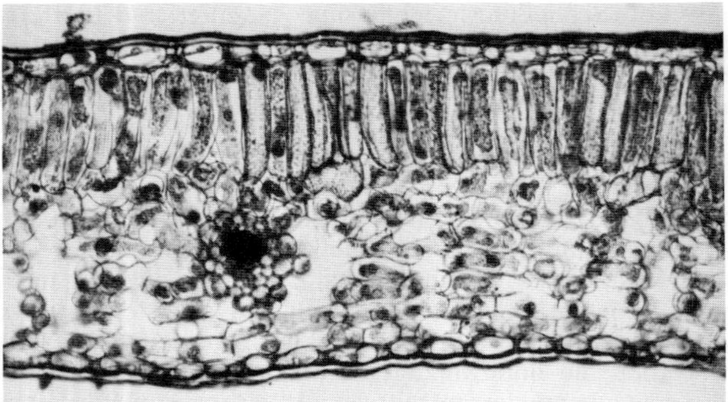

A

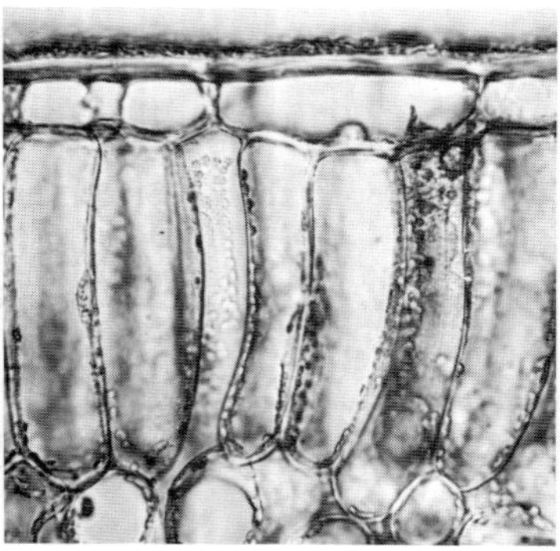

B

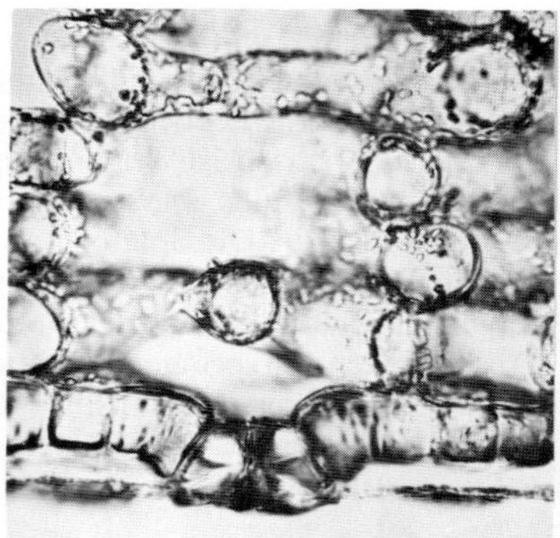

C

Fig. 10.1 Bau des Laubblattes von *Helleborus niger*. A. Blattquerschnitt (Übersicht). Etwa in der Mitte des Bildes ist ein Leitbündel getroffen (120 ×), B. obere Epidermis und Palisadenparenchym, stärker vergrößert (500 ×), C. Schwammparenchym und untere Epidermis mit Spaltöffnung, stärker vergrößert (500 ×),

dünn sein. Bei der Übertragung in Wasser werden die Chloroplasten angeschnittener Zellen schnell denaturiert. Es empfiehlt sich daher, die Schnitte nicht in Wasser, sondern in 0,3 mol., auf pH 7,3 gepufferte Lösung von Glucose zu übertragen, da in dieser die Chloroplasten längere Zeit unverändert erhalten bleiben.

Aufgabe: Anhand der verschiedenen Schnitte sind bei starker Vergrößerung Zeichnungen der Gewebe des Blattes anzufertigen.

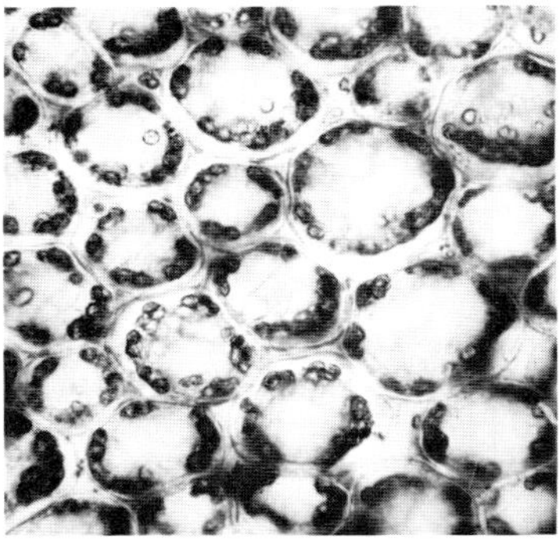

D

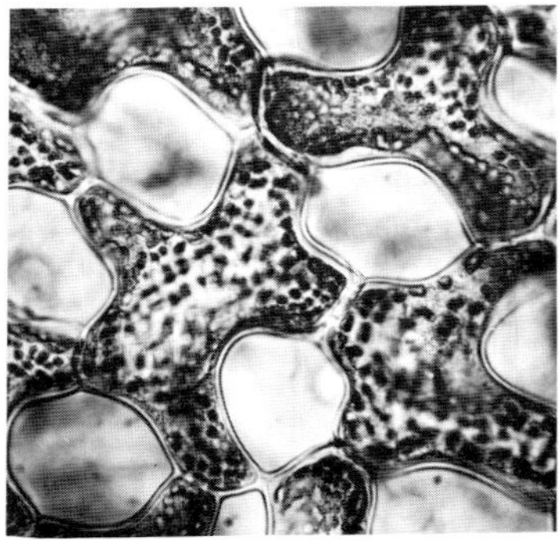

E

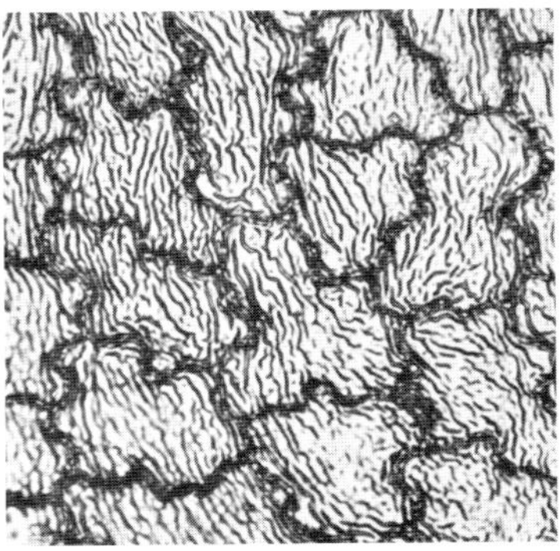

F

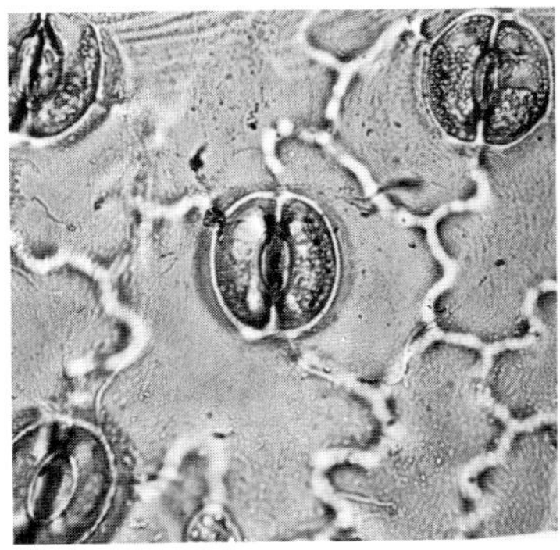

G

D. Flächenschnitt durch das Palisadenparenchym (500 ×), E. Flächenschnitt durch das Schwammparenchym (500 ×), F. obere Blattepidermis, auf Cuticularstreifen scharf eingestellt (250 ×), G. untere Blattepidermis, auf Spaltöffnungen scharf eingestellt (500 ×).

Beobachtungen: Das Laubblatt von *Helleborus niger* zeigt den charakteristischen Aufbau eines bifazialen Blattes. Da die Zellen verhältnismäßig groß sind, ist es zum Studium der Blattanatomie besonders geeignet.

Querschnitt: Der Querschnitt durch das Blatt (Fig. 10.1 A) gibt einen Überblick über die räumliche Anordnung der Gewebe. Unter der großzelligen oberen Epidermis liegen, senkrecht zur Oberfläche und etwa parallel zueinander angeordnet, die länglich gestreckten Zellen des Palisadenparenchyms (Fig. 10.1 B), die zahlreiche Chloroplasten im plasmatischen Wandbelag enthalten. Zwischen ihnen sind an günstigen Stellen des Schnittes Interzellularen zu erkennen, die mit den großen Interzellularräumen des Schwammparenchyms in Verbindung stehen. Das Schwammparenchym ist mehrere Zellschichten dick (Fig. 10.1 C). Seine Zellen sind, der Größe der Interzellularräume entsprechend, nicht so regelmäßig angeordnet wie die des Palisadenparenchyms. In der unteren Epidermis, deren Zellen etwas kleiner sind als die der oberen, findet man Spaltöffnungen in verschiedenen Anschnitten. Sie lassen deutlich die Lage der Verdickungsleisten, die Cuticularhörnchen sowie die Gliederung des Spaltes in Zentralspalt, Vor- und Hinterhof erkennen. Der Spalt führt in den suprastomatischen Raum. Ist im Mesophyll ein Leitbündel angeschnitten, so ist leicht zu erkennen, daß das Xylem oben und das Phloem unten liegt.

Flächenschnitt der Blattoberseite: Der mit der Wundseite nach unten liegende Schnitt eignet sich für die Betrachtung der oberen Epidermis. Die von Chloroplasten freien Epidermiszellen sind infolge des wellenförmigen Verlaufes ihrer radialen Wände eng miteinander verzahnt (Fig. 10.1 F). Die Streifung der Cuticula ist, besonders bei stärkerer Abblendung, deutlich zu erkennen. An den dickeren Stellen des Schnittes kann man durch die Epidermis hindurch das Palisadenparenchym erkennen, das man jedoch besser an dem mit der Wundseite nach oben zeigenden Schnitt untersucht (Fig. 10.1 D). Die Palisadenzellen sind hier quer geschnitten und erscheinen im Umriß etwa rund. Sie enthalten zahlreiche Chloroplasten, die sich im plasmatischen Wandbelag befinden. Die zwischen den Palisadenzellen liegenden Interzellularen sind meist mit Luft gefüllt und erscheinen dann dunkel.

Flächenschnitt der Blattunterseite: Zunächst wird wiederum der mit der Wundseite nach unten liegende Schnitt betrachtet. Die Epidermis der Blattunterseite zeigt im Prinzip das gleiche Zellmuster wie die der Oberseite, doch sind die Zellen etwas kleiner. Im Gegensatz zur oberen Epidermis besitzt die untere zahlreiche Spaltöffnungen (Fig. 10.1 G). Diese bestehen aus zwei entgegengesetzt-bohnenförmig gekrümmten Schließzellen, zwischen denen ein je nach Öffnungszustand mehr oder weniger breiter Spalt zu erkennen ist. Im Gegensatz zu den Epidermiszellen führen die Schließzellen Chloroplasten. Zum Studium des Schwammparenchyms benutzt man zweckmäßigerweise den mit der Wundseite nach oben zeigenden Schnitt (Fig. 10.1 E). Die Zellen des Schwammparenchyms enthalten wesentlich weniger Chloroplasten als die des Palisadenparenchyms. Die Interzellularräume sind sehr groß und bilden ein zusammenhängendes Durchlüftungssystem. Infolgedessen erscheint die Blattunterseite deutlich heller als die Oberseite.

10.2. *Rhoeo spathacea:* Spaltöffnungsapparat

Material: Blätter von *Rhoeo spathacea* (syn. *Rhoeo discolor*, Commelinaceae, Commelinales) als Frischmaterial. Um möglichst weit geöffnete Stomata zu erhalten, empfiehlt es sich, die Pflanzen 24 Stunden lang unter einer Glasglocke bei reichlicher Wasserversorgung und in hellem Licht (aber nicht in direktem Sonnenlicht) zu halten. Blätter erst unmittelbar vor der Präparation abschneiden. Öffnungszustand der Stomata vorher mikroskopisch kontrollieren.

Reagenzien: 1 mol Lösung von Kaliumnitrat.

Präparation: Von der Blattunterseite werden in der bereits beschriebenen Weise (s. Präp. Nr. 2.5.) Flächenschnitte hergestellt. Da hier die Spaltöffnungen interessieren, sind die Schnitte auf der Blattfläche und nicht in der Nähe der Mittelrippe zu führen. Die Schnitte werden mit der Wundseite nach unten in einen Tropfen Wasser übertragen. Das Deckglas wird mit zwei schmalen Papierstreifen, die in Längsrichtung auf den Objektträger gelegt werden, abgestützt. Um das Schließen der Spaltöffnungen herbeizuführen, saugt man nach Beendigung der Zeichnung Kaliumnitrat-Lösung durch das Präparat. Da das Deckglas abgestützt ist, kommt sogleich der ganze Schnitt mit der Lösung in Berührung. Um eine klare Vorstellung von den Größenverhältnissen der Schließ- und Nebenzellen einerseits und der Epidermiszellen andererseits zu erhalten, werden auch Blattquerschnitte angefertigt, die genau senkrecht zur Längsachse orientiert sein müssen. Die Blätter sind verhältnismäßig fest und können ohne Zuhilfenahme von Styropor geschnitten werden.

Aufgabe: Bei starker Vergrößerung wird eine Spaltöffnung mit Nebenzellen und angrenzenden Epidermiszellen in Aufsicht gezeichnet. Die Spaltweite vor und nach Zusatz von Kaliumnitrat-Lösung ist zu vergleichen und einzuzeichnen. Zum Zeichnen ist eine Spaltöffnung ohne Luftblase zu wählen. Außerdem ist eine Spaltöffnung im Querschnitt mit Nebenzellen und angrenzenden Epidermiszellen zu zeichnen.

Beobachtungen: Mit Ausnahme des Bereiches der Mittelrippe (s. S. 28) ist das uns bereits bekannte Epidermiszellenmuster (Fig. 2.7 A) auf der Blattunterseite von zahlreichen Spaltöffnungen unterbrochen, deren Längsachsen mit der des Blattes zusammenfallen. Sie werden von zwei bohnenförmigen Schließzellen gebildet, die mit den Epidermiszellen auf gleicher Höhe liegen, also nicht eingesenkt sind (Fig. 10.2 B). Sie sind in charakteristischer Weise von vier Nebenzellen umgeben (Fig. 10.2 A), die sich morphologisch (Fig. 10.2 B) und funktionell von den übrigen Epidermiszellen unterscheiden.

Nur die Schließzellen führen Chloroplasten, zwischen denen häufig auch der Zellkern zu erkennen ist. In den Neben- und Epidermiszellen sind

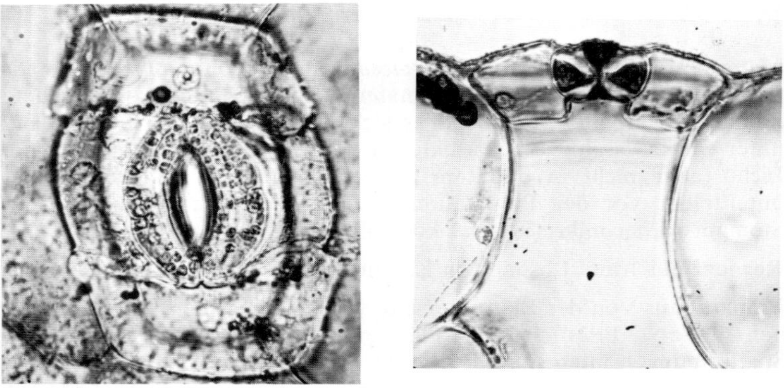

A B

Fig. 10.2 Spaltöffnungsapparat von *Rhoeo spathacea,* A. in Aufsicht (500 ×), B. im Querschnitt (750 ×). Die Nebenzellen sind wesentlich kleiner als die angrenzenden Epidermiszellen. Unter der Spaltöffnung liegt der suprastomatische Raum.

die gut sichtbaren Kerne von zahlreichen Leukoplasten umgeben. Ihr Zellsaft ist, wie bereits besprochen (s. Präp. Nr. 2.5.), durch Anthocyan gefärbt.

Zwischen den Schließzellen befindet sich der Spalt, der infolge der vorausgegangenen Behandlung (s. o.) weit geöffnet ist. Wie Fig. 10.2 A erkennen läßt, erscheint er doppelt konturiert, wobei die innere Kontur den Zentralspalt markiert, während die äußere dem Verlauf der Cuticularleisten entspricht. Ersetzt man das wäßrige Medium durch Kaliumnitrat-Lösung, so nimmt infolge des osmotischen Wasseraustritts die Turgeszenz der Schließzellen ab, und der Spalt schließt sich. Bei erneutem Wasserzusatz öffnet sich der Spalt wieder.

10.3. *Iris germanica:* Spaltöffnung

Material: Blätter von *Iris germanica* (Schwertlilie, Iridaceae, Liliales) als Alkohol- oder Frischmaterial. Auch andere *Iris*-Arten sind geeignet. Alkoholmaterial läßt sich besser schneiden.

Reagenzien: Sudan-Glycerin (s. Präp. Nr. 5.7.).

Präparation: Die Blätter werden in etwa 3 cm lange Streifen geschnitten. Die Spitzen sowie die basalen Teile werden verworfen. Die Blätter sind verhältnismäßig fest, weshalb sie ohne Zuhilfenahme von Styropor geschnitten werden können. Es werden Quer- und Flächenschnitte hergestellt. Die Querschnitte müssen genau senkrecht zur Längsrichtung des Blattes geführt werden und sehr dünn sein. Sie werden in Wasser untersucht und anschließend mit Sudan-Glycerin gefärbt. Zur Herstellung der Flächenschnitte verfährt man in der bereits beschriebenen Weise (s. Präp. Nr. 2.3.).

Aufgabe: Zunächst wird bei stärkerer Vergrößerung der Flächenschnitt betrachtet und eine Spaltöffnung in Aufsicht gezeichnet. Da die Schließzellen unter die Epidermiszellen eingesenkt sind, ist auf verschiedene Ebenen zu focussieren. Anschließend wird bei schwacher Vergrößerung eine dünne Stelle des Querschnittes eingestellt und bei starker Vergrößerung nach einer günstig getroffenen Spaltöffnung abgesucht. Diese sollte möglichst median geschnitten sein. Sie wird bei starker Vergrößerung gezeichnet. Nach Anfärbung mit Sudan-Glycerin ist die Cuticula zu markieren.

Beobachtungen: Die »reitenden« Schwertblätter von *Iris* sind unifazial gebaut. Die Blattoberseite ist bis auf die Reste in der Falte an der Blattbasis reduziert. Die beiden Seiten des Blattes sind also aus der Unterseite hervorgegangen. Infolgedessen findet man auf beiden Seiten Spaltöffnungen. Diese sind mit ihrer Längsachse in Längsrichtung des Blattes angeordnet. Bei richtiger Schnittführung erscheinen sie im Präparat quer angeschnitten. Die in Aufsicht (Fig. 10.3 B) bohnenförmigen Schließzellen sind etwas unter die Blattoberfläche eingesenkt, so daß die benachbarten Epidermiszellen z.T. darübergreifen (Fig. 10.3 A). Noch deutlicher ist dies im Querschnitt zu erkennen (Fig. 10.3 C, D). Besondere Nebenzellen sind nicht ausgebildet.

Die äußeren und inneren Wände der Schließzellen sind verdickt, so daß ihre Lumina zum Spalt hin spitz zulaufen, während die Rückenwände unverdickt bleiben. Kurz oberhalb der engsten Stelle des Spaltes springen von den Schließzellen hörnchenförmige Fortsätze vor (Fig. 10.3 C), die Querschnitte durch die rings um den Spalt verlaufende Cuticularleiste darstellen. Gleich der Cuticula bestehen sie aus Cutin, färben sich also mit Sudan-Glycerin rot an (Fig. 10.3 D). Während die Epidermiszellen keine Chloroplasten enthalten, sind die Chloroplasten in den Schließzellen auch im Querschnitt deutlich zu erkennen.

Die Wände der benachbarten Epidermiszellen sind dort, wo sie an die Schließzellen grenzen, nicht verdickt (Fig. 10.3 C). Auf diese Weise entstehen sogenannte Hautgelenke, die die Lageveränderungen der Schließzellen bei der Öffnungs- und Schließbewegung gegen die relativ starren Epidermiszellen erleichtern. Unterhalb der Spaltöffnung liegt der substomatische Raum.

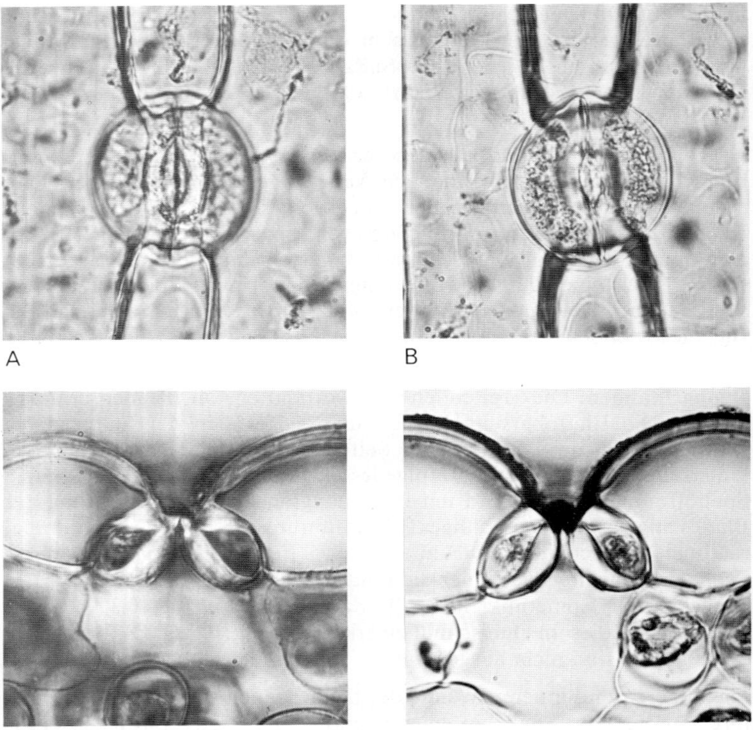

Fig. 10.3 Spaltöffnung von *Iris germanica,* A. in Aufsicht, auf die übergreifenden Epidermiszellen eingestellt, B. wie A., auf die Schließzellen eingestellt, C. Querschnitt, D. wie C., nach Behandlung mit Sudan-Glycerin (A.–D. 750 ×).

10.4. *Zea mays:* Spaltöffnung (Gramineentypus)

Material: Blätter von *Zea mays* (Mais, Poaceae, Poales) als Alkohol- oder Frischmaterial. Alkoholmaterial ist härter und läßt sich besser schneiden.

Präparation: Die Blätter von *Zea mays* sind äquifazial und amphistomatisch. Zur Herstellung der Flächenschnitte ist jedoch die Blattunterseite besser geeignet. Im übrigen wird in der bereits beschriebenen Weise (s. Präparat 2.3.) verfahren. Die Querschnitte müssen genau senkrecht zur Längsrichtung des Blattes geführt werden und sehr dünn sein. Obwohl die Blätter verhältnismäßig fest sind, empfiehlt es sich, sie zwischen Styropor zu schneiden (s. Präparat 5.3.). In der gleichen Weise können auch Längsschnitte hergestellt werden. In diesem Falle ist darauf zu achten, daß die Schnittrichtung genau parallel zur Längsachse des Blattes verläuft.

Aufgabe: Von dem Flächenschnitt wird bei schwacher Vergrößerung eine Übersichtsskizze angefertigt und dann bei starker Vergrößerung ein einzelner Spaltöffnungsapparat in Aufsicht gezeichnet. Zum Verständnis des Aufbaus sollte auf verschiedene Ebenen focussiert werden. Die Querschnitte werden bei schwacher Vergrößerung auf eine geeignete, dünn geschnittene Stelle mit günstig getroffenen Spaltöffnungen abgesucht, die dann bei starker Vergrößerung gezeichnet werden. Eine Spaltöffnung sollte im mittleren Abschnitt, eine andere im Endabschnitt genau quer getroffen sein. Sofern Längsschnitte angefertigt wurden, ist eine Schließzelle im Längsschnitt bei starker Vergrößerung zu zeichnen.

Beobachtungen: Wie das bei schwacher Vergrößerung aufgenommene Übersichtsbild eines Flächenschnittes (Fig. 10.4 A) zeigt, sind die Spaltöffnungen in parallel zur Längsachse des Blattes verlaufenden Reihen angeordnet, wobei auch die Schließzellen und der von ihnen umschlossene Spalt genau in der Längsachse liegen. Die Längswände der Epidermiszellen zeigen einen welligen Verlauf. Bei manchen Reihen ist die Folge der langgestreckten Epidermiszellen durch Haare oder etwa isodiametrische, sogenannte »Kieselkurzzellen« unterbrochen.

Die Schließzellen sind beiderseits von etwa dreieckigen Nebenzellen umgeben, so daß also auch hier ein Spaltöffnungsapparat vorliegt. In Fig. 10.4 B sind zwei Spaltöffnungen in verschiedenen optischen Ebenen getroffen. In einem Fall liegt der leicht geöffnete Zentralspalt im Focus, in dem anderen der mit Luft gefüllte Spaltvorhof. Die großen, blasenförmigen Lumina an den Enden treten in allen Schließzellen klar hervor, während die sie verbindenden schmalen Lumina des Mittelteils in Aufsicht nur bei bestimmter Focussierung zu erkennen sind. Im Längsschnitt sind sie jedoch besser zu sehen (Fig. 10.4 C). Bei einem Vergleich des Längsschnittes mit dem Aufsichtsbild ist leicht einzusehen, daß ein Querschnitt durch den Mittelabschnitt der Schließzellen ganz anders aussehen muß als ein Querschnitt durch die Endpartien.

Dies wird durch eine Reihe von Querschnittsbildern (Fig. 10.4 D–G) belegt. In Fig. 10.4 D sind die Schließzellen genau median getroffen und die Lumina folglich sehr klein. Des weiteren erkennt man die sich durch ihre Lichtbrechung deutlich von der äußeren Zellwand absetzende Cuticula, die in die beiden Cuticularleisten ausläuft, sowie die beiden Nebenzellen, von denen die Schließzellen nur durch sehr dünne Zellwände abgegrenzt sind. In Fig. 10.4 E sind die verbindenden Mittelteile an einer Stelle getroffen, die den Endabschnitten bereits etwas genähert

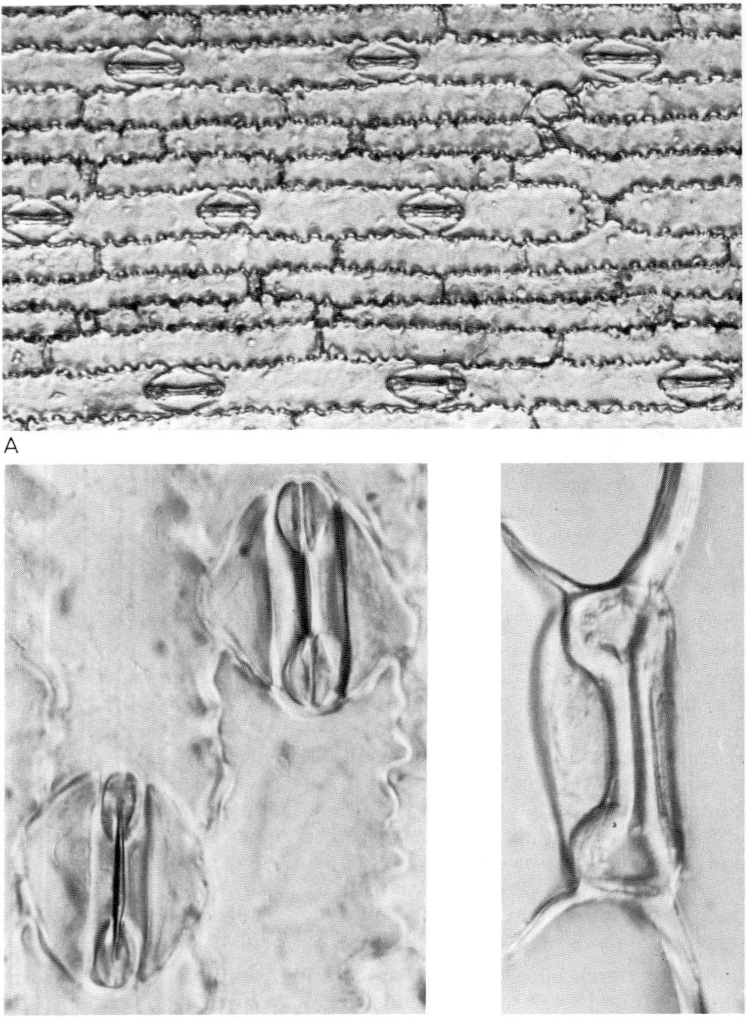

Fig. 10.4 Spaltöffnungsapparat von *Zea mays*. A. Flächenschnitt der Blattunterseite in Aufsicht, Übersichtsbild (250 ×), B. zwei Spaltöffnungsapparate in Aufsicht. Rechts oben liegt der Zentralspalt, links unten der mit Luft gefüllte Vorhof im Focus (1000 ×), C. Längsschnitt durch eine Schließzelle (1200 ×), D.–G. Querschnitte durch die Schließzellen in verschiedenen Ebenen (1600 ×). Weitere Erklärungen im Text.

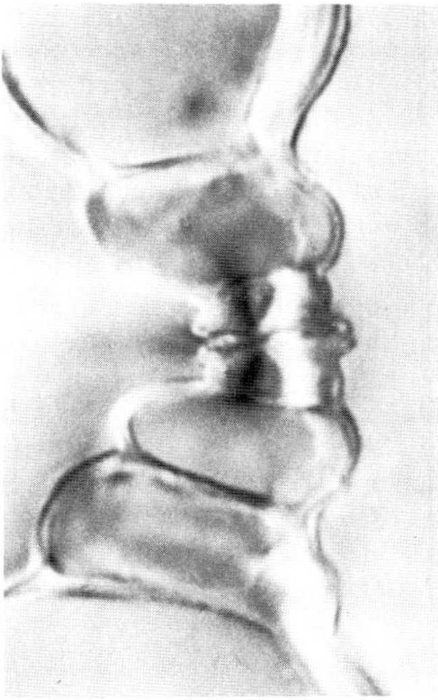

D

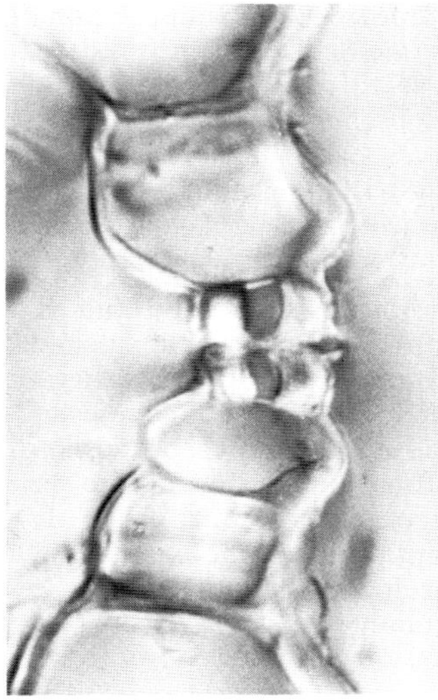

E

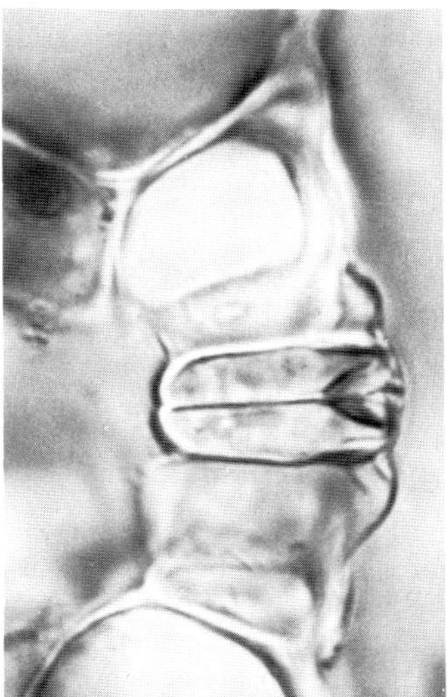

F

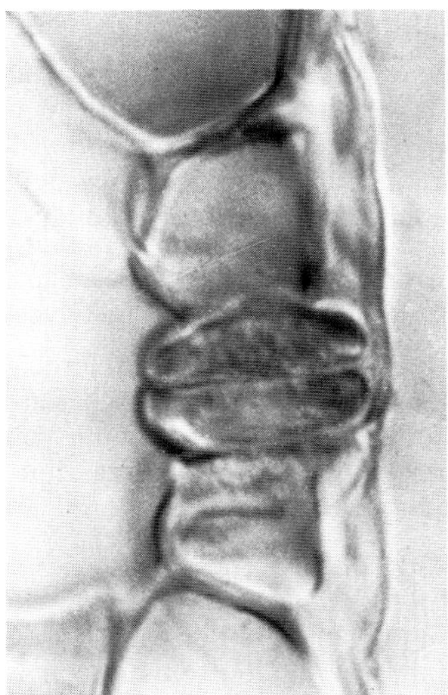

G

Fig. 10.4

ist. Infolgedessen sind die Lumina deutlich größer, und daher die dünnen, die Schließzellen von den Nebenzellen abgrenzenden Wände noch klarer zu erkennen. In Fig. 10.4 F sind die blasenförmig erweiterten Endabschnitte der beiden benachbarten Schließzellen getroffen, bezogen auf das Mittelstück jedoch proximal, was durch die beiden Verdikkungsleisten, die an der Außenseite in diese Endabschnitte hineinragen, deutlich wird. Fig. 10.4 G schließlich zeigt einen Querschnitt durch die dünnwandigen Endabschnitte ohne jede Wandverdickung.

Der Mechanismus der Öffnungs- und Schließbewegung ist aus dem anatomischen Bau leicht abzuleiten. Steigt der Turgor in den Schließzellen, so kann sich der Druckanstieg wegen der starken Wandverdickung des Mittelteils nur auf die dünnwandigen Endabschnitte auswirken, die sich abzurunden versuchen und hierdurch die starren Mittelteile auseinanderdrücken. Der Spalt öffnet sich. Mit nachlassender Wanddehnung bei Turgorabnahme wird der Spalt wieder geschlossen. Da, wie die Querschnitte zeigen, die Nebenzellen erheblich kleiner sind als die Epidermiszellen, erleichtern sie die Bewegungen der Schließzellen in der Epidermisebene.

10.5. *Pinus* spec.: Bau eines Nadelblattes

Material: Einjährige Nadeln von *Pinus*-Arten, z. B. *Pinus nigra* oder *P. mugo* (Kiefer, Pinaceae, Pinales). Es kann sowohl Frisch- als auch Alkoholmaterial Verwendung finden. Die Nadeln mancher Arten werden in Alkohol sehr hart, doch hat die Alkoholbehandlung den Vorteil, daß alles Harz aus den Nadeln herausgelöst wird. Styropor, Holundermark oder Flaschenkork.

Reagenzien: Phloroglucin-Lösung (s. Präp. Nr. 5.1.), konz. Salzsäure oder Perchlorsäure, Sudan-Glycerin (s. Präp. Nr. 5.7.).

Präparation: Querschnitte durch die Nadelblätter werden teils in Wasser untersucht, teils gleich in Sudan-Glycerin bzw. Phloroglucin-Salzsäure übertragen. Bei Verwendung von Frischmaterial empfiehlt es sich, die Schnitte zunächst für kurze Zeit in Äthanol zu überführen, um sie zu entharzen.

Zusätzlich können auch Längsschnitte durch die Nadelblätter angefertigt werden. Hierzu schneidet man einen kleinen Flaschenkork etwa 1 cm tief senkrecht ein und führt eine Präpariernadel waagerecht in den Schnitt ein. In den entstandenen Spalt legt man ein Stück der *Pinus*-Nadel (ebenfalls waagerecht) und zieht die darunterliegende Präpariernadel heraus. Auf diese Weise wird die *Pinus*-Nadel in dem sich schließenden Spalt fest eingeklemmt und läßt sich nun leicht schneiden.

Aufgabe: Anhand eines etwas dickeren, über die gesamte Fläche geführten Schnittes wird bei schwacher Vergrößerung ein schematisches Übersichtsbild des Nadelquerschnittes angefertigt. An dünneren Schnitten wird dann bei stärkerer Vergrößerung der Bau einzelner Gewebe genauer studiert und in Ausschnittszeichnungen festgehalten.

Beobachtungen: Schon bei schwacher Vergrößerung erkennt man den äquifazialen Bau des Nadelblattes (Fig. 10.5 A). Es ist allseitig von einer Epidermis mit extrem verdickten Zellwänden umgeben. Wie die Betrachtung bei stärkerer Vergrößerung zeigt, sind die Wände der Epidermiszellen so stark verdickt, daß die Lumina auf kleine zentrale Hohlräume begrenzt sind, von denen spaltförmige Tüpfelkanäle zu den Ecken bzw. Kanten der Zelle hin ausstrahlen (Fig. 10.5 C). Die Epidermis ist von einer dicken Cuticula bedeckt. An Schnitten, die mit Sudan-Glycerin behandelt wurden, erkennt man, daß die Cutinisierung sich auch auf die peripheren Bereiche sowohl der Außen- als auch der Seitenwände der Epidermiszellen erstreckt (Fig. 10.5 D). Die Epidermis wird noch durch eine ein- bis mehrschichtige Hypodermis verstärkt, deren Zellen ebenfalls frei von Chloroplasten sind und verdickte Wände haben. Mit Hilfe der Lignin-Reaktion läßt sich nachweisen, daß sowohl die Wände der Epidermiszellen als auch die der Hypodermiszellen verholzt sind, während sich die Cuticula und die cutinisierten Schichten gelb färben. An Stellen, an denen die Hypodermis mehrschichtig ist, erkennt man, daß die Stärke der Rotfärbung und somit der Grad der Verholzung von außen nach innen abnimmt. Bei den am schwächsten verholzten, innen liegenden Hypodermiszellen färben sich oft nur die Mittellamellen stärker an, was darauf schließen läßt, daß sie als erste von der Verholzung erfaßt werden.

Die Spaltöffnungen sind tief eingesenkt, so daß die Schließzellen unter den Epidermiszellen liegen (Fig. 10.5 B, M). Längsschnitte wie auch die Betrachtung einer Nadeloberfläche mit einer stärkeren Lupe zeigen, daß sie in parallel zur Längsachse der Nadeln verlaufenden Reihen angeordnet sind. In den mit Sudan-Glycerin behandelten Präparaten sieht man, daß die Cuticula in die Einsenkungen bis zu den Schließzellen hineinreicht, und daß die Cutinisierung auch Bereiche der äußeren Schließzellenwände erfaßt. Diese Partien färben sich bei Behandlung mit Phloroglucin-Salzsäure gelb an, während sich die unmittelbar benachbarten Bereiche rot färben, also verholzt sind. Im Gegensatz zu den übrigen Epidermiszellen enthalten die Schließzellen Chloroplasten. Die Spaltöffnung mündet in einen größeren Interzellularraum (Fig. 10.5 B, M). In der durch Einsenkung der Spaltöffnung unter das Epidermisniveau entstandenen »äußeren Atemhöhle« finden sich meist größere Mengen körniger Wachsabscheidungen.

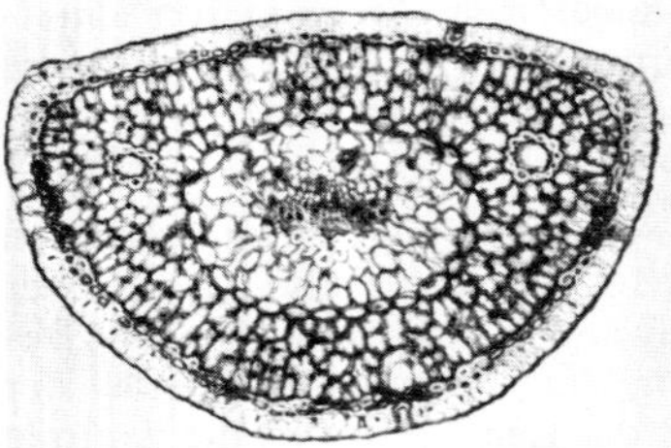

A

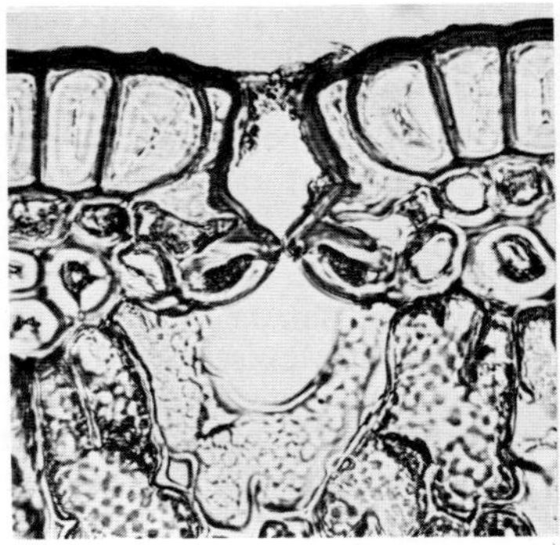

B

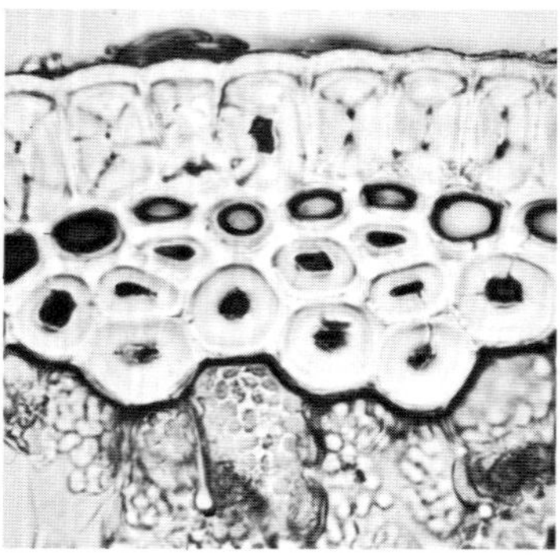

C

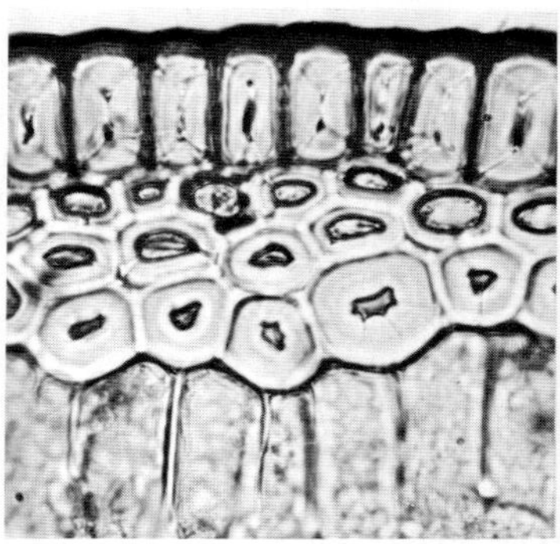

D

Fig. 10.5 *Pinus nigra,* Nadelblatt. A. Übersichtsbild eines Querschnittes (120 ×), B. Spaltöffnung im Querschnitt. Der darunterliegende Interzellulargang wird durch eine U-förmige Zelle begrenzt (500 ×), C. Epidermis und Hypodermis, stärker vergrößert (750 ×), D. wie C., nach Behandlung mit Sudan-Glycerin. Cuticula und cutinisierte Bereiche der Zellwand dunkel (750 ×), E. Assimilationsparenchym mit vorspringenden Zellwandleisten im Querschnitt. In einigen Zellen sind die großen Zellkerne zu erkennen (250 ×). F. Harzkanal, quer getroffen (750 ×). G. Zentralzylinder, quer; ap = Assimilationsparenchym, e = Endodermis, ph = Phloem, sk = sklerenchymatische Zellen, tr = Transfusionsgewebe, xy = Xylem (120 ×). H. sklerenchymatische Zellen der Leitbündelscheide im Querschnitt (500 ×). I. Ausschnitt aus dem Transfusionsgewebe. Tracheidale Zellen mit Hoftüpfeln. Am oberen Rande des Bildes Endodermiszellen (750 ×). J. kollaterales Leitbündel, oben Xylem, unten Phloem (500 ×). K. Längsschnitt durch das Leitbündel. Im oberen Teil des Bildes die Xylemprimanen mit ring- und schraubenförmigen Wandverdickungen, darunter Tracheiden mit

Forts. S. 116

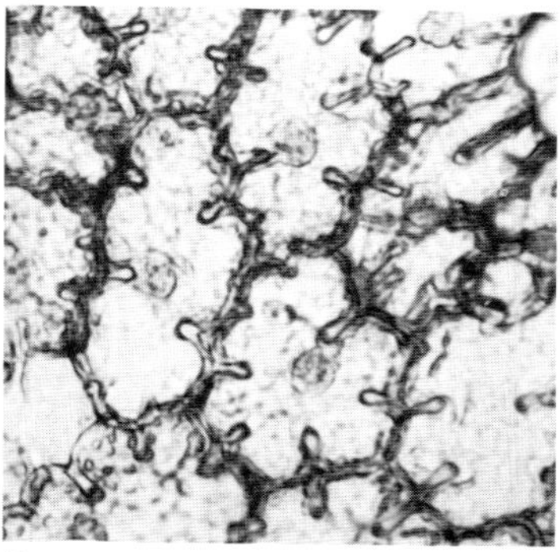

E

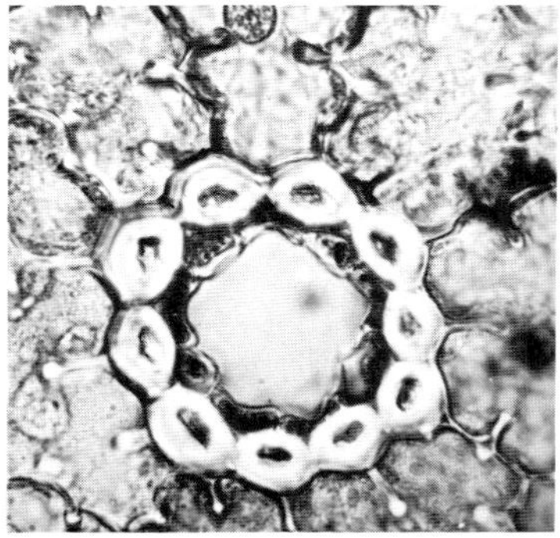

F

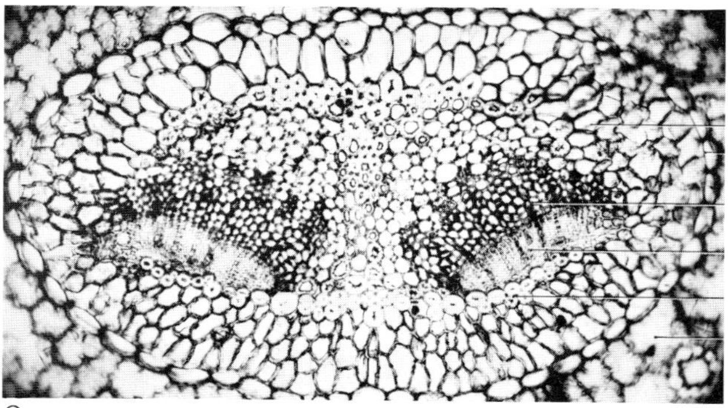

G

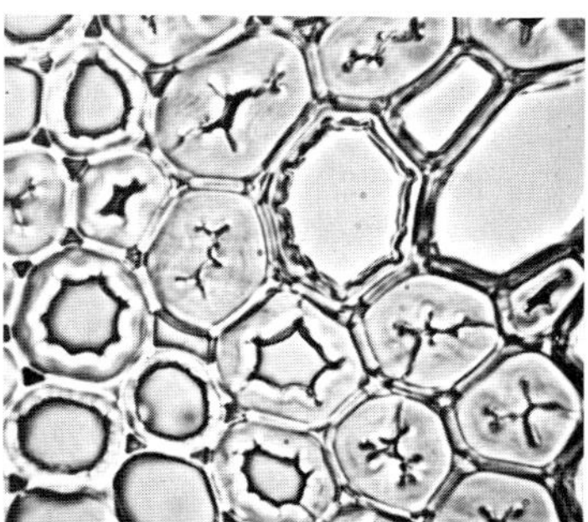

H

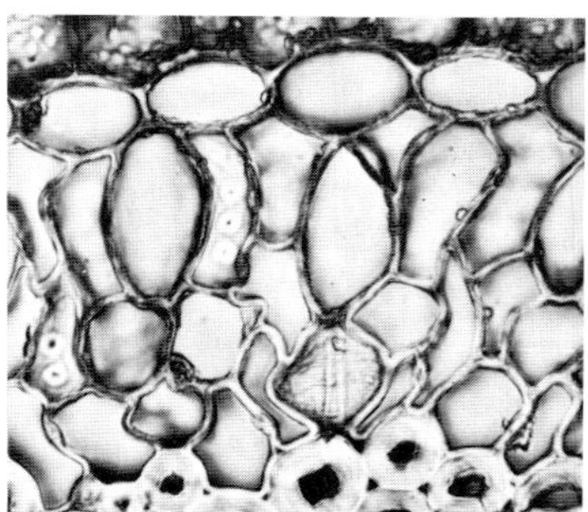

I

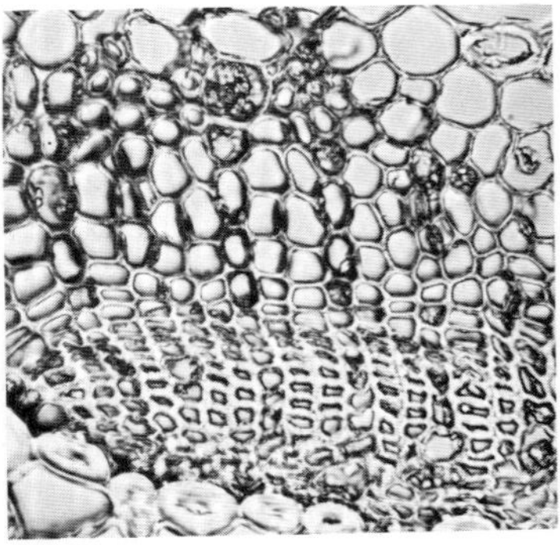
J

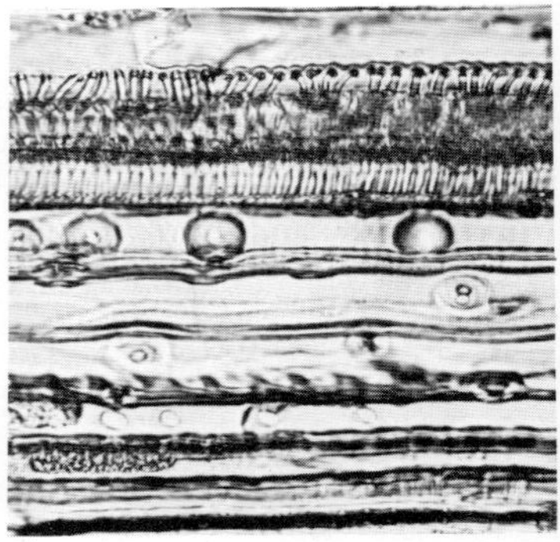
K

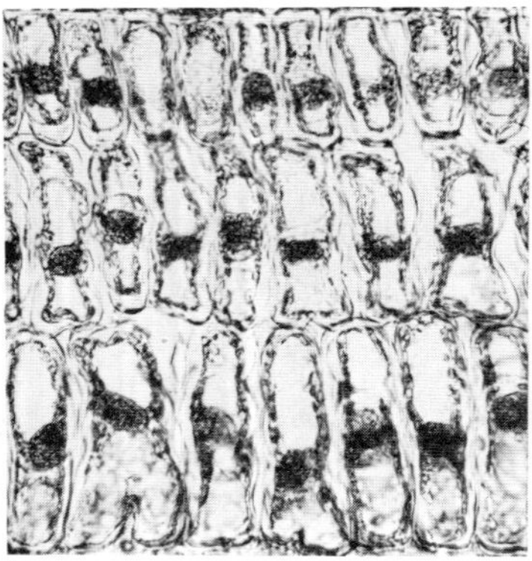
L

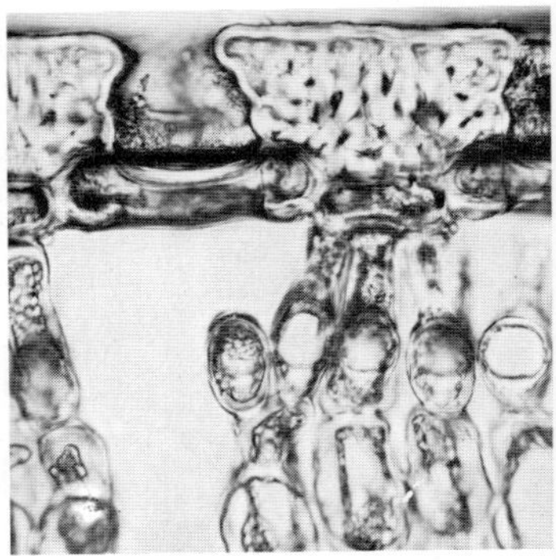
M

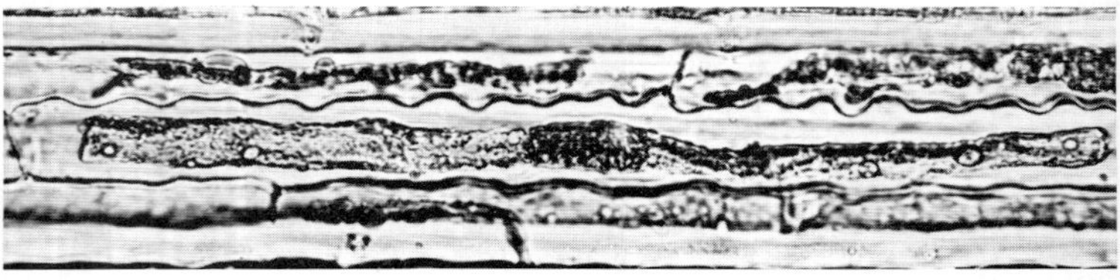
N

◀ Hoftüpfeln (250 ×). L. Längsschnitt durch das Assimilationsparenchym. Zwischen den Zellen Interzellularen (500 ×). M. Längsschnitt durch eine Spaltöffnung. In den verdickten, hell erscheinenden Zellwänden der benachbarten Epidermiszellen sind zahlreiche Tüpfel zu erkennen (500 ×). N. Harzkanal, längs. Am oberen und unteren Rande sklerenchymatische Zellen, dazwischen Sekretzellen (500 ×).

Unter der Hypodermis, die meist noch durch Sklerenchymzellen mit spaltförmigen Tüpfeln verstärkt ist, liegt das chloroplastenreiche Assimilationsparenchym, dessen Zellen im Querschnitt polyedrisch sind (Fig. 10.5 E), während sie im Längsschnitt (Fig. 10.5 L) eine palisadenartige Anordnung erkennen lassen. Sie zeichnen sich durch den Besitz großer Zellkerne aus. Die unter den Spaltöffnungen liegenden Zellen sind im typischen Falle U-förmig gestaltet (Fig. 10.5 B). Die Wände der als Armpalisaden bezeichneten Zellen des Assimilationsparenchyms weisen an ihren parallel zur Längsachse der Nadel liegenden Wänden Leisten auf, die in die Lumina der Zellen vorspringen (Fig. 10.5 E). Im Längsschnitt (Fig. 10.5 L) sieht man diese Leisten z. T. in Aufsicht. Dabei handelt es sich offenbar nicht, wie früher angenommen wurde, um Einfaltungen, sondern um lokale Verdickungen der Zellwand. Demnach wäre die häufig benutzte Bezeichnung »Faltenparenchym« unzutreffend.

Das Assimilationsparenchym ist von Harzkanälen durchzogen, die der Längsachse der Nadel parallel laufen und deshalb auf dem Blattquerschnitt ebenfalls quer angeschnitten erscheinen (Fig. 10.5 A, F). Sie sind durch eine Scheide sklerenchymatischer Zellen mit unverholzten Wänden gegen das Assimilationsparenchym abgegrenzt und von einer einschichtigen Lage großkerniger Sekretzellen ausgekleidet. Entsprechend liegen die sklerenchymatischen Zellen im Längsschnitt (Fig. 10.5 N) am oberen und unteren Rand. An sie grenzen auf beiden Seiten die langgestreckten, plasmareichen Sekretzellen. Das Harz ist bei Alkoholmaterial herausgelöst. Bei unbehandeltem Frischmaterial liegen dagegen meist noch einzelne Tröpfchen im Lumen des Harzkanals.

Im Zentrum des Querschnittes, vom Assimilationsgewebe allseitig umgeben und gegen dieses durch eine Endodermis abgegrenzt, liegt der Zentralzylinder (Fig. 10.5 G). Er enthält zwei kollaterale Leitbündel (s. S. 119), deren Phloem-Anteile im Mikroskop silbrig-weiß erscheinen. Die Xylemelemente sind an ihrer positiven Lignin-Reaktion leicht zu erkennen. Ober- und unterhalb der Leitbündel verläuft in Längsrichtung eine mehrfach durchbrochene, an den Seiten nicht geschlossene Schicht sklerenchymatischer Zellen (Fig. 10.5 G, H), deren Wände, wenn überhaupt, nur im Bereich der Mittellamelle verholzt sind. Zwischen den Leitbündeln und der Endodermis befindet sich das Transfusionsgewebe, das frei von Chloroplasten ist und daher farblos erscheint. Es besteht z. T. aus plasmareichen, der Assimilatleitung dienenden Zellen, z. T. aus tracheidal gestalteten, wasserleitenden Zellen (Fig. 10.5 I) und vermittelt den Wasser- und Stoffaustausch zwischen den Leitbündeln und dem Assimilationsparenchym. In der Endodermis und den plasmareichen Zellen des Transfusionsgewebes finden sich häufig Stärkekörner. Wie der Längsschnitt durch das Xylem zeigt (Fig. 10.5 K), finden sich am Rande des aus hofgetüpfelten Tracheiden bestehenden Xylems die Xylemprimanen mit ring- und schraubenförmigen Verdickungsleisten.

11. Leitbündel

In den höheren Pflanzen erfolgt der Wasser- und Stofftransport über längere Strecken in besonderen Leitungsbahnen, die zu Strängen, den Leitbündeln, zusammengefaßt sind. Lediglich die Wurzeln besitzen ein kompaktes, nicht in einzelne Bündel aufgelöstes Leitsystem (s. Kapitel 15). Die vollständigen Leitbündel bestehen aus zwei funktionell verschiedenen Komplexen, dem Xylem und dem Phloem, von denen ersteres vorwiegend der Wasserleitung, letzteres dem Stofftransport dient. Daneben kommen auch unvollständige Leitbündel vor (s. Präp. Nr. 4.3.), die jeweils nur aus Xylem oder Phloem bestehen. Die Leitbündel sind frei von Interzellularen.

Die Elemente des Xylems sind die Gefäße und Tracheiden, das Xylemparenchym und ggf. die Holzfasern. Die Gefäße entstehen aus einer Reihe langgestreckter Zellen unter Auflösung der nicht durch Sekundärwandmaterial verdickten Querwände, d. h. also durch Zellfusion. Dabei wird nur die Matrix der Zellwand aufgelöst, da Cellulase fehlt. Die zunächst als feines Netzwerk erhaltenen Cellulosefibrillen werden später mechanisch, wahrscheinlich durch den Transpirationsstrom, entfernt. Die ehemaligen Zellgrenzen sind durch Ringwülste aus Sekundärwandmaterial, das an den Nahtstellen der einzelnen Gefäßglieder abgelagert wurde, zu erkennen. Bei den Leitergefäßen bleiben einzelne Stege stehen, so daß die schrägstehenden Enden leiterartig durchbrochen erscheinen. Die Tracheiden sind langgestreckte, an den Enden spitz auslaufende Zellen, die, gleich den Gefäßen, dem Wassertransport dienen. Sowohl die Gefäße als auch die Tracheiden besitzen charakteristische Wandverdickungen in Gestalt ringförmiger, schraubiger oder netzartig miteinander verbundener Verdickungsleisten. Bei den Tüpfelgefäßen ist die gesamte Zellwand mit Ausnahme der Tüpfel verdickt. Die zuerst angelegten Wasserleitungsbahnen, die Xylemprimanen, sind ring- oder schraubenförmig verdickt. Sie werden meist im Verlaufe des weiteren Wachstums zerrissen. Die später angelegten leitenden Elemente sind durchweg Netz-, Leiter- und Tüpfelgefäße. Ihre Wände verholzen meist und geben dann eine positive Ligninreaktion. Die Protoplasten der Gefäße und Tracheiden sterben nach deren Fertigstellung ab. Die Holzfasern sind im Bereich des sekundären Xylems (s. S. 143) liegende, stark verdickte Sklerenchymfasern. Sie sind an den charakteristischen, schräg aufsteigenden, spaltförmigen Tüpfeln (s. S. 155) zu erkennen. Nicht selten werden sie später durch Einziehen von Querwänden septiert. In der Regel verholzen die Wände der Holzfasern, und ihr Protoplast stirbt nach Fertigstellung ab. Bisweilen behalten sie jedoch ihren plasmatischen Inhalt und übernehmen Speicherfunktionen, ähnlich den Xylemparenchymzellen. Diese sind meist in Längsrichtung etwas gestreckt, haben verdickte sowie meist auch verholzte Wände mit einfachen Tüpfeln und sind in längsverlaufenden Strängen angeordnet.

Die Elemente des Phloems sind die Siebröhren bzw. Siebzellen, die Geleitzellen, das Phloemparenchym sowie ggf. die Bastfasern. Die bei den Farnen und Gymnospermen vorkommenden Siebzellen sind langgestreckte, an den Enden mehr oder weniger spitz zulaufende Zellen, deren Wände von meist in Gruppen zusammengefaßten Poren durchbrochen sind. Die Siebröhren der Angiospermen sind, gleich den Gefäßen, aus mehreren Gliedern zusammengesetzt und durchziehen als zusammenhängendes Siebröhrensystem die Pflanze. Allerdings sind die Querwände hier nicht völlig beseitigt, sondern von zahlreichen Poren durchbrochen. Sie werden als Siebplatten bezeichnet. Auch an den Längswänden weisen sie Poren auf. Siebzellen und Siebröhren dienen dem Stofftransport. Infolgedessen behalten sie, solange sie funktionsfähig sind, ihren plasmatischen Inhalt. Da die Tonoplasten der Siebröhrenglieder frühzeitig aufgelöst werden, ist eine Unterscheidung von Protoplast und Siebröhreninhalt praktisch nicht möglich.

Die Geleitzellen, die bei den Angiospermen die Siebröhren begleiten, entstehen mit diesen durch inäquale Teilung aus den Siebröhrenmutterzellen. Sie teilen sich dann aber noch wiederholt quer, so daß sie insgesamt erheblich kürzer sind als die Siebröhrenglieder. Die Geleitzellen sind plasmareich und mit den Siebröhren durch Tüpfel verbunden.

Die Bastfasern sind die Festigungselemente des sekundären Phloems. Als typische Sklerenchymfasern sind sie langgestreckt, an den Enden zugespitzt, haben schrägstehende, spaltförmige Tüpfel und verdickte Zellwände, die meist auch verholzt sind. Die Phloemparenchymzellen, die bei den Farnen, Gymnospermen und den dikotylen Angiospermen vorkommen, dienen vor allem der Stoffspeicherung.

Nach der Anordnung von Xylem und Phloem kann man verschiedene Typen von Leitbündeln unterscheiden: die konzentrischen und die kollateralen. Bei den konzentrischen Leitbündeln mit Außenxylem, die bei einigen Monokotylen vorkommen, ist das zentral gelegene Phloem von einem Kranz von Xylemelementen umgeben. Umgekehrt ist bei den konzentrischen Bündeln mit Innenxylem, die sich bei Farnen finden, das im Zentrum liegende Xylem von einem Ring aus Phloemelementen umgeben. Bei den kollateralen Leitbündeln liegen Xylem und Phloem einander gegenüber, und zwar das Xylem auf der Innen-, das Phloem auf der Außenseite des Bündels. Während Xylem und Phloem bei den für zahlreiche Monokotylen charakteristischen geschlossenen kollateralen Bündeln unmittelbar aneinander grenzen, sind sie bei den offenen Bündeln, die bei den Gymnospermen und den Dikotylen vorkommen, durch ein meristematisches Gewebe, das Kambium getrennt. Bei den bikollateralen Bündeln, die sich z.B. bei den Cucurbitaceen finden, wird das

Xylem sowohl auf der Außen- als auch auf der Innenseite von einem Phloemstrang begleitet.

In der Regel sind die Leitbündel gegen das umliegende Gewebe durch eine interzellularenfreie Leitbündelscheide abgegrenzt, die entweder aus Parenchymzellen oder aus sklerenchymatischen Elementen besteht.

Im letzteren Falle sind die an den beiden Flanken eines Bündels, etwa an der Grenze von Xylem und Phloem befindlichen Zellen unverdickt oder doch schwächer verdickt. Der auf diese Weise entstehende Durchlaßstreifen erleichtert den Stoffaustausch zwischen dem Leitbündel und dem umliegenden Gewebe.

11.1. *Clivia miniata:* Längsschnitt durch ein Leitbündel des Blattes

Material: Blätter von *Clivia miniata* (Clivie, Amaryllidaceae, Liliales), in Querstreifen zerschnitten, als Frischmaterial. Die Spitzen und Basen der Blätter werden verworfen. Auch Blattstiele von *Begonia* spec. sind geeignet.

Reagenzien: Chloralhydrat (s. Präp. Nr. 3.1.), 5%ige Kalilauge, Phloroglucin-Lösung (s. Präp. Nr. 5.1.), konz. Salzsäure oder Perchlorsäure.

Präparation: An den senkrecht zur Längsachse des Blattes verlaufenden Schnittflächen der Blattstücke erkennt man schon mit dem unbewaffneten Auge die quergeschnittenen Leitbündel als helle Punkte in schmalen, grünen Gewebebezirken, die in mehr oder weniger regelmäßigen Abständen das weiß erscheinende Mesophyll unterbrechen. Es ist darauf zu achten, daß die Längsschnitte auch wirklich ein Leitbündel treffen und möglichst genau parallel zur Längsrichtung des Bündels geführt werden. Am besten eignen sich die Bündel aus der Mitte des Blattes. Da die Blätter relativ dick und genügend fest sind, lassen sich Längsschnitte ohne Zuhilfenahme von Styropor leicht herstellen. Die Schnitte werden zur Aufhellung in Chloralhydrat oder Kalilauge überführt und auch bei der Untersuchung darin belassen. Zum Nachweis der Verholzung werden die Schnitte mit Phloroglucin-Salzsäure behandelt. Mit Längsschnitten durch die Blattstiele von *Begonia* wird entsprechend verfahren.

Aufgabe: Bei starker Vergrößerung sind einzelne Gefäße mit ihren charakteristischen Wandverdickungen zu zeichnen.

Beobachtungen: Die Leitbündel durchziehen das Blatt von *Clivia* in der für die Monokotylen charakteristischen Weise als parallel verlaufende Stränge (Parallelnervatur). Sie sind kollateral gebaut, wobei das Xylem oben, das Phloem unten liegt. Das Blatt ist beiderseits von einer chloroplastenfreien Epidermis mit verdickten Außenwänden bedeckt. Zwischen den Epidermen liegt das Mesophyll, dessen äußere Zellschichten auf beiden Seiten aus einem chloroplastenreichen Assimilationsparenchym bestehen. Auch das dazwischenliegende Gewebe enthält Chloroplasten, jedoch in ungleich geringerer Anzahl. Da es von relativ großen, luftgefüllten Interzellularen durchzogen ist, erscheint es infolge Totalreflexion des Lichtes weiß. Lediglich die unmittelbar an die Leitbündel grenzenden Zellen sind interzellularenfrei, weshalb nur diese Bereiche bei makroskopischer Betrachtung grün erscheinen.

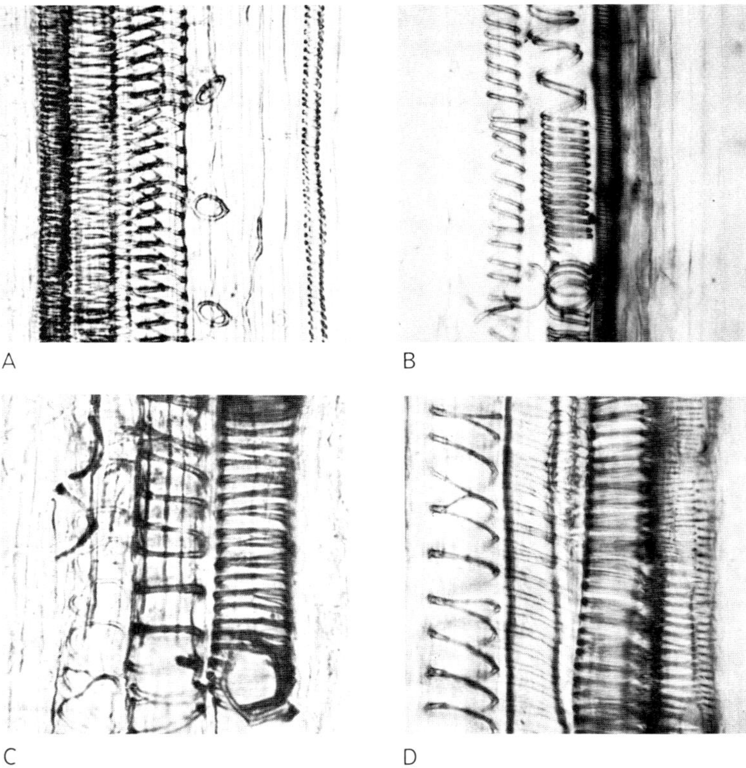

Fig. 11.1 Längsschnitt durch ein Leitbündel, A., B. des Blattes von *Clivia miniata* (250 ×), C., D. des Blattstieles von *Begonia* spec. (500 ×). In A. Ringgefäß etwa in der Bildmitte, in der linken Hälfte Schraubengefäße mit von rechts nach links enger werdenden Windungen. B, C. Schraubengefäße mit Windungen verschiedener Weite. In D. rechts zwei Netzgefäße.

Im Leitbündel sind die weitlumigen Gefäße an ihren charakteristischen Wandverdickungen leicht zu erkennen. Die äußersten Xylemprimanen haben ringförmige Wandverdickungen (Fig. 11.1 A). Bei der Mehrzahl der Gefäße laufen die Verdickungsleisten in Schraubenwindungen um die Längsachse. Der Abstand zwischen den einzelnen Windungen ist bei den am äußeren Rande des Bündels liegenden Gefäßen sehr weit (Fig. 11.1 A, B). Er wird um so enger, je weiter die Gefäße in der Mitte des Leitbündels liegen. Bei den innersten Gefäßen schließlich sind die Windungen so eng, daß fast die ganze Zellwand von den Verdickungsleisten bedeckt ist. An den Endpartien der Längsschnitte findet man häufig isoliert liegende schraubige Gefäßverdickungen, die beim Schneiden aus den Gefäßen herausgerissen wurden. Das Herausreißen geschieht sehr leicht, da die Verdickungen nur über schmale Stege mit der Gefäßwand verbunden sind. Bei medianer Schnittführung ist auch das Phloem angeschnitten. Die weitlumigen Siebröhren sowie die englumigen Geleitzellen, deren Plasmareichtum infolge der Aufhellung nicht mehr zu erkennen ist, laufen auf der Unterseite des Bündels den Gefäßen parallel. Die Rotfärbung nach Behandlung mit Phloroglucin-Salzsäure läßt erkennen, daß die Verdickungsleisten, unabhängig vom Gefäßtyp, verholzt sind. Entsprechende Bilder erhält man, wenn man ein Leitbündel von *Begonia* schneidet (Fig. 11.1 C, D).

11.2. *Dahlia variabilis:* Netz- und Tüpfelgefäße

Material: Wurzelknollen von *Dahlia variabilis* (Georgine, Asteraceae, Asterales) in Stücken als Frisch- oder Alkoholmaterial.

Reagenzien: 5%ige Kalilauge, Phloroglucin-Lösung (s. Präp. Nr. 5.1.), konz. Salzsäure oder Perchlorsäure.

Präparation: Möglichst dünne Längsschnitte durch die Wurzelknolle werden in Kalilauge untersucht. Bei Verwendung von Alkoholmaterial empfiehlt es sich, die Schnitte zur raschen Entfernung der Inulin-Sphärokristalle zunächst in einem großen Tropfen Wasser auf dem Objektträger über der Sparflamme vorsichtig zu erwärmen (s. Präp. Nr. 6.9.) und erst dann in Kalilauge zu überführen. Zum Nachweis der Verholzung werden die Schnitte in Phloroglucin-Salzsäure überführt.

Aufgabe: Bei starker Vergrößerung sind einzelne Netz- bzw. Tüpfelgefäße zu zeichnen.

Beobachtungen: Das Speichergewebe der Wurzelknollen von *Dahlia variabilis* ist in der Längsrichtung von einzelnen Gefäßen durchzogen, so daß man in hinreichend dünnen und aufgehellten Schnitten sehr klare Bilder erhält. Die Gefäße sind weitlumig und weisen charakteristische netzartig untereinander verbundene Wandverdickungen auf. Sind die Aussparungen zwischen den verdickten Wandpartien relativ groß (Fig. 11.2 B), spricht man von Netzgefäßen, sind sie klein (Fig. 11.2 A), von Tüpfelgefäßen. Die Rotfärbung nach Behandlung mit Phloroglucin-Salzsäure läßt den Grad der Verholzung erkennen.

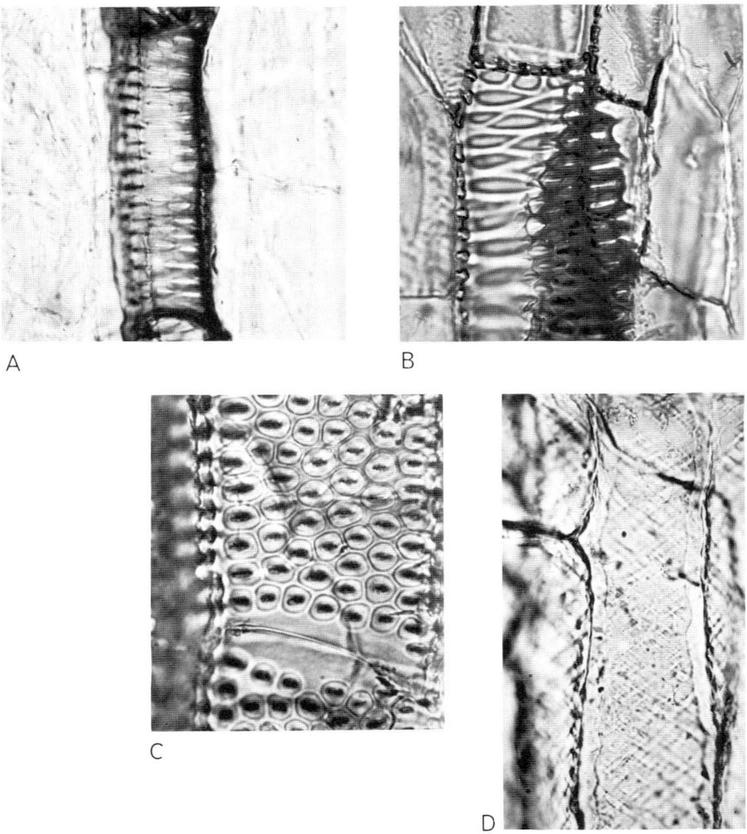

Fig. 11.2 Längsschnitte durch die Wurzelknollen von *Dahlia variabilis*. A. Tüpfelgefäß (500 ×), B. Netzgefäß (500 ×), C. Nahtstelle zwischen zwei Gliedern eines Tüpfelgefäßes (750 ×), D. Zelle des Speicherparenchyms mit charakteristischer Wandstreifung (500 ×).

Die Gefäße lassen den Aufbau aus einzelnen Gliedern deutlich erkennen (Fig. 11.2 C). Die Querwände zwischen den einzelnen Gliedern sind zwar entfernt, doch liegen an ihren Grenzen noch Ringwülste des beiseitegeräumten Querwandmaterials.

Die Wände der Zellen des umliegenden Speicherparenchyms weisen eine feine, charakteristische Streifung auf (Fig. 11.2 D). Die Streifen steigen in einem Winkel von etwa 35–40° zur Achse auf. Die in der gleichen Ebene erscheinenden entgegengesetzt laufenden Streifen gehören der Wand der Nachbarzelle an. Da jedoch die Wanddicke sehr gering ist, scheinen sie in der gleichen Ebene zu liegen.

11.3. *Zea mays:* Geschlossenes, kollaterales Leitbündel

Material: Stücke nicht zu starker Stengelinternodien von *Zea mays* (Mais, Poaceae, Poales) als Alkoholmaterial.

Reagenzien: Chlorzinkjod (s. Präp. 5.3.), Phloroglucin-Lösung (s. Präp. Nr. 5.1.), konz. Salzsäure oder Perchlorsäure.

Präparation: Es werden dünne Querschnitte durch ein Stengelinternodium hergestellt und in einem Tropfen Wasser beobachtet. Einige Schnitte werden gleich in Chlorzinkjod-Lösung bzw. Phloroglucin-Salzsäure übertragen.

Aufgabe: Zunächst wird eine Übersichtszeichnung des Stengelquerschnittes nach Betrachtung mit dem unbewaffneten Auge bzw. mit der Lupe angefertigt. Dann wird bei stärkerer Vergrößerung ein günstig getroffenes Leitbündel eingestellt und zellulär gezeichnet. Das gewählte Bündel sollte nicht zu dicht an der Peripherie liegen, da die peripheren Bündel erst nach der Internodienstreckung entstanden sind und daher einen etwas vereinfachten Bau aufweisen.

Beobachtungen: Eine Betrachtung des Querschnittes mit dem bloßen Auge oder mit der Lupe zeigt, daß die Leitbündel über den ganzen Stengelquerschnitt verteilt sind (Fig. 11.3 A). Sie sind in ein großzelliges Parenchymgewebe eingebettet. Die äußersten leitbündelfreien Zellschichten stellen die primäre Rinde dar. Unter der einschichtigen Epidermis liegt eine ein- bis mehrschichtige Hypodermis, deren Zellwände stark verdickt sind. Vereinzelt findet man Spaltöffnungen angeschnitten. Unter diesen ist die Hypodermis unterbrochen.

Die Leitbündel sind kollateral gebaut. Das Xylem liegt innen, das Phloem außen. Da beide nicht durch ein Kambium getrennt sind, liegt ein geschlossenes Bündel vor. Im Xylem fallen zwei weitlumige Gefäße auf (Fig. 11.3 C), deren Wände in der Regel getüpfelt sind (Fig. 11.3 D). Bisweilen sind die Ringwülste, die sich an den Stellen ehemaliger

Querwände befinden, angeschnitten. Die beiden Gefäße sind, soweit sie nicht direkt an die Leitbündelscheide (s. u.) grenzen, von Xylemparenchym umgeben, das auch den Raum zwischen ihnen ausfüllt. Wie der in Fig. 11.3B wiedergegebene Längsschnitt zeigt, sind die Zellwände der in Längsrichtung gestreckten Xylemparenchymzellen verdickt und reich

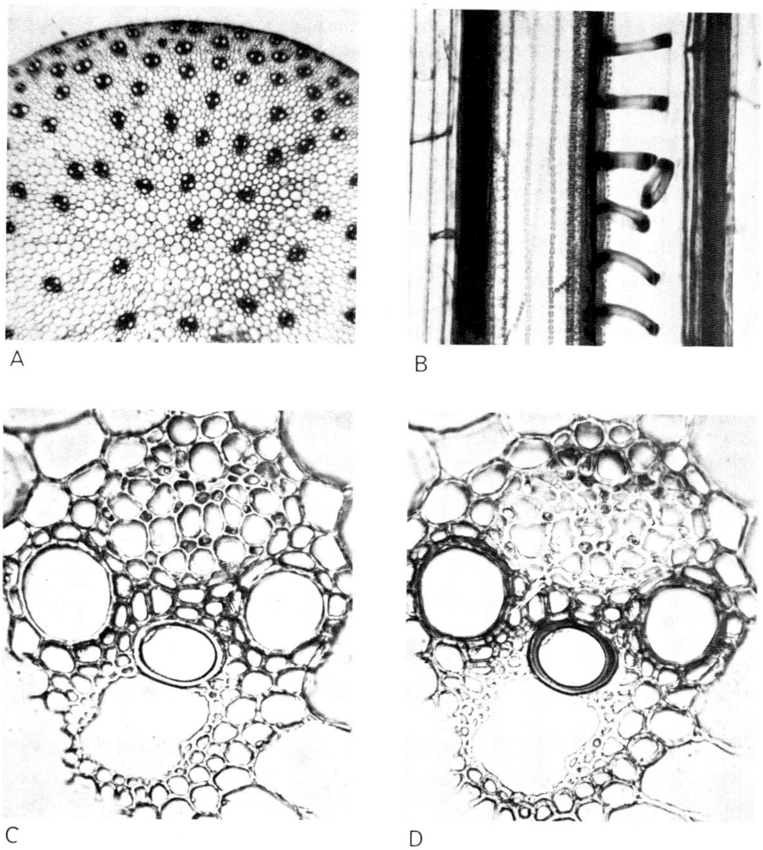

Fig. 11.3 *Zea mays,* A. Teil eines Stengelquerschnittes, Übersichtsbild (30 ×), B. Längsschnitt durch das Leitbündel. Die ringförmigen Wandverdickungen sind zum Teil herausgerissen. Xylemparenchym mit stark getüpfelten Wänden (250 ×), C. Querschnitt durch das Leitbündel (500 ×), D. wie C., nach Reaktion mit Phloroglucin-Salzsäure. Am unteren Bildrand der unregelmäßig begrenzte Interzellulargang.

getüpfelt. Etwa im Zentrum des Xylems liegen noch eine oder mehrere Tracheiden mit schraubenförmigen Verdickungen. Sie grenzen an einen Interzellulargang, der im Verlaufe des Streckungswachstums durch Zerreißen der Xylemprimanen, also rhexigen, entstanden ist. Meist liegen ein oder zwei ringförmige Verdickungsleisten einer zerrissenen Ringtracheide in der Schnittebene (Fig. 11.3 C, D). Der Interzellulargang, der im lebenden Zustand gleich den Gefäßen von Wasser erfüllt ist, wird durch kleine Zellen mit mehr oder weniger verdickten Zellwänden, die z. T. auch verholzt sind, begrenzt.

Im Phloem lassen sich die weitlumigen, meist leer erscheinenden Siebröhren von den dazwischenliegenden englumigen und plasmareichen Geleitzellen leicht unterscheiden (Fig. 11.3 C). Bisweilen liegen auch einige Siebplatten in der Schnittebene. Sie sind von verhältnismäßig groben Poren durchbrochen. Da *Zea mays* zu den Monokotylen gehört, fehlt das Phloemparenchym. Am äußeren Rande des Bündels liegen mehr oder weniger deformierte und verquollene Phloemprimanen.

Das Leitbündel ist gegen das umliegende, relativ großzellige Parenchymgewebe durch eine Leitbündelscheide abgegrenzt, deren Zellen verdickte und verholzte Wände haben. Die Zellen des Durchlaßstreifens haben weniger verdickte Wände, unterscheiden sich aber nicht so auffällig von den übrigen Zellen der Leitbündelscheide wie in anderen Fällen (Fig. 1.9, Fig. 1.10). Die bräunlich-rote bzw. bei den peripher gelegenen Bündeln ausgesprochen gelbe Färbung der Zellwände in den mit Chlorzinkjod behandelten Präparaten läßt den Grad der Verholzung erkennen. Eine noch klarere Vorstellung vom Verholzungsgrad erhält man bei Anwendung von Phloroglucin und Salzsäure (Fig. 11.3 D). Die Leitbündelscheide ist, wie der ganze Leitbündelkomplex, frei von Interzellularen.

11.4. *Ranunculus repens:* Offenes, kollaterales Leitbündel

Material: Stengel von *Ranunculus repens* (kriechender Hahnenfuß, Ranunculaceae, Ranunculales) als Alkoholmaterial. Grundsätzlich läßt sich auch Frischmaterial verwenden, doch ist das in Ethanol gehärtete Material besser zu schneiden. Styropor oder Holundermark.

Reagenzien: Phloroglucin-Lösung (s. Präp. Nr. 5.1.), konz. Salzsäure oder Perchlorsäure.

Präparation: Stengel von *Ranunculus repens* werden zwischen Styropor oder Holundermark (s. Präp. Nr. 5.3.) quer geschnitten. Die Schnitte werden teils in Wasser, teils in Phloroglucin-Salzsäure untersucht.

Aufgabe: Zunächst wird anhand eines über die ganze Stengelbreite geführten Querschnittes eine Übersichtsskizze angefertigt und dann bei stärkerer Vergrößerung ein an einer möglichst dünnen Stelle des Schnittes gelegenes Leitbündel zellulär ausgeführt.

Beobachtungen: Das Übersichtsbild des Querschnittes zeigt, daß die Leitbündel in der für die Dikotylen charakteristischen Weise auf einem Kreis angeordnet sind (Fig. 11.4 A, s. auch Fig. 1.10). Sie sind in ein

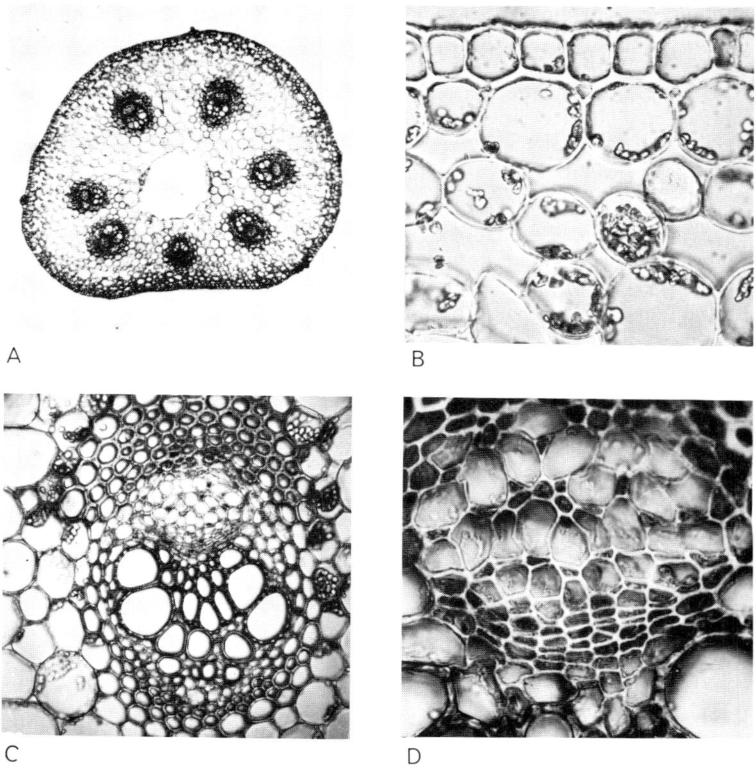

Fig. 11.4 *Ranunculus repens,* A. Stengelquerschnitt, Übersichtsbild (30 ×), B. Querschnitt durch den peripheren Bereich des Stengels mit Epidermis, chloroplastenhaltigen Parenchymzellen und großen Interzellularen (500 ×), C. Querschnitt durch das kollaterale Leitbündel (250 ×), D. inaktives Kambium und Phloem, stärker vergrößert (500 ×).

dünnwandiges Parenchymgewebe gebettet. In der Mitte fällt ein großer, vorwiegend rhexigen entstandener Hohlraum auf (Markhöhle). Die an der Peripherie liegenden Zellen des Grundgewebes enthalten Chloroplasten (Fig. 11.4 B). Nach außen ist der Stengel durch eine Epidermis begrenzt.

Xylem und Phloem sind durch einen mehrschichtigen Streifen von Zellen ursprünglich kambialen Charakters, die im Querschnitt abgeflacht erscheinen und in ziemlich regelmäßigen Reihen angeordnet sind (Fig. 11.4 D), getrennt. Obwohl diese Zellen inzwischen ihre Teilungsfähigkeit eingestellt haben und somit ein parenchymatisches Dauergewebe darstellen, bleibt das Bild eines offenen, kollateralen Leitbündels erhalten (Kambiform). An die Innenseite dieses Gewebestreifens grenzen weitlumige Tüpfelgefäße (Fig. 1.9, 1.10). Die bezogen auf den Sproßquerschnitt weiter innen liegenden Gefäße weisen schraubige Wandverdikkungen auf. Noch weiter innen liegen die Xylemprimanen. Das Xylemparenchym liegt teils zwischen den Gefäßen, überwiegend jedoch am Rande des Xylems.

Im Phloem sind Siebröhren, deren Siebplatten mitunter in der Schnittebene liegen, und Geleitzellen zu erkennen (Fig. 11.4 D). Phloemparenchym ist nicht vorhanden, was für eine dikotyle Pflanze ungewöhnlich ist. Gegen das umliegende Gewebe sind die Leitbündel durch eine Leitbündelscheide abgesetzt, deren Zellen verdickt und, wie die Ligninreaktion zeigt, auch verholzt sind, und zwar auf Seiten des Phloems stärker als auf Seiten des Xylems. Etwa auf der Höhe des inaktiven Kambiums liegen die dünnwandigen und unverholzten Zellen der Durchlaßstreifen.

11.5. *Cucurbita pepo:* Offenes, bikollaterales Leitbündel

Material: Stengelstücke von *Cucurbita pepo* (Kürbis, Cucurbitaceae, Cucurbitales) mit gut ausgebildeten, nach innen vorspringenden Zahnleisten als Alkoholmaterial. Der erste, 50 cm lange Abschnitt des Stengels (von der Sproßspitze an gerechnet) ist zu verwerfen, da hier die Bündel noch nicht fertig ausgebildet sind.

Reagenzien: Jodjodkalium-Lösung (s. Präp. Nr. 2.1.), Phloroglucin-Lösung (s. Präp. Nr. 5.1.), konz. Salzsäure oder Perchlorsäure.

Präparation: Es werden dünne Stengelquerschnitte hergestellt und teils in einen Tropfen Wasser, teils in Jodjodkalium-Lösung, teils in Phloroglucin-Salzsäure übertragen. Es kommt darauf an, daß vor allem ein in den Zahnleisten verlaufendes Bündel dünn geschnitten ist. Für die Anfertigung einer Übersichtsskizze genügt ein dickerer, dafür aber vollständiger Stengelquerschnitt. Als Ergänzung werden radiale Längsschnitte angefertigt, die ein Bündel möglichst median treffen sollten.

Aufgabe: Bei Lupenvergrößerung wird eine Übersichtsskizze des Stengelquerschnittes angefertigt. Dann wird ein gut getroffenes Leitbündel, das in einer der nach innen vorspringenden Zahnleisten liegt, eingestellt und zur Hälfte bei stärkerer Vergrößerung zellulär gezeichnet. Vom Längsschnitt sind einige Gefäßtypen sowie Siebröhren und benachbarte Geleitzellen zu zeichnen.

Beobachtungen: Schon bei der Betrachtung des Querschnittes mit dem unbewaffneten Auge erkennt man zehn Leitbündel, die in zwei Kreisen alternierend angeordnet sind. Die Bündel des äußeren Kreises sind kleiner. Die größeren Bündel des inneren Kreises verlaufen in den zahnartig in die Markhöhle vorspringenden Leisten (Fig. 11.5 A). Unter der Epidermis liegen breite Stränge von Eckenkollenchym, die bisweilen zu einem Ring geschlossen sein können. Nach innen schließt sich parenchymatisches, chloroplastenführendes Rindengewebe an (Fig. 11.5 B). Die innerste Rindenschicht ist die Stärkescheide, deren Stärkekörner sich mit Jodjodkalium-Lösung leicht nachweisen lassen. An diese grenzt ein zweiter Ring von Festigungsgewebe, dessen Zellen jedoch sklerenchymatischer Natur sind (Fig. 11.5 B). Innerhalb dieses Zylinders liegt großzelliges Parenchymgewebe, das die Leitbündel umgibt und die Markhöhle umschließt.

Betrachten wir nun eines der größeren Bündel des inneren Kreises bei stärkerer Vergrößerung, so läßt sich der bikollaterale Aufbau leicht erkennen. Dem Xylem sitzt nicht nur auf der äußeren, sondern auch auf der inneren Seite ein etwa sichelförmiger Phloemteil auf (Fig. 11.5 C). Beide sind vom Xylem durch Streifen eines dünnwandigen, parenchymatischen Gewebes getrennt. Der kambiale Charakter des zwischen dem äußeren Phloem und dem Xylem liegenden Gewebes ist meist deutlich erkennbar, doch behalten auch die an das innere Phloem grenzenden Zellen ihre Teilungsfähigkeit bei und können dieses nach der Blüte noch beträchtlich vergrößern. Seine Zellen führen in der Regel Stärke.

Im Xylem fallen mehrere weitlumige Gefäße auf, die behöft getüpfelt sind. Sie liegen in einem Komplex von Xylemparenchymzellen (Fig. 11.5 D), engerlumigen Tüpfel- und Schraubengefäßen sowie Tracheiden mit ring- bzw. schraubenförmigen Verdickungen. Am inneren Rande des Gefäßteiles liegen die mehr oder weniger zerdrückten Xylemprimanen. Nach außen zu grenzt das Xylemparenchym an das Kambium, dessen Zellen schmal und dünnwandig sind (Fig. 11.5 C).

Jenseits des Kambiums liegt das Phloem. Die Siebröhren von *Cucurbita* sind besonders weitlumig. Vereinzelt liegen auch Siebplatten in der Schnittebene. Sie sind an ihren relativ groben Poren leicht zu erkennen (Fig. 11.5 E). Die Siebröhren sind von englumigen, plasmareichen

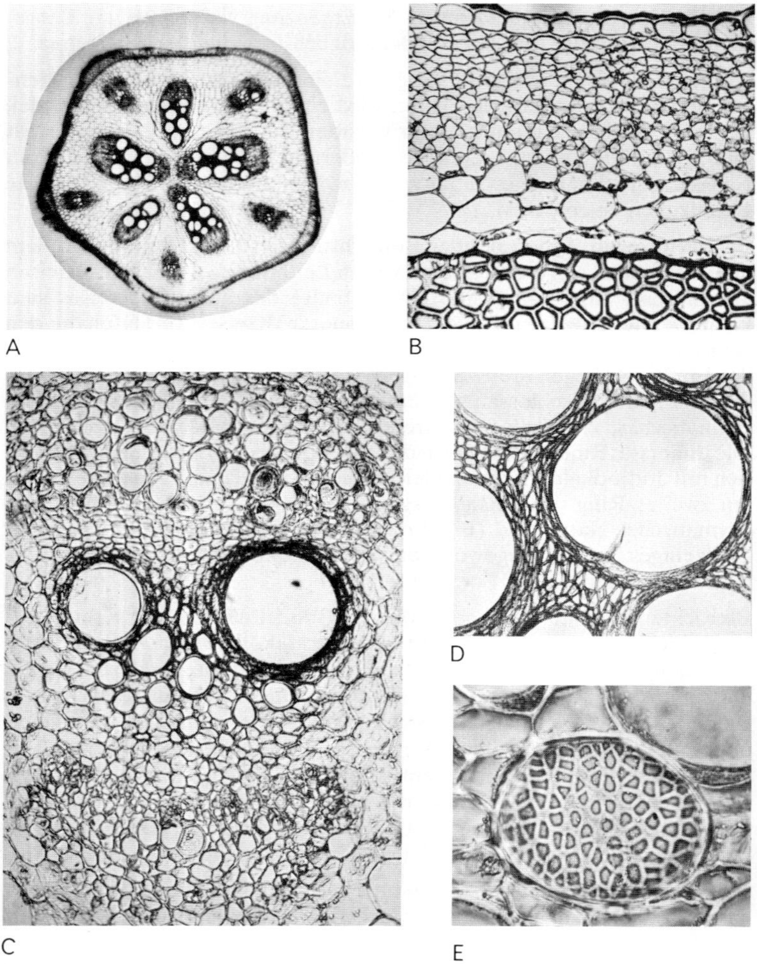

Fig. 11.5 *Cucurbita pepo,* Querschnitt durch den Stengel, A. Übersicht (15 ×), B. Querschnitt durch den peripheren Bereich des Stengels: oben Epidermis, darunter Eckenkollenchym, in großzelliges Rindengewebe übergehend, unten Sklerenchymring. In einigen Zellen der an den Sklerenchymring grenzenden Stärkescheide sind Stärkekörner zu sehen (250 ×), C. Querschnitt durch das bikollaterale Leitbündel, von oben nach unten: äußeres Phloem, Kambium, Xylem, Parenchym, inneres Phloem (120 ×), D. Ausschnitt aus dem Xylem (120 ×), E. Querschnitt durch eine Siebröhre mit Siebplatte. In der Nachbarschaft sind einige Geleitzellen an ihrem dunklen plasmatischen Inhalt zu erkennen (750 ×).

Geleitzellen begleitet. Außerdem enthält der Siebteil von *Cucurbita* Phloemparenchym, dessen Anteil zum äußeren Rande hin zunimmt. Dort liegen auch die Phloemprimanen.

Der an der Innenseite des Bündels liegende Phloemteil weist prinzipiell den gleichen Bau auf, nur ist die Anordnung der Gewebeelemente genau entgegengesetzt. Eine besondere Leitbündelscheide ist bei *Cucurbita* nicht ausgebildet, so daß die Bündel vom umliegenden Gewebe nicht scharf abgesetzt sind.

Werden die Längsschnitte radial und einigermaßen median geführt, so findet man beiderseits des Xylems einen Phloemstrang. Die Gefäße und Tracheiden sind an ihrer charakteristischen Tüpfelung bzw. an ihren ring- und schraubenförmigen Verdickungen leicht zu erkennen (Fig. 11.6 A). Auch die Zellen des Xylemparenchyms haben verdickte und getüpfelte Wände. Vereinzelt findet man die leiterartig durchbrochenen Enden von Treppentracheiden (Fig. 11.6 B). In günstig getroffenen Schnitten lassen sich auch die verschiedenen Stadien der Gefäßentwicklung gut beobachten. So findet man Reihen weitlumiger Zellen mit großen Zellkernen, aber zunächst noch dünnen Zellwänden (Fig. 11.6 C), von denen eine in Fig. 11.6 D im Querschnitt wiedergegeben ist. Im weiteren Verlauf der Entwicklung erhalten die sich in der Längsrichtung erstreckenden Zellwände sekundäre Wandverdickungen (Fig. 11.6 E), nicht aber die Querwände, die bei der Zellfusion in der auf Seite 118 beschriebenen Weise entfernt werden. Ihre Ansätze an die Längswände bleiben als Ringwülste erhalten. Bei dem in Fig. 11.6 F dargestellten Tüpfelgefäß haben die Längswände eine weitere Verdikkung erfahren. Kern und Plasma sind nicht mehr nachweisbar.

Längsschnitte durch das Phloem zeigen die weitlumigen Siebröhren, die von den plasmareichen Geleitzellen begleitet werden (Fig. 11.7 A). Ihre Siebplatten sind etwa senkrecht zur Längsachse angeordnet. Diese sind z.T. durch Kallose-Beläge verschlossen und somit außer Funktion gesetzt (Fig. 11.7 B). Auch an den Längswänden der Siebröhren finden sich einzelne Siebfelder, die benachbarte Siebröhrenglieder miteinander verbinden. Sie sind in Fig. 11.7 C genau quer, in Fig. 11.7 D in Aufsicht getroffen. Fig. 11.7 E zeigt Siebplatten in den Längswänden. Der Proto-

Fig. 11.6 *Cucurbita pepo,* Längsschnitt durch das Xylem, A. Übersicht: Tüpfelgefäß, Xylemparenchym, Schraubengefäß, Ringgefäß (250 ×). B. Treppentracheiden (250 ×). C. Beginn der Gefäßentwicklung. Untere Zelle mit Zellkern und Nucleolus (250 ×), D. wie C., Querschnitt (250 ×), E. fortgeschrittenes Stadium mit verdickten Längswänden. Kerne und Plasma sind noch zu erkennen (120 ×), F. Endstadium eines Tüpfelgefäßes. Die Querwände sind aufgelöst, die Längswände stark verdickt. Kern und Plasma sind nicht mehr nachweisbar (250 ×). ▶

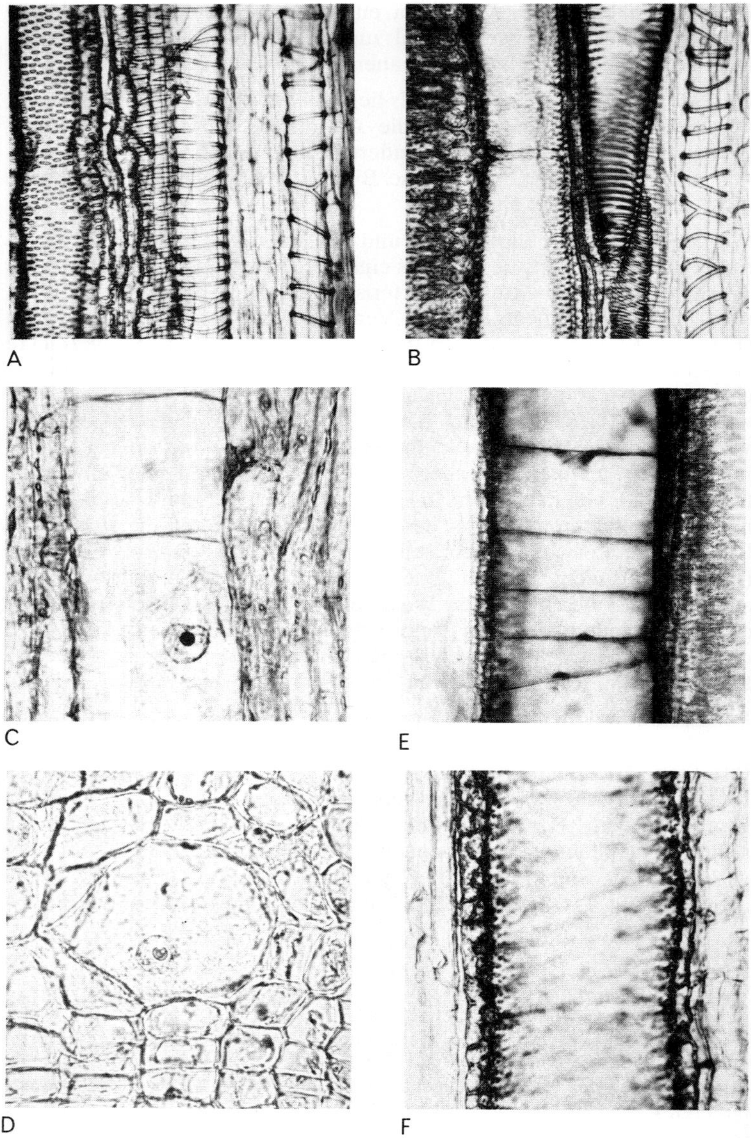

Fig. 11.6

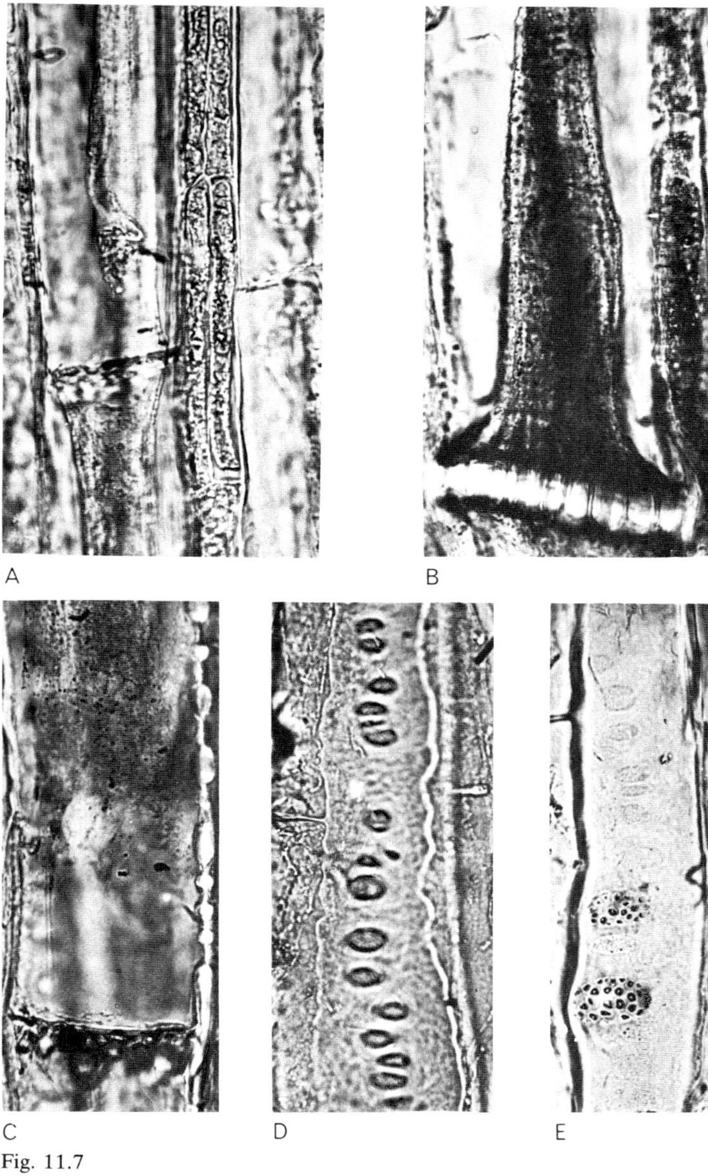

Fig. 11.7

plast eines Siebröhrengliedes ist auf einen Wandbelag beschränkt. Er umschließt den schleimartigen Inhalt, der sich infolge der Alkoholfixierung im mittleren Teil der Siebröhrenglieder etwas von der Wand zurückgezogen hat (Fig. 11.7 A, B). Durch die Poren der Siebplatte stehen die einzelnen Siebröhrenglieder untereinander in Verbindung. Behandelt man die Schnitte mit Jodjodkalium-Lösung, so nimmt der Siebröhreninhalt infolge seines Proteingehaltes eine bräunliche Färbung an.

11.6. *Pteridium aquilinum:* Konzentrisches Leitbündel mit Innenxylem

Material: Rhizome oder Blattstiele von *Pteridium aquilinum* (Adlerfarn, Polypodiaceae, Filicales) als Alkoholmaterial. Zum Einlegen sind nicht zu dünne, jüngere Blattstiele auszuwählen, bei denen die Ausbildung der sklerenchymatischen Elemente noch nicht allzu weit fortgeschritten ist.

Reagenzien: Phloroglucin-Lösung (s. Präp. Nr. 5.1.), konz. Salzsäure oder Perchlorsäure.

Präparation: Möglichst dünne Querschnitte durch den Blattstiel oder das Rhizom werden in einen Tropfen Wasser oder gleich in Phloroglucin-Salzsäure übertragen und untersucht.

Aufgabe: Zeichnung eines kleineren Leitbündels von etwa kreisförmigem oder elliptischem Querschnitt mit umliegendem Gewebe in zellulärer Ausführung.

Beobachtungen: Die Leitbündel sind in parenchymatisches Gewebe eingebettet, dessen dünnwandige, annähernd runde Zellen zahlreiche große Stärkekörner enthalten. Dazwischen finden sich sklerenchymatische Elemente, die in Strängen oder Platten zusammengefaßt sind und hier quergeschnitten erscheinen. Sie erschweren das Schneiden, insbesondere bei älteren Blattstielen, beträchtlich. Bei den Blattstielen sind auch die unter der Epidermis liegenden Zellen sklerenchymatischer Natur. Ihre Wände sind braunrot gefärbt. Letzteres trifft auch für die subepidermalen Zellen des Rhizoms zu, die allerdings unverdickt sind. Auch die Epidermis selbst weist eine dunkle Färbung auf.

◀ Fig. 11.7 *Cucurbita pepo,* Längsschnitt durch das Phloem. A. Teil einer Siebröhre mit Siebplatte und Geleitzellen. Der plasmatische Inhalt ist deutlich zu erkennen (320 ×), B. Siebplatte mit starken Kallose-Belägen. Die Poren sind gut sichtbar (500 ×), C. Siebfelder in der Längswand einer Siebröhre, genau quer getroffen (750 ×), D. Siebfelder in der Längswand einer Siebröhre in Aufsicht (500 ×), E. wie D., mit siebplattenähnlichen Bildungen (500 ×).

Die Leitbündel unterscheiden sich in der Größe sehr stark. Dennoch haben sie alle grundsätzlich den gleichen Aufbau, so daß es genügt, ein kleineres Bündel zu untersuchen. Die Bündel gehören zu dem konzentrischen Typus mit Innenxylem, d.h. das zentral gelegene Xylem ist rings von Phloem umgeben (Fig. 11.8 A). Die wasserleitenden Elemente des Xylems zeichnen sich durch charakteristische, leiterartige Wandverdikkungen aus, so daß die beidseitig behöften Tüpfel in Querrichtung gestreckt erscheinen (Fig. 11.8 D). Auch die schräggestellten Querwände sind nicht, wie üblicherweise bei den Gefäßen, ganz aufgelöst,

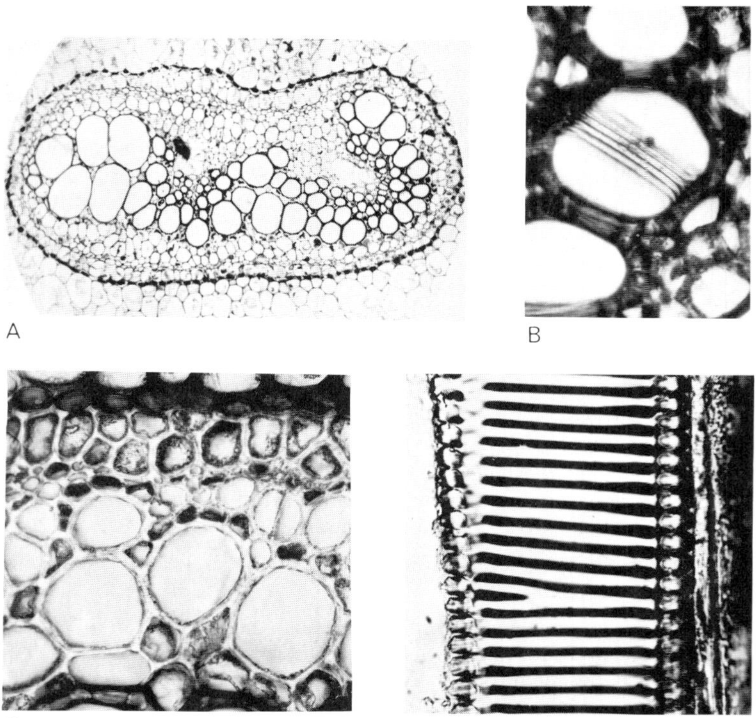

A B C D

Fig. 11.8 *Pteridium aquilinum.* Schnitte durch das Rhizom, A. konzentrisches Leitbündel mit Innenxylem, quer (120 ×, Mikrotomschnitt), B. Ausschnitt aus dem Xylem. In dem großen Gefäß liegt ein Teil der leiterartigen Durchbrechungen in der Schnittebene (500 ×), C. Ausschnitt aus dem Phloem, Siebzellen mit Phloemparenchym (500 ×), D. Leitergefäß im Längsschnitt (250 ×).

sondern leiterartig durchbrochen. Teile davon liegen bisweilen in der Ebene der Querschnitte in den Lumina der Gefäße (Fig. 11.8B). Je nachdem, ob die leiterartigen Endwände durchbrochen oder noch durch Schließhäute verschlossen sind, handelt es sich definitionsgemäß um Gefäße oder Tracheiden. Da sich dies nicht immer ohne weiteres entscheiden läßt, spricht man meist von Leitergefäßen, obwohl es sich z. T. sicherlich um Tracheiden handelt. Im Zentrum des Xylems befinden sich die Xylemprimanen. Leitergefäße und Xylemprimanen sind von Xylemparenchym umgeben.

Das Phloem besteht aus weitlumigen Siebzellen und Phloemparenchym (Fig. 11.8C), während Geleitzellen fehlen (s. S. 119). Am äußeren Rande des Phloems liegen die Phloemprimanen.

Das Phloem ist von einer Schicht stärkeführender Zellen umgeben. Diese grenzen an die Leitbündelscheide, die das Leitbündel gegen das umgebende Gewebe deutlich absetzt (Fig. 11.8A). Ihre Zellen, die durch Flavon-Derivate gelb bis orange gefärbt sind, zerreißen beim Schneiden sehr leicht, so daß sich das Bündel häufig aus dem Gewebe herauslöst. Auch die an die Scheide grenzenden Zellen des umliegenden Gewebes sind meist gefärbt und zum Teil auch verdickt. Mitunter werden die Leitbündel von sklerenchymatischen Elementen begleitet.

11.7. *Convallaria majalis:* Konzentrisches Leitbündel mit Außenxylem

Material: Rhizome von *Convallaria majalis* (Maiglöckchen, Liliaceae, Liliales) als Alkoholmaterial. Meist sind nur bestimmte Teile des Rhizoms geeignet, weshalb eine mikroskopische Kontrolle des Materials vor dem Einlegen zu empfehlen ist. Auch Rhizome von *Acorus calamus* (Kalmus, Araceae, Arales) sind geeignet.

Reagenzien: Phloroglucin-Lösung (s. Präp. Nr. 5.1.), konz. Salzsäure oder Perchlorsäure.

Präparation: Dünne Querschnitte durch das Rhizom werden in Wasser oder gleich in Phloroglucin-Salzsäure übertragen und zunächst bei schwacher, dann bei stärkerer Vergrößerung untersucht.

Aufgabe: Nach Anfertigung einer Übersichtsskizze des Rhizomquerschnittes bei schwacher Vergrößerung werden ein Leitbündel sowie ein Abschnitt der Scheide bei starker Vergrößerung zellulär gezeichnet.

Beobachtungen: Schon bei schwacher Vergrößerung fällt die Scheide auf, die den Zentralzylinder gegen das Rindengewebe scharf abgrenzt (Fig. 11.9A). In Präparaten, die mit Phloroglucin-Salzsäure behandelt wurden, tritt sie durch die rote Anfärbung ihrer Zellwände noch deutlicher hervor. Im Inneren des Zentralzylinders, eingebettet in parenchymatisches Gewebe, liegen mehrere bis zahlreiche Leitbündel über den ganzen Querschnitt verteilt. Am Rande des Zentralzylinders sind noch nicht fertiggestellte Bündel verschiedener Entwicklungsstadien zu beobachten (Fig. 11.9 A, D).

Die Leitbündel sind konzentrisch gebaut, doch liegt, im Gegensatz zu *Pteridium* (vgl. Präp. Nr. 11.6.), das Xylem außen und das Phloem innen

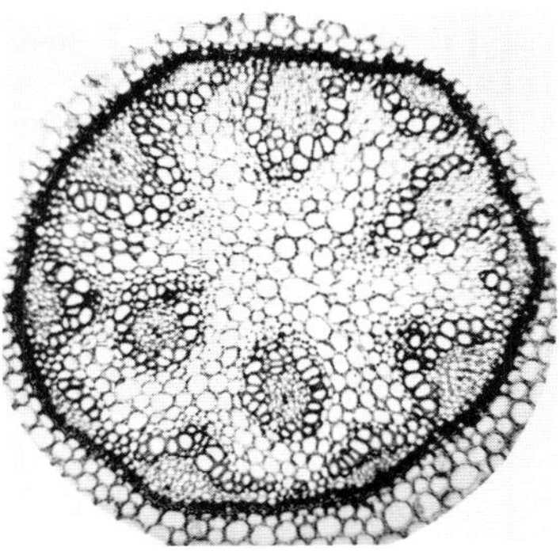

A

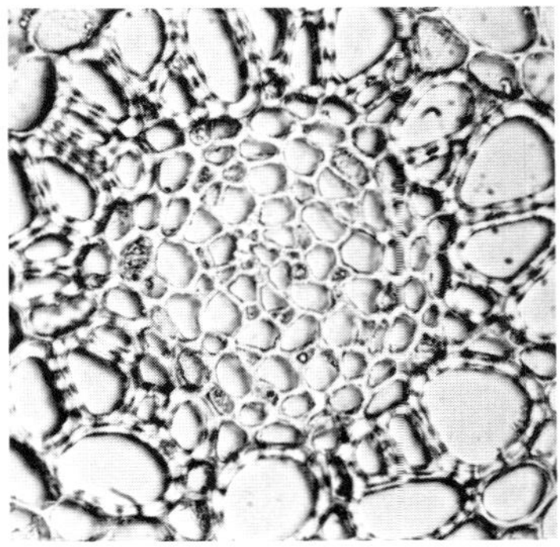

B

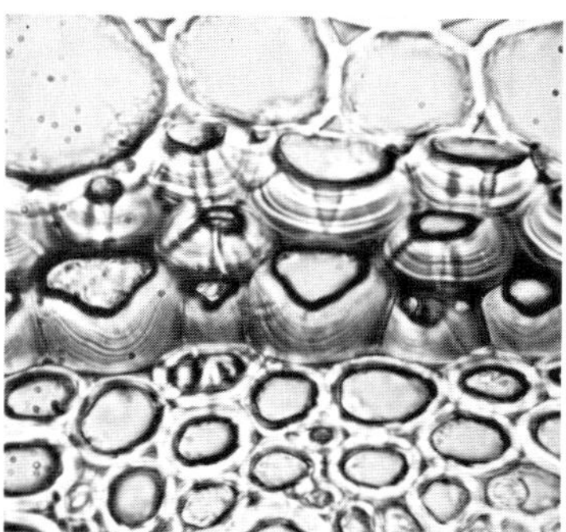

C

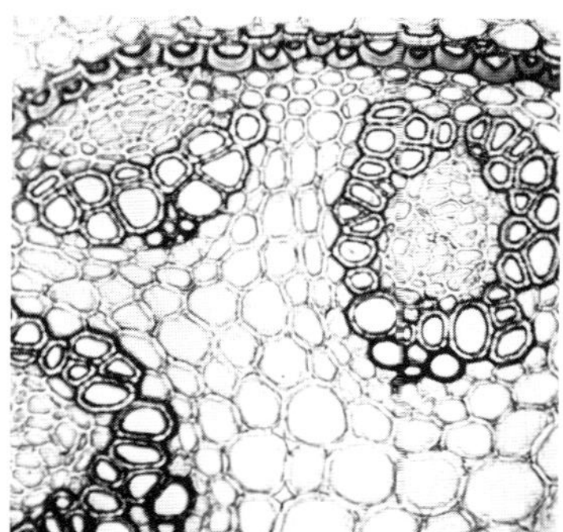

D

Fig. 11.9 *Convallaria majalis,* Querschnitt durch das Rhizom, A. Querschnitt durch den Zentralzylinder, Übersicht (100 ×), B. konzentrisches Leitbündel mit Außenxylem (500 ×), C. Scheide des Zentralzylinders, stärker vergrößert (750 ×), D. Peripherie des Zentralzylinders mit nicht fertiggestelltem kollateraler Leitbündel (links oben) (500 ×).

(konzentrisches Bündel mit Außenxylem). Die an der Peripherie des Zentralzylinders liegenden Bündel sind häufig kollateral (Fig. 11.9 D), da das Rhizom ausgewachsen ist und die Bündel folglich nicht mehr geschlossen werden. Das Phloem zeigt das bereits bekannte, charakteristische Muster von relativ weiten, meist leer erscheinenden Siebröhren und englumigen, plasmareichen Geleitzellen (Fig. 11.9 B). Die Elemente des Xylems umgeben das Phloem in Form eines geschlossenen Ringes. Die weitlumigen Gefäße sind durch zahlreiche Hoftüpfel in Querrichtung miteinander verbunden.

Die den Zentralzylinder umgebende Scheide besteht aus zwei bis drei Lagen von Zellen mit stark verdickten Innenwänden (Fig. 11.9 C). Die innere Schicht ist eine Endodermis, deren Zellen Casparysche Streifen (s. S. 169) besitzen. Die Zellen der äußeren Schichten sind verdickte Parenchymzellen. Seitlich greifen die Verdickungen auf die radialen Wände über, so daß die Zellen den U-förmig verdickten Endodermiszellen des tertiären Typs (s. Präp. Nr. 15.3.) gleichen. Die Wandverdickungen zeigen, besonders nach Behandlung mit Phloroglucin-Salzsäure, eine deutliche Schichtung. Die verdickten Wände der äußeren Lagen sind von Tüpfelkanälen durchzogen, die der Endodermis fehlen.

12. Mechanisches System

Das Vordringen der höheren Pflanze in den Luftraum erfordert die Ausbildung eines leistungsfähigen mechanischen Systems, das dem pflanzlichen Vegetationskörper die nötige Festigkeit verleiht. Die Elemente dieses Systems sind Zellen kollenchymatischer oder sklerenchymatischer Natur. Sie wurden bereits in Kapitel 5 ausführlich besprochen.

Die Anordnung der mechanischen Elemente in den pflanzlichen Organen ist, der Art der mechanischen Beanspruchung entsprechend, recht verschieden. Bei den Sproßachsen, die auf Biegungsfestigkeit gebaut sind, sind die Festigungsgewebe vorwiegend peripher angeordnet, sei es in Form einzelner Leisten, die in Längsrichtung verlaufen, sei es in Gestalt eines geschlossenen Zylinders (s. Präp. Nr. 5.4., 5.6.). Im Gegensatz zu den Monokotylen, bei denen das mechanische und das Leitungssystem weitgehend unabhängig voneinander sind, sind beide bei den Dikotylen mehr oder weniger eng miteinander verbunden. Durch das sekundäre Dickenwachstum werden weitere mechanische Elemente gebildet, die der Sproßachse die Festigkeit einer Säule verleihen (s. Kapitel 13).

Bei den Wurzeln, die vorwiegend Zugbeanspruchungen ausgesetzt sind, liegen die Festigungsgewebe mehr im Zentrum. Die Blätter schließlich, sofern sie überhaupt ein besonderes mechanisches System besitzen, sind auf Reißfestigkeit gebaut, d. h. die Festigungsgewebe laufen in der Längsrichtung des Blattes und verstärken vor allem die Randpartien.

12.1. *Cyperus alternifolius:* Mechanisches System der Sproßachse

Material: Sproßstücke von *Cyperus alternifolius* (Cypergras, Cyperaceae, Cyperales) als Frisch- oder Alkoholmaterial.

Präparation: Es werden dünne Querschnitte durch die Randpartie der Sproßachse geführt und bei stärkerer Vergrößerung in einem Tropfen Wasser untersucht. Zur Anfertigung einer Übersichtszeichnung ist ein dickerer Schnitt über den gesamten Querschnitt herzustellen.

Aufgabe: Bei Lupenvergrößerung wird zunächst eine schematische Übersichtsskizze des Sproßquerschnittes angefertigt. Dann wird aus der Randzone der Sproßachse ein Ausschnitt gezeichnet, der die charakteristische Anordnung der Festigungselemente zeigt.

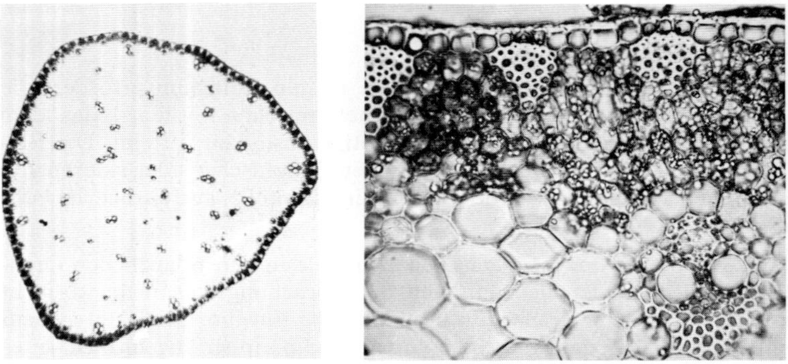

A B

Fig. 12.1 *Cyperus alternifolius,* A. Stengelquerschnitt, Übersicht (30 ×), B. Ausschnitt aus dem peripheren Bereich des Stengels. Unten rechts ein kollaterales Leitbündel (500 ×).

Beobachtungen: Die Festigungselemente sind an der Peripherie der Sproßachse in Rippen angeordnet, die außen unmittelbar an die Epidermis grenzen und einen etwa dreieckigen Querschnitt zeigen (Fig. 12.1 A). Es handelt sich um Sklerenchymfasern, die quer angeschnitten sind (Fig. 12.1 B) und grundsätzlich den gleichen Bau zeigen wie bei *Chlorophytum* (vgl. Präp. Nr. 5.6.). Ihre Zellwände leuchten im Mikroskop hell auf und heben sich vom umgebenden Assimilationsgewebe kontrastreich ab. Dieses tritt zwischen den Sklerenchymsträngen bis an die Epidermis heran, so daß an der Peripherie Stränge von Festigungs- und Assimilationsgewebe alternieren.

Das Stengelinnere wird von lockerem Parenchymgewebe eingenommen, das teils aus kleineren, teils aus sehr großen Zellen besteht. In das Parenchym sind die kollateralen Leitbündel eingebettet, die nach Monokotylenart über den ganzen Stengelquerschnitt verteilt sind (Fig. 12.1 A). Die äußeren Bündel grenzen an das Assimilationsgewebe (Fig. 12.1 B). Alle Leitbündel sind von sklerenchymatischen Scheiden umgeben.

12.2. *Phormium tenax:* Festigungsgewebe des Blattes

Material: Blattstücke von *Phormium tenax* (Neuseeländischer Flachs, Liliaceae, Liliales) als Frischmaterial. Alkoholmaterial ist sehr spröde und daher schlecht zu schneiden. Styropor oder Holundermark.

Reagenzien: Sudan-Glycerin (s. Präp. Nr. 5.7.).

Präparation: Ein schmaler Streifen des Blattgewebes wird zwischen Styropor oder Holundermark quer geschnitten (s. Präp. Nr. 5.3.) und in Wasser untersucht. Einige Schnitte werden in Sudan-Glycerin übertragen.

Aufgabe: Zunächst wird bei schwacher Vergrößerung eine schematische Übersichtsskizze des Blattquerschnittes angefertigt. Dann werden bei mittlerer Vergrößerung Ausschnitte aus der Blattmitte sowie der Randpartie des Blattes gezeichnet.

Beobachtungen: Bereits bei schwacher Vergrößerung kann man die charakteristische Anordnung der Festigungselemente im Blatt gut

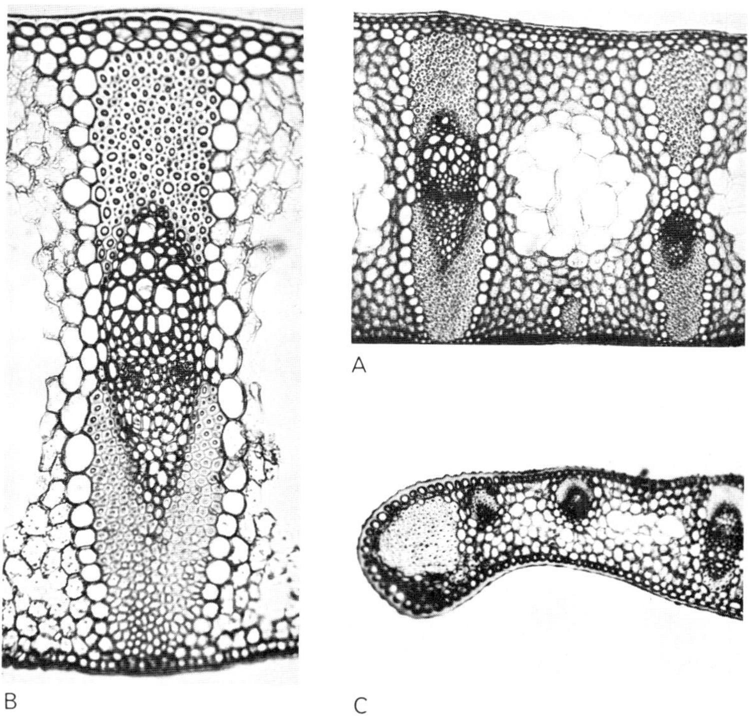

Fig. 12.2 *Phormium tenax,* A. Teil eines Blattquerschnittes nahe der Blattmitte (120 ×), B. Sklerenchymstrang mit Leitbündel, stärker vergrößert (120 ×), C. Querschnitt durch den Blattrand (120 ×).

erkennen. Die parallel laufenden, das Blatt der Länge nach durchziehenden, plattenförmigen Sklerenchymstränge sind quer getroffen und verbinden, Säulen gleich, die Ober- und Unterseite des Blattes (Fig. 12.2 A, B). Untersucht man bei stärkerer Vergrößerung dünnere Stellen der Schnitte, so kann man die charakteristische Wandschichtung der Sklerenchymfasern sowie vereinzelte schmale Tüpfel klar erkennen. In den Sklerenchymsträngen verlaufen die kollateralen Leitbündel (Fig. 12.2 B). Zwischen den von der Ober- bis zur Unterseite durchgehenden Sklerenchymsträngen finden sich in der Regel noch kleinere, auf die Ober- bzw. Unterseite begrenzte Stränge sklerenchymatischer Zellen (Fig. 12.2 A).

Von dem chloroplastenreichen Assimilationsparenchym sind die Sklerenchymstränge durch eine Scheide farbloser Zellen abgesetzt. Das Assimilationsgewebe umschließt jeweils einen etwa in der Blattmitte liegenden Komplex aus verhältnismäßig großlumigen, farblosen Zellen (Fig. 12.2 A). An der Unterseite grenzt das Assimilationsgewebe unmittelbar an die Epidermis. Von der oberen Epidermis ist es durch ein mehrschichtiges hypodermales Wasserspeichergewebe getrennt (Fig. 12.2 B). Die Epidermen sind von einer Cuticula bedeckt, die vor allem auf der Blattoberseite stark entwickelt ist. Sie tritt nach Behandlung mit Sudan-Glycerin deutlich hervor.

Am Blattrand nimmt das Sklerenchymgewebe die ganze Breite des Blattes ein (Fig. 12.2 C). Die Anordnung der Festigungselemente bei *Phormium tenax* hat eine hohe Reißfestigkeit der Blätter zur Folge, die sich durch einen einfachen Reißversuch leicht demonstrieren läßt. Die Fasern des Blattes finden als Textilfasern Verwendung.

13. Sekundäres Dickenwachstum. Holz und Bast

Die beim Wachstum der Sproßachse angelegten Leitungsbahnen haben ein begrenztes Leistungsvermögen, und auch die primär gebildeten mechanischen Elemente sind nur auf eine begrenzte Beanspruchung ausgelegt. Bei vielen Pflanzen setzt schon gegen Ende der ersten Vegetationsperiode ein sekundäres Dickenwachstum ein, im Verlaufe dessen sowohl neue Leitungsbahnen als auch neue Festigungselemente gebildet werden. Bei mehrjährigen Pflanzen ist die Anlage neuer Leitungsbahnen die zwangsläufige Folge des jährlichen Blattaustriebes, und die damit verbundene Vergrößerung der Laubkrone macht auch eine Verstärkung des mechanischen Systems notwendig.

Das sekundäre Dickenwachstum erfolgt bei den Gymnospermen und den dikotylen Angiospermen durch ein besonderes Meristem, das Kambium. Dieses kann auf verschiedene Weise angelegt werden. In der Mehrzahl der Fälle, wie z. B. bei den meisten Holzgewächsen, bleibt von Anfang an ein geschlossener Kambiumzylinder bestehen, dessen Zellen sich zu einem bestimmten Zeitpunkt zu teilen beginnen und sowohl nach innen als auch nach außen Zellen abgliedern. In anderen Fällen, z. B. bei vielen krautigen Gewächsen und manchen Lianen, liegen offene, kollaterale Leitbündel vor, die durch breite Strahlen parenchymatischen Gewebes voneinander getrennt sind. Das Kambium ist also zunächst auf den Bereich der Leitbündel beschränkt (= fasciculäres Kambium). Mit Einsetzen des sekundären Dickenwachstums werden jedoch auch die zwischen den Leitbündeln etwa auf gleicher Höhe mit dem fasciculären Kambium liegenden Parenchymzellen wieder teilungsfähig und bilden das interfasciculäre Kambium, das die Lücken zwischen dem fasciculären Kambium schließt. Auf diese Weise entsteht ein in sich geschlossener Kambiumzylinder, dessen Zellen durch tangentiale Teilungen nach innen und außen Tochterzellen abgliedern. Von Zeit zu Zeit teilen sich die Zellen durch radiale Wände, so daß das Kambium der Umfangserweiterung der Sproßachse, die eine Folge der Abgliederung von Zellen nach innen ist, folgen kann (Dilationswachstum).

Alles vom Kambium nach innen abgegliederte Gewebe nennt man sekundäres Xylem oder Holz, und zwar unabhängig vom Grade seiner Verholzung. Entsprechend wird das nach außen erzeugte Gewebe als sekundäres Phloem oder Bast bezeichnet.

Das Holz der dikotylen Angiospermen enthält alle bereits beschriebenen Elemente des primären Xylems (s. Kap. 11) und ist reich an Holzfasern. Demgegenüber ist das Holz der Gymnospermen verhältnismäßig einfach gebaut. Es enthält weder Gefäße noch Holzfasern. Sowohl die Leitungs- als auch die Festigungsfunktion wird hier von den

Tracheiden übernommen, die teils weitlumig und dünnwandig, teils englumig und dickwandig sind. Im Bast finden sich die gleichen Elemente wie im primären Phloem. Die meist in größerer Menge vorhandenen Bastfasern verleihen ihm eine erhebliche Festigkeit.

Die zwischen den Leitbündeln liegenden Parenchymstrahlen verbinden die Rinde mit dem Mark, weshalb sie auch als »Markstrahlen« bezeichnet werden. Beim sekundären Dickenwachstum werden sie durch die Bildung weiterer Parenchymzellen verlängert, wenn sie auch keineswegs immer in der ursprünglichen Mächtigkeit erhalten bleiben. Mit fortschreitendem Dickenwachstum werden sowohl im Holz als auch im Bast zusätzliche Strahlen aus parenchymatischem Gewebe angelegt, die früher als »sekundäre Markstrahlen« bezeichnet wurden. Da sie jedoch im Holz bzw. Bast blind enden und keine Verbindung mit dem Mark haben, wird diese Bezeichnung neuerdings nicht mehr benutzt. Vielmehr hat es sich eingebürgert, alle im Holz verlaufenden Parenchymstrahlen als Holzstrahlen und alle im Bast verlaufenden als Baststrahlen zu bezeichnen, und zwar unabhängig davon, ob sie primären oder sekundären Ursprungs sind. Die Holzstrahlen finden in den Baststrahlen ihre Fortsetzung.

Die Tätigkeit des Kambiums unterliegt einer Jahresperiodizität. Im Frühjahr werden vorwiegend weitlumige Leitungselemente ausgebildet. Mit Fortschreiten der Vegetationsperiode werden die Lumina immer enger, bis die Tätigkeit des Kambiums schließlich ganz eingestellt wird. Da es im Frühjahr wieder mit der Bildung weitlumiger Gefäße bzw. Tracheiden beginnt, ist der Übergang, die Jahresgrenze, scharf. Auf diese Weise entstehen die charakteristischen Jahresringe, von denen jeder einem Jahreszuwachs entspricht. Demgegenüber läßt der Bast keine Jahreszonierung erkennen.

Auch einige stammbildende Monokotylen zeigen sekundäres Dickenwachstum. Hier wird jedoch kein Kambium angelegt, sondern innerhalb des Rindengewebes entsteht ein geschlossener Meristemzylinder, der überwiegend nach innen und nur in geringem Umfang nach außen neue Gewebeelemente erzeugt. Bei dem nach innen abgegliederten Gewebe handelt es sich um parenchymatische Zellen mit verdickten und später auch verholzten Wänden, in die vollständige konzentrische Leitbündel eingebettet sind.

13.1. *Aristolochia durior:* Sekundäres Dickenwachstum

Material: Sproßstücke verschiedenen Alters von *Aristolochia durior* (syn. *A. macrophylla*, Pfeifenstrauch, Aristolochiaceae, Aristolochiales) als Alkohol- oder Frischmaterial:

a) Jungtrieb im ersten Jahr, Mitte bis Ende Juni gesammelt.

b) 2–3 Jahre alter Sproß.

c) Etwa 4–5 Jahre alter Sproß.

Das Material ist vor seiner Verwendung als Kursmaterial mikroskopisch auf seine Brauchbarkeit zu kontrollieren. Insbesondere gilt dies für Stadium a, wo das interfasciculäre Kambium bereits angelegt sein muß.

Reagenzien: Chlorzinkjod-Lösung (s. Präp. Nr. 5.3.), Phloroglucin (s. Präp. Nr. 5.1.), konz. Salzsäure oder Perchlorsäure.

Präparation: Dünne Querschnitte durch die Sproßachsen verschiedenen Alters werden in einem Tropfen Wasser untersucht. Einige Schnitte werden mit Chlorzinkjod-Lösung, andere mit Phloroglucin-Salzsäure behandelt.

Aufgabe: Unter Verwendung der Lupenvergrößerung ist von allen Stadien eine Übersichtszeichnung anzufertigen, die die Gewebegliederung im Querschnitt erkennen läßt. Außerdem sind zwei benachbarte Leitbündel des Stadiums a mit dazwischenliegendem Parenchymstrahl zellulär auszuführen, wobei der Anlage des interfasciculären Kambiums besondere Aufmerksamkeit zu widmen ist.

Beobachtungen: Bei Betrachtung des Querschnittes durch einen jungen Sproß mit der Lupe sieht man, daß die in größerer Anzahl vorhandenen Leitbündel in der für die Dikotylen charakteristischen Weise auf einem Ring angeordnet sind, der das Mark umschließt (Fig. 13.1 A). Die Leitbündel sind in ein großzelliges parenchymatisches Gewebe eingebettet, das von einem relativ starken Ring sklerenchymatischer Zellen umgeben ist. Außerhalb dieses Ringes liegt das Rindengewebe, dessen Zellen zahlreiche Chloroplasten enthalten. Die innerste, an den Sklerenchymring grenzende Rindenschicht, die Stärkescheide, ist an ihren zahlreichen Stärkeeinschlüssen leicht zu erkennen. Außen wird die Rinde durch die Epidermis begrenzt, unter der sich ein weiterer Ring von Festigungsgewebe kollenchymatischen Charakters befindet. Vereinzelt findet man sowohl im Mark als auch im Rindengewebe Zellen mit Kristalldrusen.

Die Leitbündel gehören dem offenen, kollateralen Typ an, d. h. Xylem und Phloem sind durch ein meristematisches Gewebe, das Kambium, getrennt (Fig. 13.1 B). Im Xylem finden wir weitlumige, hofgetüpfelte Gefäße neben engerlumigen Tracheiden und Xylemparenchym sowie auf der Innenseite des Bündels die Xylemprimanen. Die Zellen des Kambiums sind dünnwandig und zerreißen beim Schneiden sehr leicht. Die Elemente des Phloems sind Siebröhren, Geleitzellen und Phloemparenchym. An der Außenseite des Bündels liegen die Phloemprimanen.

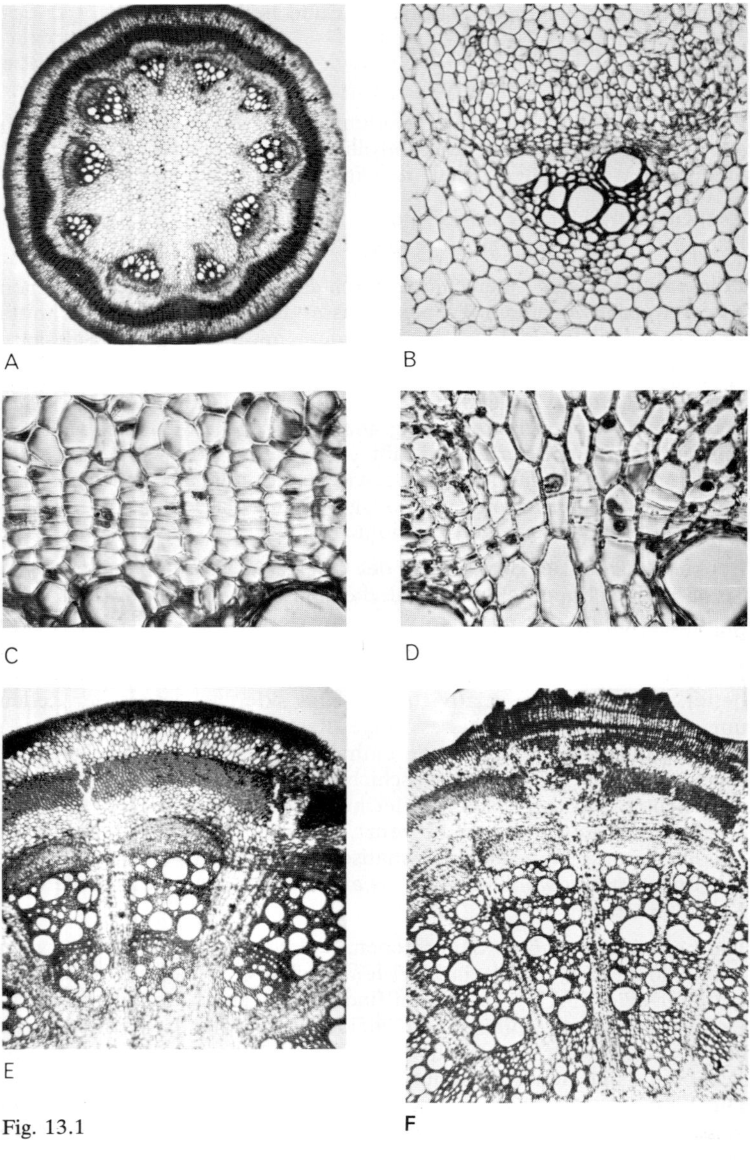

A B C D E F

Fig. 13.1

Während bei sehr jungen, gerade fertiggestellten Leitbündeln das Kambium auf das Bündel beschränkt ist (fasciculäres Kambium, Fig. 13.1 C), werden mit Einsetzen des sekundären Dickenwachstums die mit den Kambiumzellen der benachbarten Leitbündel etwa auf gleicher Höhe liegenden Zellen des Parenchymstrahls wieder meristematisch, indem sie sich durch tangentiale Wände teilen (Fig. 13.1 D). Auf diese Weise entsteht ein interfasciculäres Kambium, das sich an die Zellen des fasciculären anschließt und mit diesem zusammen einen geschlossenen Kambiumring ergibt.

Betrachten wir nun einen Querschnitt durch einen zwei Jahre alten Sproß (Fig. 13.1 E). Der Durchmesser der Sproßachse hat hier infolge des sekundären Dickenwachstums zwar zugenommen, doch finden wir grundsätzlich dieselbe Gewebeanordnung wie in einem jüngeren Sproß. Durch die Tätigkeit des Kambiums sind weitere Leitungselemente gebildet worden. Die Leitbündel erscheinen daher auf dem Querschnitt in radialer Richtung gestreckt. Gleichzeitig sind vom interfasciculären Teil des Kambiums weitere Parenchymzellen gebildet worden, so daß sich die Parenchymstrahlen entsprechend verlängert haben. Im Xylemteil der Leitbündel sind deutlich die Jahresringe zu erkennen. Dem Alter des Zweiges entsprechend sind es zwei. Die Xylem- bzw. Phloemprimanen am inneren bzw. äußeren Rande des Bündels sind noch immer deutlich. Der Sklerenchymring ist bereits an einigen Stellen gesprengt.

Fig. 13.1 F zeigt einen Querschnitt durch einen 4 Jahre alten Sproß. Infolge der zunehmenden Umfangserweiterung der Sproßachse beim sekundären Dickenwachstum ist der Sklerenchymring an vielen Stellen gesprengt. Die entstandenen Lücken sind durch parenchymatische Elemente ausgefüllt. Der Leitbündelkranz ist noch breiter geworden, wobei die Jahresringe nicht mehr ganz so deutlich zu erkennen sind. Innerhalb der Leitbündel sind an einigen Stellen bereits sekundäre Holz- und Baststrahlen angelegt worden.

◀ Fig. 13.1 *Aristolochia durior,* A. Querschnitt durch einen jungen Sproß, Übersichtsbild. Gewebeanordnung von außen nach innen: Epidermis mit angrenzendem Kollenchymring (dunkel), chloroplastenführendes Rindengewebe (hell), Sklerenchymring (dunkel), Parenchym mit Leitbündelring, innen Mark (40 ×), B. offenes, kollaterales Leitbündel (250 ×), C. fasciculäres Kambium (480 ×), D. Anlage des interfasciculären Kambiums. In einigen Zellen sind die großen Zellkerne sichtbar (480 ×), E. Querschnitt durch einen 2 Jahre alten Sproß im Ausschnitt (40 ×), F. Querschnitt durch einen 4 Jahre alten Sproß im Ausschnitt (40 ×).

13.2. *Pinus* spec.: Holz

Material: Holz eines älteren Stammes von *Pinus nigra* oder *Pinus silvestris* (Waldkiefer, Pinaceae, Pinales) in Stücken als Alkoholmaterial. Es empfiehlt sich, die Stücke einige Tage vor Gebrauch in ein Gemisch von Ethanol und Glycerin (1:1) zu überführen, da das Holz hierdurch geschmeidiger wird und sich besser schneiden läßt. Beim Einlegen ist darauf zu achten, daß nur solches Holz Verwendung findet, das beim Längsschneiden nicht fasert.

Außerdem wird mazeriertes Holz benötigt, das man auf folgende Weise erhält: Kiefernholz wird in etwa 2 cm lange, streichholzdicke Stücke gespalten und in ein Becherglas gegeben. Dann wird Kaliumchlorat in einer Menge zugesetzt, die etwa einem Drittel der Volumenmenge des Holzes entspricht. Hierzu gibt man so viel konzentrierte Salpetersäure, daß das ganze gerade bedeckt ist (Schulzesches Mazerationsgemisch). Das Mazerationsgut sollte nur etwa ein Zehntel der Gefäßhöhe einnehmen. Nun wird unter dem Abzug schwach erwärmt, bis eine lebhafte Gasentwicklung einsetzt; u. U. muß noch etwas Säure zugesetzt werden. Dann läßt man das Ganze noch etwa 5–10 Min. stehen, gießt das Mazerationsgut in Wasser und wäscht es mehrmals. Das mazerierte Holz kann in 96%igem Äthanol aufbewahrt werden.

Reagenzien: 96%iges Äthanol, Glycerin, konz. Salpetersäure, Kaliumchlorat, Phloroglucin-Lösung (s. Präp. Nr. 5.1.), konz. Salzsäure oder Perchlorsäure.

Präparation: Das mazerierte Holz wird in einem Tropfen Wasser zerzupft und untersucht. Von den Holzstücken werden möglichst dünne Querschnitte sowie radiale und tangentiale Längsschnitte hergestellt. Die Schnitte werden entweder in Wasser untersucht oder gleich in Phloroglucin-Salzsäure übertragen.

Aufgabe: Die verschiedenen Zelltypen des mazerierten Holzes sind bei stärkerer Vergrößerung zu zeichnen. Von den drei Schnittbildern werden Ausschnitte zellulär gezeichnet. Beachte die Reaktion der

---

Fig. 13.2 *Pinus nigra,* Holz quer und mazeriert, A. Ende einer Tracheide mit Hoftüpfeln, mazeriert (500 ×), B. Teil einer Tracheide mit Fenstertüpfeln, unten ein Hoftüpfel, mazeriert (750 ×), C. zwei Quertracheiden, mazeriert (750 ×), D. Hoftüpfel, quer geschnitten, Schließhaut mit Torus (1600 ×), E. Querschnitt durch das Holz im Bereich einer Jahresgrenze, mit drei Holzstrahlen und einem Harzkanal (120 ×, Mikrotomschnitt), F. Querschnitt durch das Holz, stärker vergrößert. Neuanlage zweier Tracheidenreihen (750 ×), G. Querschnitt durch das Holz, Holzstrahl auf Höhe der Quertracheiden getroffen (750 ×), H. wie G., Holzstrahl auf Höhe der Holzstrahlparenchymzellen getroffen. Fenstertüpfel (750 ×). ▶

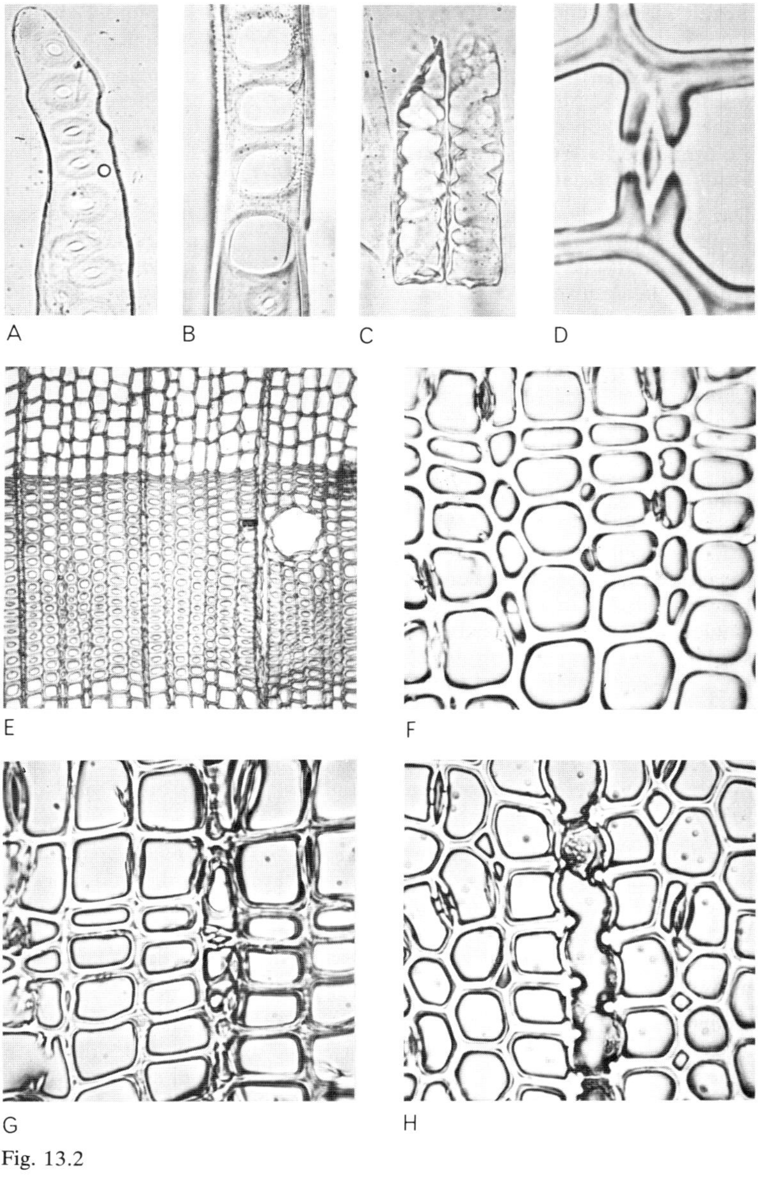

Fig. 13.2

einzelnen Gewebeelemente auf die Phloroglucin-Salzsäure-Behandlung. Zeichnung eines Hoftüpfels bei starker Vergrößerung.

Beobachtungen: Durch die Mazeration mit dem Schulzeschen Gemisch werden die Mittellamellen, die aus Protopektin bestehen, zerstört, während Cellulose nicht angegriffen wird. Infolgedessen bleiben die Zellwände erhalten, und die einzelnen Zellen eines Gewebeverbandes lösen sich voneinander.

Das Holz von *Pinus* ist verhältnismäßig einfach gebaut. Im mazerierten Material findet man nur zwei Grundtypen von Zellen: Tracheiden und parenchymatische Zellen. Die langgestreckten, an den Enden zugespitzten Tracheiden sind, dem Zeitpunkt ihrer Entstehung entsprechend (s. u.), eng- oder weitlumig und mit zahlreichen Hoftüpfeln versehen (Fig. 13.2 A). Wie der Querschnitt durch einen Hoftüpfel zeigt (Fig. 13.2 D), ist die Schließhaut in der Mitte zum Torus verdickt, während der Rand (Margo) dünn bleibt. Die Schließhaut ist beidseitig von einer Zellwandverdickung überwölbt, die in der Mitte eine Aussparung, den Porus, besitzt. Hierdurch entsteht in der Aufsicht das Bild eines »Hofes« (Fig. 13.2 A). Wie rasterelektronenmikroskopische Abbildungen zeigen, besteht bei den Pinaceae die Margo aus Bündeln von Mikrofibrillen, die überwiegend vom Torus zum Rand hin, also radial orientiert sind. Sie entstehen durch die Auflösung der Matrix, d. h. des gesamten nicht-cellulosischen Wandmaterials der Mittellamelle und der beiden Primärwände. Dies ermöglicht einen raschen Wasserdurchtritt. Zugleich verhindert jedoch die Überwölbung der Schließhaut eine stärkere Beeinträchtigung der Zellwandstabilität. Die Hoftüpfel funktionieren bei einseitigem Druck nach Art der Klappventile: der Torus wird gegen einen der Pori gedrückt und verschließt diesen. Die Tracheiden dienen gleichzeitig als Wasserleitungs- und Festigungselemente. Letzteres trifft vor allem für die englumigen Tracheiden des Spätholzes zu (s. u.). Besondere Festigungselemente, die Holzfasern, fehlen.

Die parenchymatischen Elemente des mazerierten Materials stammen überwiegend aus den Holzstrahlen. Holzparenchym kommt nur im Bereich der Harzkanäle vor. Schließlich fallen noch kurze, hofgetüpfelte tracheidale Elemente mit unregelmäßig verdickten Zellwänden auf (Fig. 13.2 C). Dies sind die Quertracheiden, die jeweils den oberen und unteren Rand der Holzstrahlen einnehmen (Fig. 13.3 C, D).

Querschnitt: Auf dem Querschnitt durch das Holz erscheinen die in Längsrichtung des Stammes orientierten Tracheiden ebenfalls quer angeschnitten (Fig. 13.2 E, F). Sie sind vier-, fünf- oder sechseckig und machen die Hauptmasse des Gewebes aus. Ihre Wände sind durchweg verdickt, doch sind die Lumina der im Frühjahr gebildeten Tracheiden (Frühholz) weiter als die der im Laufe des Sommers gebildeten

(Spätholz). Da die Unterschiede im Durchmesser der Lumina beträchtlich sind, erscheinen die Jahresgrenzen im Querschnittsbild sehr scharf (Fig. 13.2E). Die Tracheiden sind in regelmäßigen, radialen Reihen angeordnet. Hier und dort sieht man, wie eine neue Reihe, den tangentialen Zug der Umfangserweiterung ausgleichend, angelegt wird

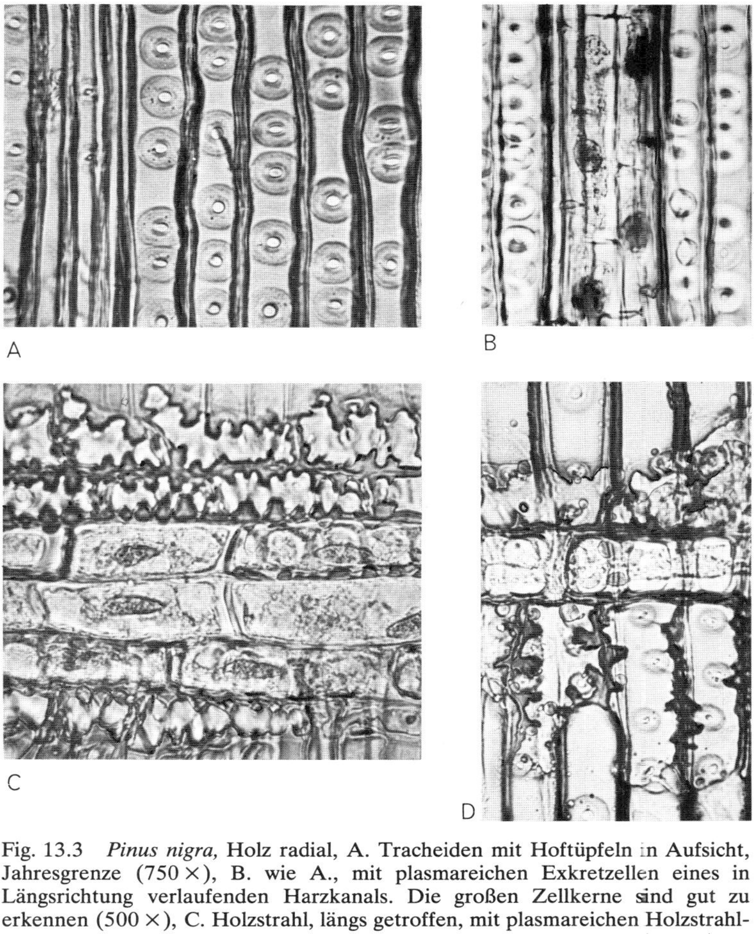

Fig. 13.3 *Pinus nigra,* Holz radial, A. Tracheiden mit Hoftüpfeln in Aufsicht, Jahresgrenze (750 ×), B. wie A., mit plasmareichen Exkretzellen eines in Längsrichtung verlaufenden Harzkanals. Die großen Zellkerne sind gut zu erkennen (500 ×), C. Holzstrahl, längs getroffen, mit plasmareichen Holzstrahlparenchymzellen und Quertracheiden am unteren und oberen Rande (500 ×), D. wie C., auf Fenstertüpfel und Quertracheiden scharf eingestellt (500 ×).

(Fig. 13.2F). Die Regelmäßigkeit der Anordnung ist an manchen Stellen durch vertikal verlaufende Harzkanäle gestört, die von parenchymatischen Zellen umgeben sind (Fig. 13.2E). Die Holzstrahlen sind meist eine, seltener zwei Zellschichten breit, sofern sie nicht von einem Harzkanal durchzogen sind. Sie verlaufen in radialer Richtung.

An dünnen Stellen des Schnittes kann man den Bau der Hoftüpfel, die in verschiedenen Ebenen quer geschnitten sind, studieren (Fig. 13.2 D, H). Sie liegen in der Regel auf den radialen Wänden und sind beidseitig behöft, wenn sie zwei Tracheiden miteinander verbinden. Grenzt eine Tracheide an eine lebende Zelle, etwa eine Holzstrahlparenchymzelle, so erscheinen die Tüpfel als große, fensterartige Aussparungen (Fig. 13.2 B, H) ohne Torus (Fenstertüpfel). Führt dagegen die Schnittebene durch die Quertracheiden des Holzstrahls, so findet man wieder Hoftüpfel (Fig. 13.2 G). Die Quertracheiden sind auch untereinander durch Hoftüpfel verbunden.

Radialschnitt: Das Aussehen der Tracheiden im Radialschnitt gleicht dem des mazerierten Materials: langgestreckte, an den Enden zugespitzte Zellen mit zahlreichen Hoftüpfeln. Diese erscheinen hier in Aufsicht, da sie ja fast ausschließlich auf den radialen Wänden liegen (Fig. 13.3 A). Die Jahresgrenze ist an der sprunghaften Änderung im Durchmesser der Lumina leicht zu erkennen. Innerhalb eines Jahreszuwachses nimmt die Größe der Hoftüpfel, der jeweiligen Weite der Tracheidenlumina entsprechend, ab.

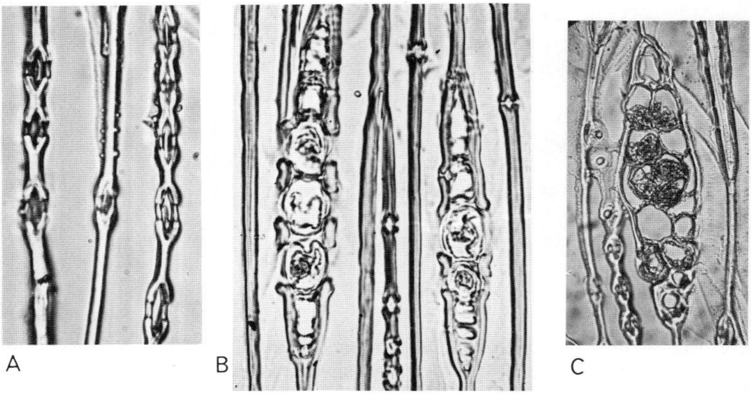

Fig. 13.4 *Pinus nigra,* Holz tangential. A. Tracheiden mit quer getroffenen Hoftüpfeln (750 ×), B. Holzstrahlen, quer getroffen (750 ×), C. Holzstrahl mit Harzkanal, quer getroffen (750 ×).

Die Holzstrahlen sind der Länge nach angeschnitten. Sie sind mindestens drei (Fig. 13.3 C, D), meist aber mehr Zellschichten hoch (Fig. 13.3 C). Nur die mittleren Zellreihen werden von Holzstrahlparenchym gebildet, dessen plasmareiche Zellen große Zellkerne haben. Sie werden oben und unten von Quertracheiden begleitet. Diese sind in radialer Richtung meist etwas gestreckt und haben eine unregelmäßige Gestalt. Ihr Zellinhalt ist abgestorben. Sie dienen dem Wassertransport in radialer Richtung. Die zackigen Verdickungen rühren von Verdikkungsleisten her, die um die Zellen herumlaufen und hier im optischen Schnitt erscheinen (Fig. 13.2 C). Die Quertracheiden sind sowohl unter-

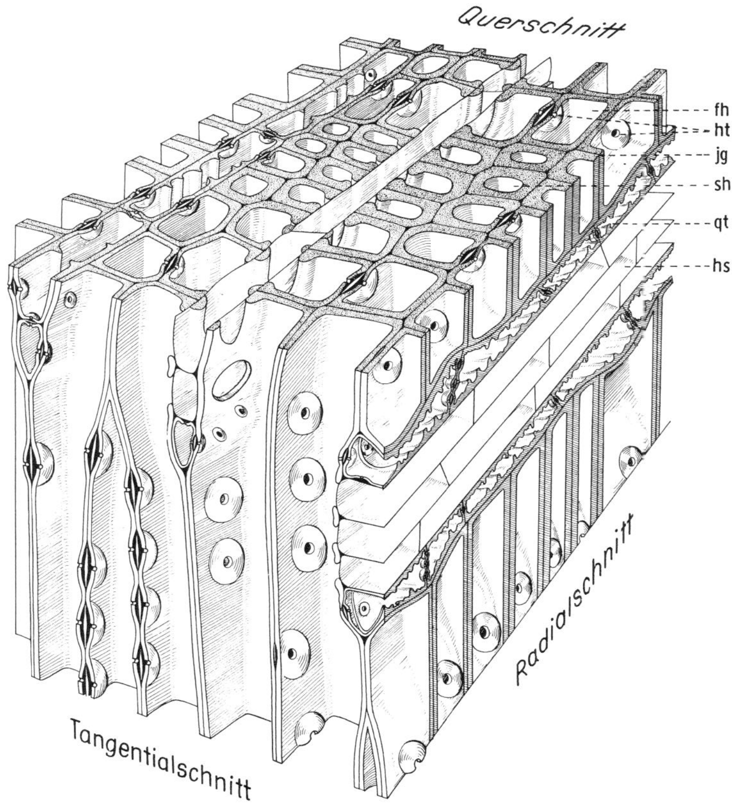

Fig. 13.5 Holz der Kiefer *(Pinus silvestris)*. fh = Frühholz, hs = Holzstrahlzellen, ht = Hoftüpfel, jg = Jahresgrenze, qt = Quertracheiden, sh = Spätholz (aus Nultsch, n. Mägdefrau).

einander als auch mit den benachbarten vertikal laufenden Tracheiden durch kleine Hoftüpfel verbunden. In Fig. 13.3B ist ein vertikal verlaufender Harzkanal längs getroffen.

Tangentialschnitt: Das Bild der Tracheiden im Tangentialschnitt ähnelt dem im Radialschnitt, jedoch mit dem grundsätzlichen Unterschied, daß die Hoftüpfel, ihrem überwiegenden Vorkommen in den radialen Wänden entsprechend, quer getroffen sind. Sie ergeben somit das gleiche Bild wie im Querschnitt (Fig. 13.4A). Da in einem genau tangential geführten Schnitt in einem engeren Bereich, der dem Gesichtsfeld des Mikroskopes entspricht, stets gleichaltrige Tracheiden getroffen werden, haben ihre Wände die gleiche Stärke, d.h. sie sind entweder dünn oder dick, je nachdem, ob der Schnitt durch das Frühholz oder das Spätholz geführt wurde. Die Holzstrahlen sind quer angeschnitten und lassen erkennen, daß sie im typischen Falle nur eine Zelle breit, aber mehrere Zellen hoch sind (Fig. 13.4B). Die oberen und unteren Zellreihen sind, ihrem tracheidalen Charakter entsprechend, mit Hoftüpfeln ausgestattet. Auch der Bau der quer geschnittenen Fenstertüpfel ist bei stärkerer Vergrößerung gut zu erkennen. Im Gegensatz zu den leitenden Elementen des Holzes sind die Holzstrahlen von Interzellularen durchzogen. Diese fallen besonders bei den von einem Harzkanal durchzogenen, mehrere Zellen breiten Holzstrahlen ins Auge (Fig. 13.4C).

Eine Kombination von Quer-, Tangential- und Radialschnitten zeigt das in Fig. 13.5 wiedergegebene Raumdiagramm.

13.3. *Tilia* spec.: Holz und Bast

Material: Holz von *Tilia cordata* (Winterlinde, Tiliaceae, Malvales) oder *T. platyphyllos* (Sommerlinde) wird unter Verwendung des Schulzeschen Gemisches mazeriert (s. Präp. Nr. 13.2.) und in 96%igem Alkohol aufbewahrt. Die Mazeration kann bei *Tilia* zur völligen Zerstörung der Zellelemente führen. Zartere Bestandteile sind daher nur schwach sichtbar. Für die Querschnitte durch Holz und Bast finden etwa 2–4 Jahre alte Aststücke, für die Längsschnitte Stücke aus älterem Lindenholz, beide als Alkoholmaterial, Verwendung. Es empfiehlt sich, die eingelegten Stücke einige Tage vor dem Gebrauch in Glycerin-Äthanol (s. Präp. Nr. 13.2.) zu überführen.

Reagenzien: Kaliumchlorat, konzentrierte Salpetersäure, 96%iges Äthanol, Glycerin, Phloroglucin-Lösung (s. Präp. Nr. 5.1.), konz. Salzsäure oder Perchlorsäure.

Präparation: Das mazerierte Holz wird in einem Tropfen Wasser zerzupft und mit dem Deckglas abgedeckt. Von dem 4jährigen Aststück werden Querschnitte durch Holz und Bast, von dem älteren Holz radiale und tangentiale Längsschnitte hergestellt und in einem Tropfen Wasser oder in Phloroglucin-Salzsäure untersucht.

Aufgabe: Die verschiedenen Zelltypen des mazerierten Holzes sind bei stärkerer Vergrößerung zu zeichnen. Von den drei Schnitten werden Ausschnittszeichnungen, im Falle des Querschnittes sowohl vom Holz als auch vom Bast, angefertigt. Außerdem ist zu prüfen, welche Elemente eine positive Phloroglucin-Salzsäure-Reaktion geben.

Beobachtungen: Schon die oberflächliche Betrachtung des mazerierten Materials zeigt, daß das Holz von *Tilia* aus einer ungleich größeren Anzahl verschiedener Zelltypen aufgebaut ist als das von *Pinus*. Am auffälligsten sind die Bruchstücke der weitlumigen Gefäße (Fig. 13.7 F) sowie die Tracheiden, die nach Durchmesser und Gestalt entweder mehr den Gefäßen (Fig. 13.7 G) oder den Holzfasern (Fasertracheiden) ähneln. Gefäße und Tracheiden sind hofgetüpfelt und haben schraubige Verdickungen. Einen erheblichen Anteil des Lindenholzes machen die Holzfasern aus, die sich in großer Zahl im Mazerat finden. Sie sind durch ihre sogenannten »linksschiefen«, d. h. spaltförmigen und schräg aufsteigenden Tüpfel charakterisiert. Bei den parenchymatischen Zellen handelt es sich teils um Holzstrahlparenchym, teils um das in Strängen längs verlaufende Holzparenchym, das hier, im Gegensatz zu *Pinus,* reichlich entwickelt ist. Seine Zellwände sind einfach getüpfelt.

Querschnitt: An das zentral gelegene Mark grenzen die Xylemprimanen, deren Wandverdickungen meist herausgerissen werden. Hierauf folgen nach außen die Jahresringe, im vorliegenden Falle zwei (Fig. 13.6 A). Um den Holzkörper herum läuft das in der Abbildung dunkel erscheinende Kambium. Außerhalb des Kambiums liegen die Baststränge, die im Querschnitt etwa trapezförmig erscheinen und durch nach außen keilförmig verbreiterte primäre Baststrahlen voneinander getrennt sind. Hierauf folgt die primäre Rinde, deren Zellen Chloroplasten enthalten und deren Zellwände z. T. kollenchymatisch verdickt sind. Außen wird die Rinde durch ein Periderm begrenzt (s. Kap. 14). Einzelne Zellen des Marks, der äußeren Baststrahlen sowie des Rindengewebes enthalten Kristalldrusen.

Die Linde gehört zu den zerstreutporigen Hölzern, d. h. die weitlumigen Gefäße sind jeweils über den ganzen Jahresring und somit auch über den ganzen Xylemquerschnitt etwa gleichmäßig verteilt. Lediglich am Ende der Vegetationsperiode werden ausschließlich englumige Elemente ausgebildet, so daß die Jahresgrenze dennoch scharf hervortritt (Fig. 13.6 A). Bei stärkerer Vergrößerung sind in den Gefäßwänden, die an andere Gefäße oder Tracheiden grenzen, quergeschnittene Hoftüpfel zu erkennen (Fig. 13.6 C). Diese sind jedoch bei den Angiospermen einfacher gebaut als bei den Gymnospermen. Sie besitzen keinen Torus (s.

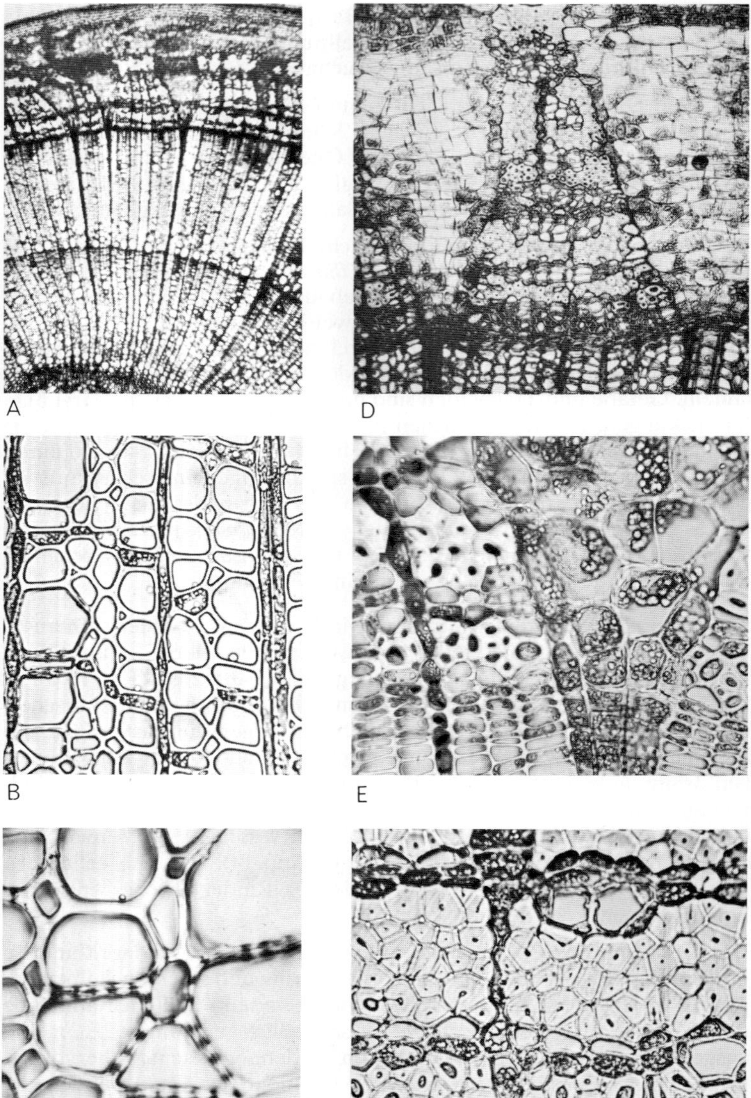

Fig. 13.6

S. 150) und haben daher auch keine „Ventil"funktion. Die Tracheiden haben engere Lumina. Dazwischen liegen Holzfasern sowie Holzparenchymzellen, die wegen ihres plasmatischen Inhalts dunkel erscheinen. Die Holzstrahlen sind ein bis maximal sechs Zellen breit, wobei die sekundären, blind im Holz endenden in der Regel schmaler sind als die primären, bis zum Mark führenden (Fig. 13.6 B).

Das Kambium, dessen plasmareiche Zellen ebenfalls dunkel erscheinen, umgibt als geschlossener Ring den Holzkörper (Fig. 13.6 A). Im Bast fallen Gruppen von Bastfasern auf, die im mikroskopischen Bild hell aufleuchten. Ihre Wände sind so stark verdickt, daß ihre Lumina im Querschnitt auf kleine zentrale Löcher reduziert erscheinen (Fig. 13.6 F). Wegen ihrer hohen Festigkeit werden sie auch als Hartbast bezeichnet. Alle übrigen Bastelemente, d. h. die weitlumigen Siebröhren, die englumigen, plasmareichen Geleitzellen und das Bastparenchym werden unter der Bezeichnung Weichbast zusammengefaßt. Die Siebröhren sind bei *Tilia* meist mehrere Jahre in Funktion. Die Bastparenchymzellen, deren Wände verdickt sein können, liegen in Strängen zwischen Siebröhren und Bastfasern. Sie sind reich an Reservestoffen, insbesondere Stärke. Bisweilen enthalten sie große tafelförmige Kristalle aus Tiliadin (= β-Amyrin = Taraxanol), einem Triterpen, das in Ethanol auskristallisiert. In der lebenden Zelle ist das Tiliadin im Zellsaft gelöst, so daß die Kristalle in Schnitten durch Frischmaterial fehlen. Hartbast und Weichbast wechseln einander ab (Fig. 13.6 D), so daß der Bast tangential geschichtet erscheint. Diese Zonierung ist jedoch nicht eine Folge der Jahresperiodizität.

Die Baststrahlen unterliegen einem Dilatationswachstum, indem ihre Zellen sich durch radiale Wände teilen und hierdurch ständig neue Zellen in tangentialer Richtung nach beiden Seiten abgliedern. Infolgedessen erscheinen die Baststrahlen der Linde nach außen hin keilförmig verbreitert (Fig. 13.6 D, E).

Radialschnitt: Radialschnitte durch das Holz (Fig. 13.7 A, B) zeigen uns die einzelnen Zelltypen in ähnlicher Ansicht, wie wir sie von der

---

◀ Fig. 13.6 *Tilia cordata,* Querschnitt durch Holz und Bast, A. Querschnitt durch einen 2jährigen Sproß, Übersichtsbild (50 ×), B. Querschnitt durch das Holz, stärker vergrößert. Die Holzstrahl- und Holzparenchymzellen erscheinen infolge ihres plasmatischen Inhalts dunkler (500 ×), C. wie B., Ausschnitt stärker vergrößert. Gefäße mit Hoftüpfeln (1000 ×), D. Querschnitt durch den Bast. Der etwa dreieckige Baststrang ist beiderseitig von nach außen keilförmig verbreiterten Baststrahlen begrenzt (120 ×), E. Bastquerschnitt, stärker vergrößert. Am unteren Rande der Abbildung ist das Kambium zu sehen (500 ×), F. wie E., Ausschnitt, stärker vergrößert. Abwechselnde Lagen von Hart- und Weichbast. Bastfasern mit engen Lumina und schmalen Tüpfeln. Im Weichbast einige weitlumige Siebröhren mit Geleitzellen und Bastparenchym (750 ×).

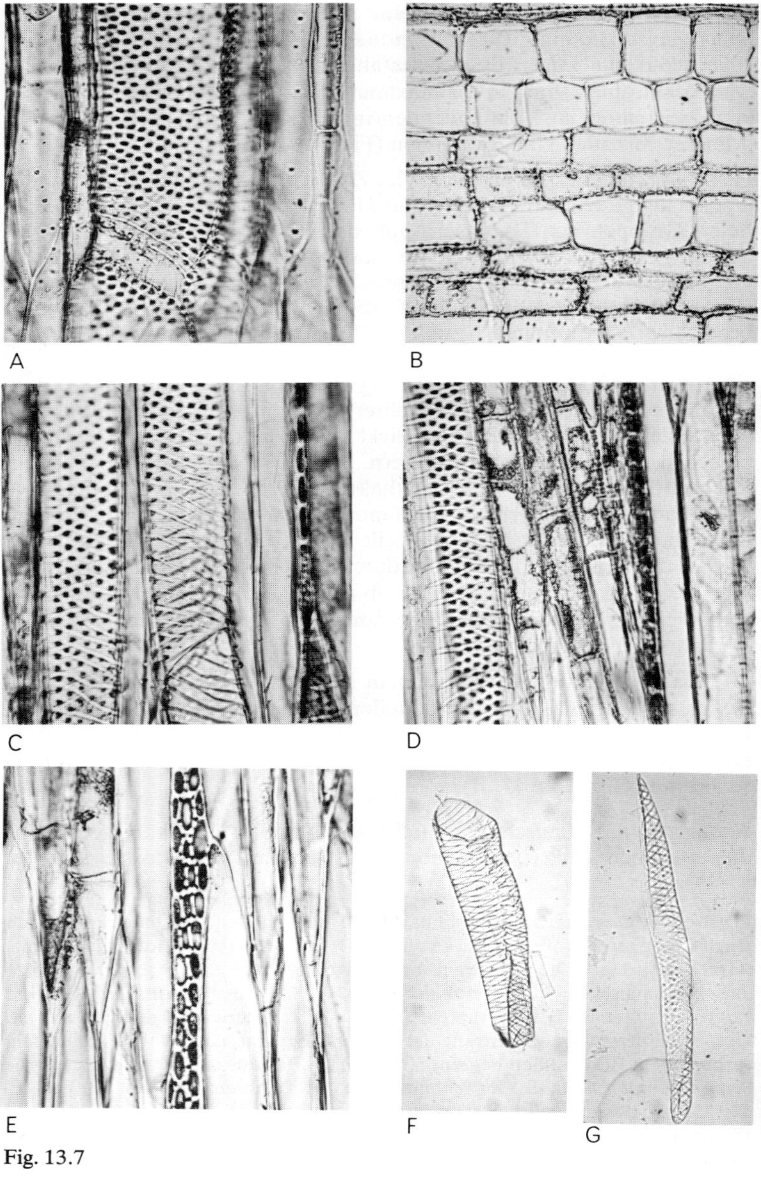

Fig. 13.7

Untersuchung des mazerierten Materials her kennen. Die Gefäße und Tracheiden haben Hoftüpfel und sind zusätzlich durch schraubige Leisten verdickt, was für *Tilia* charakteristisch ist. Die Tracheiden sind durch ihre engeren Lumina und ihre sich verjüngenden Enden von den Gefäßen zu unterscheiden. Die Holzfasern sind an ihren schmalen, linksschiefen Tüpfeln zu erkennen. Die Holzparenchymzellen, die in zusammenhängenden Strängen das Holz durchsetzen, erscheinen wegen ihres plasmatischen Inhalts dunkler als die übrigen Holzelemente. Die Holzstrahlen sind auf den Radialschnitten längs getroffen (Fig. 13.7 B). Sie sind mehrere, u. U. sogar viele Zellen hoch. Im typischen Falle sind nur die am oberen und unteren Rand entlanglaufenden Zellreihen durch Tüpfel mit den benachbarten Gefäßen und Tracheiden verbunden. Sie dienen dem Wassertransport in radialer Richtung. Die Zellen im mittleren Bereich des Holzstrahls sind reich an Reservestoffen und dienen vornehmlich dem Transport der Assimilate. Sie sind durch Tüpfel in den radialen Wänden untereinander verbunden.

Tangentialschnitt: Der Tangentialschnitt bestätigt im wesentlichen die bei der Betrachtung des Radialschnittes gewonnene Vorstellung von der Anordnung der Holzelemente (Fig. 13.7 C, D, E). Die Holzstrahlen, die hier quer geschnitten sind (Fig. 13.7 E), zeigen untereinander erhebliche quantitative Unterschiede. Die Skala reicht von einreihigen, nur wenige Zellen hohen, bis zu sechsreihigen Holzstrahlen, deren Höhe sich u. U. über das ganze Gesichtsfeld erstreckt.

13.4. *Robinia pseudoacacia:* Thyllen

Material: Holzstücke aus dem peripheren Bereich eines nicht zu jungen Stammes von *Robinia pseudoacacia* (Robinie, Fabaceae, Fabales) als Alkoholmaterial. Es empfiehlt sich, die eingelegten Stücke einige Tage vor dem Gebrauch in Glycerin-Äthanol (s. Präp. Nr. 13.2.) zu überführen.

Reagenzien: Glycerin, 96%iges Äthanol.

◀ Fig. 13.7 *Tilia cordata,* Holz längs geschnitten und mazeriert. A. Holz radial. In der Mitte großes Gefäß, beiderseits Holzparenchym und Tracheiden (500 ×), B. Radialschnitt durch Holzstrahl. Die Tüpfelung der Zellwände ist an einigen Stellen deutlich zu erkennen (500 ×), C. Holz, tangential (500 ×), D. wie C., mit Holzparenchym (500 ×), E. wie C. mit Holzstrahl, der quer angeschnitten erscheint (500 ×), F. Bruchstück eines mazerierten Gefäßes (250 ×), G. mazerierte Tracheide (250 ×).

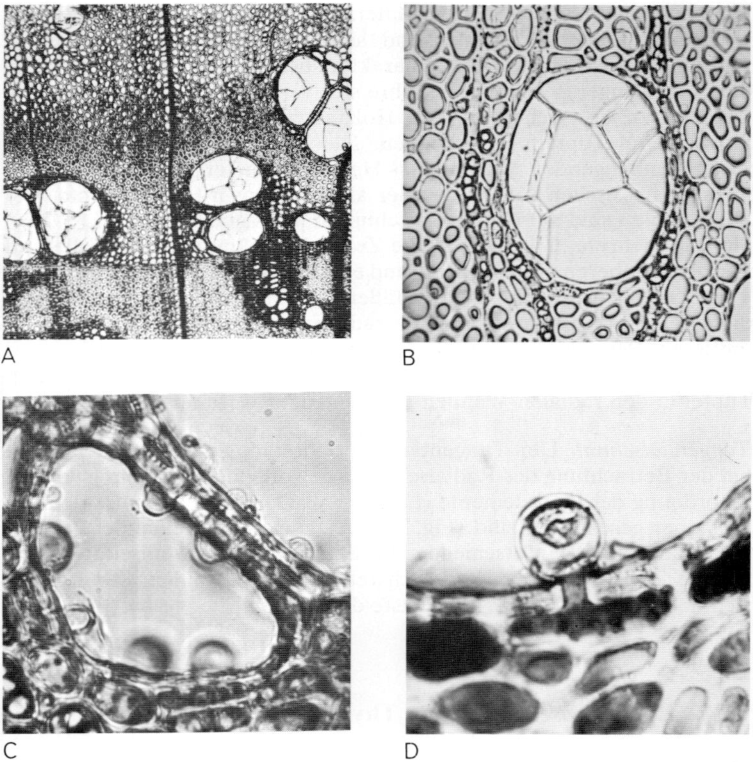

Fig. 13.8 *Robinia pseudoacacia,* A. Querschnitt durch das Holz. Die großen Gefäße sind durch Thyllen verstopft (120 ×), B. wie A., stärker vergrößert (500 ×), C. Beginn der Thyllenbildung in einem Gefäß (500 ×), D. Einwachsen der Thyllen durch Gefäßtüpfel (750 ×).

Präparation: Es werden dünne Querschnitte vom Kambium aus durch das Holz geführt und zunächst bei schwächerer, dann bei stärkerer Vergrößerung untersucht.

Aufgabe: Bei schwächerer Vergrößerung wird ein Übersichtsbild des Querschnittes gezeichnet, das die charakteristische Anordnung der weitlumigen Gefäße in den Jahresringen erkennen läßt. Außerdem ist ein durch Thyllen verstopftes Gefäß bei stärkerer Vergrößerung zu zeichnen.

Beobachtungen: Die Robinie gehört zu den ringporigen Hölzern, d.h. im Frühjahr werden besonders weitlumige Gefäße angelegt, während das Spätholz nur noch englumige leitende Elemente enthält (Fig. 13.8 A). Infolgedessen sind die großen Gefäße, wie man schon bei der Betrachtung der Schnitte mit dem unbewaffneten Auge erkennen kann, in Ringen angeordnet. Bei der Robinie sind nur die äußeren Jahresringe funktionsfähig. Etwa im dritten Jahresring (von außen nach innen gezählt, d.h. also im drittjüngsten Ring) beginnt die Ausbildung von Thyllen, das sind blasenförmige Gebilde, die die Lumina der Gefäße verschließen (Fig. 13.8 C). Wie Fig. 13.8 D zeigt, wachsen die benachbarten Holz- oder Holzstrahlparenchymzellen durch die Tüpfel in die Gefäße ein, indem die nicht-cellulosischen Bestandteile der Schließhäute aufgelöst werden und eine aus Polysacchariden und Pektinen bestehende Wandschicht, die der an das Gefäßglied grenzenden Wand der Parenchymzelle innen aufgelagert wird, sich durch die Tüpfel blasenartig in den Innenraum des Gefäßes einstülpt. Da das Einwachsen von mehreren Seiten her erfolgt, sind die Gefäße schließlich völlig verstopft und damit außer Funktion gesetzt (Fig. 13.8 B). In der ersten Zeit ihrer Entstehung, d.h. solange die Gefäße noch Transportfunktionen erfüllen, können die Thyllen auch der Speicherung von Reservestoffen dienen. Nicht selten werden den Wänden älterer Thyllen Sekundärwände aufgelagert, die auch verholzen können.

14. Periderm

Der durch das sekundäre Dickenwachstum bedingten Umfangserweiterung der Sproßachse vermag die Epidermis nur in Ausnahmefällen durch Dilatationswachstum zu folgen. Meist wird sie infolge der entstehenden Spannungen zerrissen, so daß sie ihre Aufgabe als Abschlußgewebe nicht mehr erfüllt. Ihre Funktion wird dann von einem sekundären Abschlußgewebe übernommen, das durch ein besonderes Meristem, das Phellogen (Korkkambium), gebildet wird. Dieses geht bei manchen Pflanzen aus der Epidermis selbst, meist aber aus der subepidermalen oder einer noch tiefer gelegenen Rindenschicht hervor, deren Zellen ihre Teilungsfähigkeit wiedererlangen und durch tangentiale Wände Zellen vorwiegend nach außen, in geringerem Umfange aber auch nach innen abgliedern.

Das vom Phellogen nach außen erzeugte Gewebe wird als Phellem (Korkgewebe) bezeichnet. Seine Zellen sind in meist regelmäßigen, radial verlaufenden Reihen angeordnet. Sie verkorken, indem auf die Innenseite ihrer Zellwände einander abwechselnde Schichten aus Cutin und Suberin einerseits sowie Wachsen andererseits abgelagert werden. Beim Steinkork werden diesen noch mehr oder weniger stark verholzte Celluloseschichten innen aufgelagert. Da die Zellwände der Korkzellen hierdurch weitgehend wasserunwegsam werden, sterben die Protoplasten infolge mangelnder Wasser- und Nährstoffversorgung ab.

Bisweilen, aber keineswegs immer, wird in geringerem Umfang auch nach innen Gewebe abgegliedert, das als Phelloderm bezeichnet wird. Seine Zellen bleiben unverkorkt und behalten ihren plasmatischen Inhalt. Die Gesamtheit von Phellogen, Phellem und Phelloderm bezeichnet man als Periderm.

Da das Korkgewebe nicht nur für Wasser, sondern auch für Gase weitgehend undurchlässig ist, würde der Gasaustausch der darunterliegenden Gewebe praktisch unterbunden, wenn hierfür nicht besondere Pforten geschaffen würden. Als solche dienen die Lentizellen (Korkwarzen), die in der Regel unter Spaltöffnungen angelegt werden. Infolge einer gesteigerten Tätigkeit des Phellogens in diesem Bereich werden größere Mengen sich abrundender und voneinander lösender Füllzellen produziert, die sich durch Phlobaphene braun färben. Hierdurch werden die darüberliegenden Zellschichten emporgehoben. Mit zunehmendem Druck brechen die Lentizellen schließlich auf, so daß nunmehr über die Interzellularen, die in diesem Bereich auch das Phellogen durchziehen, der Gasaustausch erfolgen kann.

14.1. *Laburnum anagyroides:* Periderm

Material: Stücke eines älteren Stammes von *Laburnum anagyroides* (syn. *Laburnum vulgare,* Goldregen, Fabaceae, Fabales) als Alkoholmaterial. Styropor oder Holundermark.

Reagenzien: Phloroglucin-Lösung (s. Präp. Nr. 5.1.), konz. Salzsäure oder Perchlorsäure, Sudan-Glycerin (s. Präp. Nr. 5.7.), Chlorzinkjod (s. Präp. Nr. 5.3.).

Präparation: Mit dem Skalpell wird ein schmaler Rindenstreifen herausgeschnitten, abgezogen und zwischen Styropor (s. Präp. Nr. 5.3.) quer geschnitten. Die Schnitte werden in Wasser sowie in den folgenden Reagenzien untersucht: Phloroglucin-Salzsäure, Chlorzinkjod und Sudan-Glycerin. Es empfiehlt sich, das Sudan-Glycerin-Präparat über der Flamme leicht zu erwärmen, um einen tieferen Farbton zu erhalten.

Aufgabe: Bei starker Vergrößerung ist ein Ausschnitt aus dem Periderm mit angrenzendem Rindengewebe zu zeichnen. Mit Hilfe der betreffenden Nachweisreaktion ist zu prüfen, welche Teile der Zellwand verholzt bzw. verkorkt sind.

Beobachtungen: Das Phellogen wird bei *Laburnum anagyroides* in der dritten Schicht unter der Epidermis angelegt. Bei älteren Stämmen hat es bereits ein mehrschichtiges Korkgewebe gebildet, dessen Zellen in regelmäßigen, radial verlaufenden Reihen angeordnet sind (Fig. 14.1 A, B).

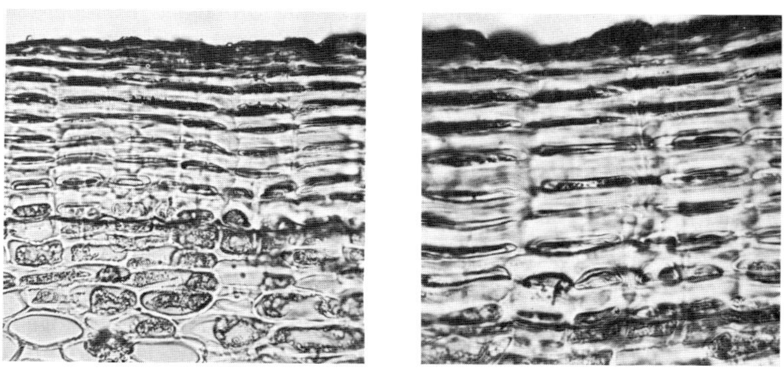

A B

Fig. 14.1 *Laburnum anagyroides,* A. Periderm quer. Die Zellen des Phellems sind stark verdickt. Darunter die plasmareichen, abgeflachten Zellen des Phellogens. Am unteren Rande des Bildes Zellen des Rindengewebes (500 ×), B. Phellem, stärker vergrößert (750 ×).

Die jüngeren Korkzellen sind farblos, die älteren gelb bis braun gefärbt. Ihre Wände, insbesondere die Außenwände, sind stark verdickt und bestehen aus mehreren, meist deutlich zu unterscheidenden Schichten (Fig. 14.1 B). Die äußerste, relativ dünne Schicht ist die Primärwand. Sie färbt sich nach Chlorzinkjod-Behandlung blau an, sofern sie nicht verholzt ist und eine positive Ligninreaktion gibt. Die starke Sekundärwand, die vor allem bei stärkeren Vergrößerungen eine deutliche Schichtung erkennen läßt, färbt sich in den mit Sudan-Glycerin behandelten Präparaten infolge ihres Suberin-Gehaltes rot an. Die innerste, das Lumen auskleidende Schicht gibt entweder Cellulosereaktion oder eine dem Grade ihrer Verholzung entsprechende Ligninreaktion.

14.2. *Sambucus nigra:* Periderm und Lentizelle

Material: Zweigstücke verschiedenen Alters von *Sambucus nigra* (Holunder, Caprifoliaceae, Dipsacales) als Alkohol- oder Frischmaterial:

a) Jüngeres Zweigstück, dessen Oberfläche eine beginnende Graufärbung zeigt.

b) Älteres Zweigstück mit deutlich graubrauner Oberfläche und Lentizellen.

Das Material ist vorher mikroskopisch auf seine Brauchbarkeit zu kontrollieren.

Reagenzien: Sudan-Glycerin (s. Präp. Nr. 5.7.).

Präparation: Es werden dünne Querschnitte durch die Randpartien jüngerer und älterer Zweigstücke hergestellt und in einen Tropfen Wasser, die Schnitte durch den älteren Zweig auch in Sudan-Glycerin übertragen (Präparat leicht erwärmen! s. Präp. Nr. 14.1.). Außerdem werden möglichst mediane Querschnitte durch die Lentizellen geführt. Muß zum Anschneiden einer Lentizelle eine dickere Scheibe vom Zweig abgeschnitten werden, so ist hierzu unter keinen Umständen die für die dünnen Schnitte benutzte Rasierklinge zu verwenden, sondern ein Skalpell o. ä..

Aufgaben: Bei starker Vergrößerung werden an genügend dünnen Stellen der Schnitte verschiedene Stadien der Peridermentwicklung untersucht und gezeichnet, und zwar sowohl die Anlage des Phellogens in einem jüngeren Sproß als auch ein Teil des ausgebildeten Periderms von einem älteren Sproß. Außerdem ist ein Schnitt durch eine Lentizelle zellulär auszuführen.

Beobachtungen: Betrachten wir zunächst einen Schnitt durch einen jüngeren Sproß (Fig. 14.2 A). Außerhalb des geschlossenen Leitbündelzylinders, der durch das sekundäre Dickenwachstum bereits an Umfang zugenommen hat, liegt das Rindengewebe. Unter der Epidermis befindet sich ein Ring von Plattenkollenchymgewebe (Fig. 14.2 B), der aus zwei bis drei, an den vorspringenden Leisten sogar noch mehr Zellschichten besteht (Fig. 14.2 A). Er ist nur unter den Spaltöffnungen

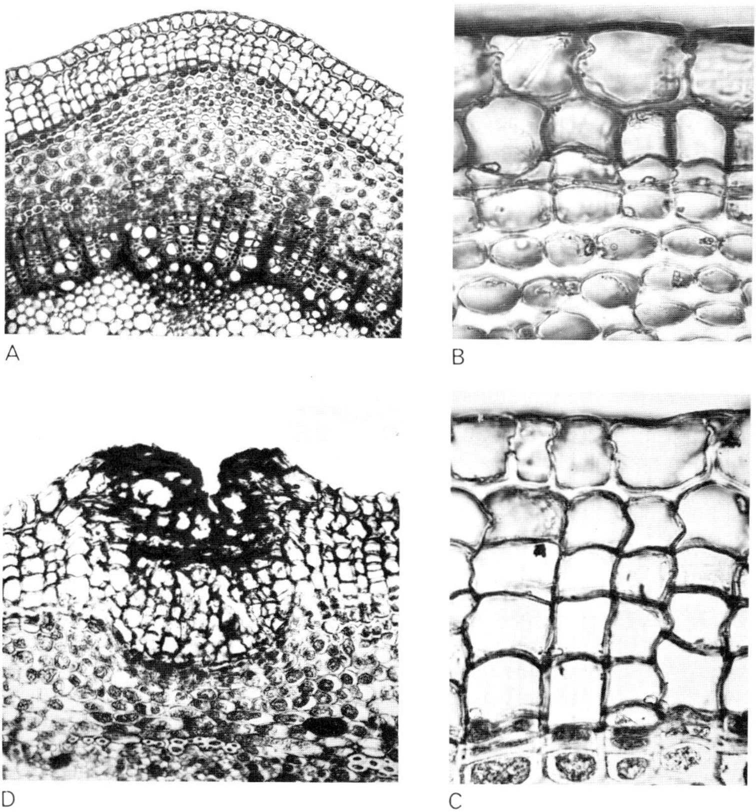

Fig. 14.2 *Sambucus nigra,* Periderm und Lentizelle. A. Querschnitt durch einen Sproß (Übersichtsbild), dessen Korkgewebe bereits vier Zellschichten stark ist. Darunter mehrschichtiges Plattenkollenchym, das in der etwas vorspringenden Leiste besonders stark entwickelt ist (120 ×), B. Phellogen bei Beginn der Teilungstätigkeit. Darunter eine Phellodermschicht sowie mehrere Lagen kollenchymatischer Rindenzellen (500 ×), C. etwas älteres Stadium. Nach außen sind bereits vier Lagen von Korkzellen abgegliedert worden (500 ×), D. Lentizelle, quer (120 ×).

unterbrochen. Die übrigen Rindenzellen haben parenchymatischen Charakter und führen zahlreiche Chloroplasten.

Das Phellogen wird in der subepidermalen Kollenchymschicht angelegt, deren Zellen sich tangential teilen und vorwiegend Zellen nach außen abgliedern (Fig. 14.2 B). Wie der Schnitt durch einen älteren Zweig zeigt (Fig. 14.2 C), sind die Zellen des Korkgewebes wiederum in regelmäßigen radialen Reihen angeordnet. Die Verkorkung ihrer Wände läßt sich durch die Rotfärbung der Zellwände nach Behandlung mit Sudan-Glycerin nachweisen. In geringerem Umfang werden vom Kambium auch unverkorkte, chloroplastenführende Zellen nach innen abgegliedert. Sie bilden das Phelloderm.

Einen Querschnitt durch eine Lentizelle zeigt Fig. 14.2 D. Das Phellogen, das an dieser Stelle von Interzellularen durchzogen ist und auch etwas tiefer liegt als im übrigen Bereich, hat bereits mit der Produktion von Füllzellen begonnen. Sie liegen als lockerer, brauner Staub in der Lentizellenöffnung. Zu gewissen Zeiten, insbesondere im Winter, erzeugt das Phellogen auch Zellschichten, die interzellularenärmer und untereinander fester verbunden sind. Sie werden dann im Frühjahr durch erneut gebildete lockere Füllzellen wieder durchbrochen. Nach innen gliedert das Phellogen auch im Bereich der Lentizellen in geringerem Umfang Phellodermzellen ab.

Verfolgt man die Entwicklung der Lentizellen an Schnitten durch junge Zweige, so stellt man fest, daß sie unter den Spaltöffnungen angelegt werden. Infolgedessen findet sich im Bereich der Lentizellen kein Plattenkollenchym (s. o.).

14.3. *Quercus suber:* Kork

Material: Flaschenkork in Stücken als Alkoholmaterial. *Quercus suber* (Korkeiche, Fagaceae Fagales).

Reagenzien: Sudan-Glycerin (s. Präp. Nr. 5.7.), Phloroglucin-Lösung (s. Präp. Nr. 5.1.), konz. Salzsäure oder Perchlorsäure, Chlorzinkjod-Lösung (s. Präp. Nr. 5.3.).

Präparation: Dünne Schnitte durch ein Stück Flaschenkork werden in je einen Tropfen der oben genannten Reagenzien übertragen und bei starker Vergrößerung untersucht.

Aufgabe: Zeichnung eines Ausschnittes aus dem Korkgewebe.

Beobachtungen: Der Flaschenkork wird aus dem Phellem der Korkeiche gewonnen. Streng genommen handelt es sich hierbei eigentlich um

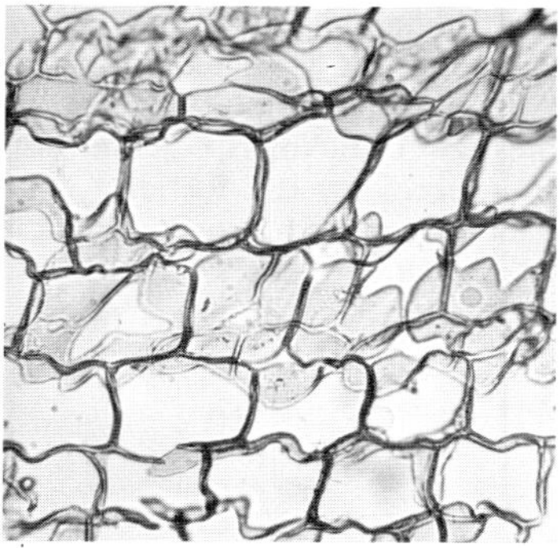
A

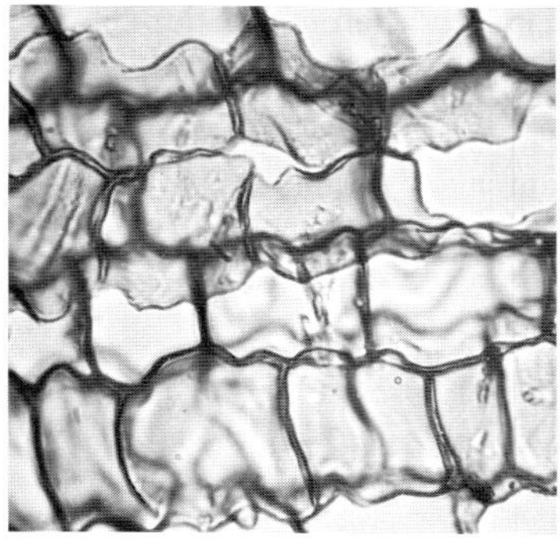
B

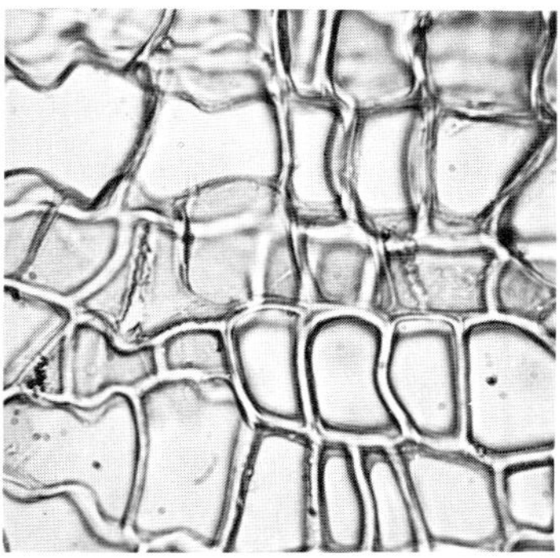
C

Fig. 14.3 *Quercus suber,* Kork. A. Schnitt durch Flaschenkork, mit Sudan-Glycerin behandelt (500 ×), B. wie A., mit Phloroglucin-Salzsäure behandelt (750 ×), C. Schnitt in der Nähe einer Jahresgrenze, mit Chlorzinkjod behandelt (750 ×).

Borke, doch ist die Menge des vom Phellogen erzeugten Korkgewebes so groß, daß der Flaschenkork nahezu ausschließlich aus Phellem besteht.

Wie Fig. 14.3 A zeigt, sind die Korkzellen etwa rechteckig und in ziemlich regelmäßigen Reihen angeordnet. Sie sind verhältnismäßig dünnwandig, doch zeigt die genauere Untersuchung eines größeren Bereiches, daß die gegen Ende der Vegetationsperiode gebildeten Korkzellen flacher und dickwandiger sind als die im Frühjahr gebildeten (Fig. 14.3 C). Sie sind daher zum Studium des Zellwandaufbaus besser geeignet. Da im Frühjahr wieder dünnwandige Zellen gebildet werden, lassen sich auch hier Jahresgrenzen feststellen.

Die Zellwand läßt, insbesondere nach Behandlung mit gewissen Chemikalien, einen mehrschichtigen Aufbau erkennen (Fig. 14.3 A, B, C).

Einer mittleren Schicht, die durch die Mittellamelle und die beiden Primärwände der benachbarten Zellen gebildet wird, liegen beidseitig breitere Verdickungsschichten auf, die, wie die Behandlung mit Sudan-Glycerin zeigt, verkorkt sind. Jede dieser Verdickungsschichten ist durch eine dünnere, unverkorkte Celluloseschicht, die tertiäre Verdickungsschicht, abgedeckt. Durch Behandlung mit Phloroglucin-Salzsäure läßt sich nachweisen, daß die mittlere Schicht verholzt ist.

15. Wurzel

Der Wurzelscheitel ist von einer Wurzelhaube, der Kalyptra, umhüllt. Darunter befindet sich bei den Angiospermen das ruhende Zentrum, dessen Zellen sich ungleich seltener teilen als die der unmittelbar anschließenden meristematischen Zone, der eigentlichen Zellteilungszone. Letztere geht ohne scharfe Grenze in die Zellstreckungszone über, in der insbesondere die Vorläufer der leitenden Elemente eine Längsstrekkung erfahren. Hierauf folgt die Wurzelhaarzone. Die Wurzelhaare entstehen durch lokales Flächenwachstum der Außenwände der äußeren Zellschicht, der Rhizodermis. Bei manchen Pflanzen wachsen alle Rhizodermiszellen zu Wurzelhaaren aus, bei anderen sind nur bestimmte Zellen, die Trichoblasten, zur Bildung von Wurzelhaaren befähigt. Im Gegensatz zur Epidermis sind die Wände der Rhizodermiszellen weder cutinisiert noch von einer Cuticula überzogen. In der Wurzelhaarzone erfolgt auch die Differenzierung der übrigen Gewebe.

Während bei der Sproßachse die mechanischen und meist auch die leitenden Elemente im typischen Falle peripher angeordnet sind, liegen sie bei der Wurzel im Zentrum. Im primären Zustand besitzt die Wurzel ein im Zentralzylinder gelegenes radiales Leitsystem. Bei diesem sind die Xylemelemente in Leisten angeordnet, die vom Zentrum zur Peripherie ausstrahlen, so daß im Querschnitt eine mehr oder weniger sternförmige Figur entsteht. Je nach Anzahl der Strahlen (2, 3, 4, usw.) bezeichnet man das Leitsystem als diarch, triarch, tetrarch, usw. bis polyarch. Die Größe der Gefäße nimmt von innen nach außen ab. Im Zentrum stoßen die Xylemstrahlen entweder unmittelbar aufeinander oder auf ein zentrales Speicherparenchym, dessen Zellen entweder dünnwandig oder sklerenchymatisch verdickt und dann meist auch verholzt sind. Die Phloemstränge liegen in entsprechender Anzahl zwischen den Xylemradien, von denen sie durch Platten parenchymatischen Gewebes getrennt sind. Die äußerste Schicht des Zentralzylinders ist das Perikambium, das auch als Perizykel bezeichnet wird.

Der Zentralzylinder ist von dem Rindengewebe umgeben, das reich an Interzellularen ist und aus dünnwandigen Parenchymzellen besteht. Durch seine innerste Zellschicht, die Endodermis, ist es meist deutlich gegen den Zentralzylinder abgesetzt. Im primären Zustand besitzt die Endodermis Casparysche Streifen, das sind Einlagerungen von Endodermin in die radialen Zellwände. Im sekundären Zustand ist die gesamte Zellwand innen mit einer Endoderminlamelle ausgekleidet, während im tertiären Zustand die Zellwände durch Auflagerung verholzter Celluloseschichten verdickt werden. Häufig werden nur die radialen und die inneren tangentialen Wände verdickt, so daß die

Wandverdickungen im Querschnitt die Gestalt eines nach außen geöffneten U haben. In diesem Falle bleiben einzelne Zellen, die entweder vor den Xylemstrahlen bzw. vor den die Xylem- und Phloemanteile trennenden Parenchymplatten liegen, unverändert. Dies sind die Durchlaßzellen, die die Wasser- und Ionenaufnahme in den Zentralzylinder kontrollieren.

Außen ist das Rindengewebe entweder durch die Rhizodermis oder, in älteren Abschnitten der Wurzel, in denen diese bereits abgestorben ist, durch eine ein- bis mehrschichtige Exodermis begrenzt. Die Wände der Exodermiszellen sind verkorkt und häufig auch verholzt. Die Luftwurzeln mancher Monokotyledonen sind außen von einem Wasserspeichergewebe bedeckt, dem Velamen radicum. Seine Zellen sind abgestorben. Sie besitzen charakteristische Wandverdickungen sowie große Poren, durch die Wasser eindringen kann. Dieses wird dann im Laufe der Zeit durch die Durchlaßzellen der unter dem Velamen liegenden Exodermis in das Rindengewebe aufgenommen.

Bei den Gymnospermen und den dikotylen Angiospermen setzt das sekundäre Dickenwachstum der Wurzel etwa gleichzeitig mit dem der Sproßachse ein. Das Kambium entsteht in den parenchymatischen Gewebestreifen, die Xylem und Phloem voneinander trennen. Vor den Xylemstrahlen stößt es auf das Perikambium, dessen Zellen in diesem Bereich ebenfalls meristematisch werden, so daß ein geschlossener Kambiummantel von etwa sternförmigem Querschnitt entsteht. Gleich dem der Sproßachse erzeugt er nach innen Holz und nach außen Bast. Die zwischen den Xylemstrahlen liegenden Einbuchtungen des Holzteiles werden in der Anfangsphase durch eine verstärkte Tätigkeit des Kambiums in diesem Bereich ausgefüllt, so daß schließlich ein zentraler Holzzylinder entsteht, der von einem Kambiummantel mit ringförmigem Querschnitt umgeben ist. Vor den radial angeordneten Xylemstrahlen des primären Bündels werden die parenchymatischen Holzstrahlen angelegt. Hinter den primären Phloemsträngen wird der Bast gebildet. Dieser enthält parenchymatische Baststrahlen, die die Holzstrahlen nach außen fortsetzen. Zusätzlich können später sekundäre Holz- und Baststrahlen angelegt werden.

15.1. *Lepidium sativum:* Bau der Wurzel

Material: Etwa 6 Tage alte Keimpflanzen von *Lepidium sativum* (Gartenkresse, Brassicaceae, Capparales). Die Höhe der Keimpflanzen soll zum Zeitpunkt der Untersuchung 2–3 cm betragen. Auch Keimlinge von *Sinapis alba* (Senf, gleiche Familie) sind geeignet.

Reagenzien: 96%iges Äthanol.

Präparation: Eine Wurzel wird mit dem Rasiermesser oder Skalpell vorsichtig und ohne Beschädigung der Wurzelhaare vom Keimling getrennt, auf einen Objektträger in einen großen Tropfen Wasser übertragen und mit dem Deckglas abgedeckt. In gleicher Weise wird eine zweite Wurzel präpariert, die aber in 96%igem Äthanol untersucht wird.

Aufgabe: Zeichnung einer Wurzel. Bei stärkerer Vergrößerung sind außerdem einige Entwicklungsstadien der Wurzelhaare zu zeichnen.

Beobachtungen: An der Spitze der Wurzel ist die Wurzelhaube deutlich zu erkennen. Ihre Zellen haben sich z.T. abgelöst und liegen in der näheren Umgebung der Wurzelspitze. In einiger Entfernung hiervon beginnt die Wurzelhaarzone. Bei *Lepidium* bildet jede Rhizodermiszelle ein Wurzelhaar aus. Zunächst entstehen kleine Vorwölbungen, die zu handschuhfingerartigen Ausstülpungen auswachsen und sich durch Spitzenwachstum immer weiter verlängern (Fig. 15.1 A–C). Sie drängen sich zwischen den Erdpartikeln hindurch und tragen erheblich zur Vergrößerung der resorbierenden Oberfläche der Wurzel bei. Die Lebensdauer der Wurzelhaare ist begrenzt. An den älteren Teilen der

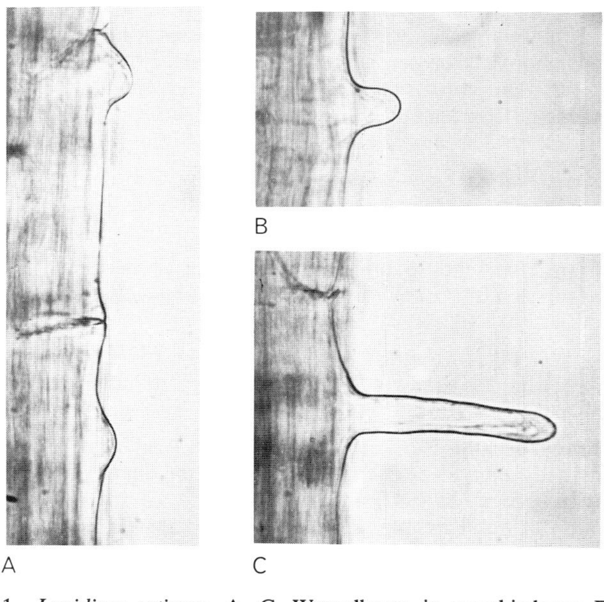

A B C

Fig. 15.1 *Lepidium sativum,* A.–C. Wurzelhaare in verschiedenen Entwicklungsstadien (500 ×).

Wurzel gehen sie zugrunde, worauf die Rhizodermis durch eine Exodermis ersetzt wird. Diese geht in der Regel aus der subrhizodermalen Zellschicht hervor, deren Zellwände verkorken.

Die gleichzeitig mit Beginn der Wurzelhaarbildung einsetzende Differenzierung führt zunächst zur Gliederung des Wurzelkörpers in Zentralzylinder, Rinde und Protoderm, das als einschichtige Lage den Wurzelkörper nach außen hin begrenzt. Diese Gliederung wird mit zunehmender Entfernung von der Wurzelspitze immer deutlicher. Dies läßt sich im Totalpräparat allerdings meist nicht ohne weiteres feststellen, da die Interzellularen des Wurzelgewebes, die in einiger Entfernung vom Wurzelscheitel beginnen, von Luft erfüllt sind und infolge Reflexion und Streuung des Lichtes eine Durchstrahlung der Wurzel verhindern. Legt man diese jedoch in 96%iges Äthanol ein, so wird die Luft in kurzer Zeit völlig verdrängt und die Wurzel durchsichtig. Die an ihren Wandverdickungen leicht kenntlichen Gefäße lassen sich dann bis in die Zone der Wurzelhaare hinein verfolgen.

15.2. *Clivia miniata:* Primäre Endodermis

Material: Wurzeln von *Clivia miniata* (Clivie, Amaryllidaceae, Liliales) mit einem Durchmesser von etwa 6–8 mm als Alkoholmaterial, das härter ist und sich besser schneiden läßt als Frischmaterial. Auch jüngere Wurzeln von *Ranunculus repens* (kriechender Hahnenfuß, Ranunculaceae, Ranunculales), *Allium cepa* (Zwiebel, Liliaceae, Liliales) oder *Acorus calamus* (Kalmus, Araceae, Arales) sind geeignet.

Reagenzien: Phloroglucin-Lösung (s. Präp. Nr. 5.1.), konz. Salzsäure oder Perchlorsäure, Chlorzinkjod-Lösung (s. Präp. Nr. 5.3.), Sudan-Glycerin (s. Präp. Nr. 5.7.).

Präparation: Querschnitte durch die Wurzel etwas oberhalb der Wurzelhaarzone werden teils in Wasser, teils in den angegebenen Reagenzien untersucht.

Aufgabe: Nach Anfertigung einer schematischen Übersichtsskizze des Wurzelquerschnittes wird ein Sektor des Zentralzylinders mit Endodermis zellulär gezeichnet.

Beobachtungen: Der Zentralzylinder (Fig. 15.2 A) ist bei *Clivia* von einem mächtig entwickelten Rindengewebe umgeben, das aus großen parenchymatischen Zellen besteht und reich an Interzellularen ist. Außerhalb der das Rindengewebe abschließenden Exodermis liegt ein mehrschichtiges Velamen radicum. Seine Wände sind durch Verdikkungsleisten verstärkt (Fig. 15.2 B) und, wie die Behandlung mit Sudan-Glycerin bzw. Phloroglucin-Salzsäure zeigt, sowohl verkorkt als auch verholzt.

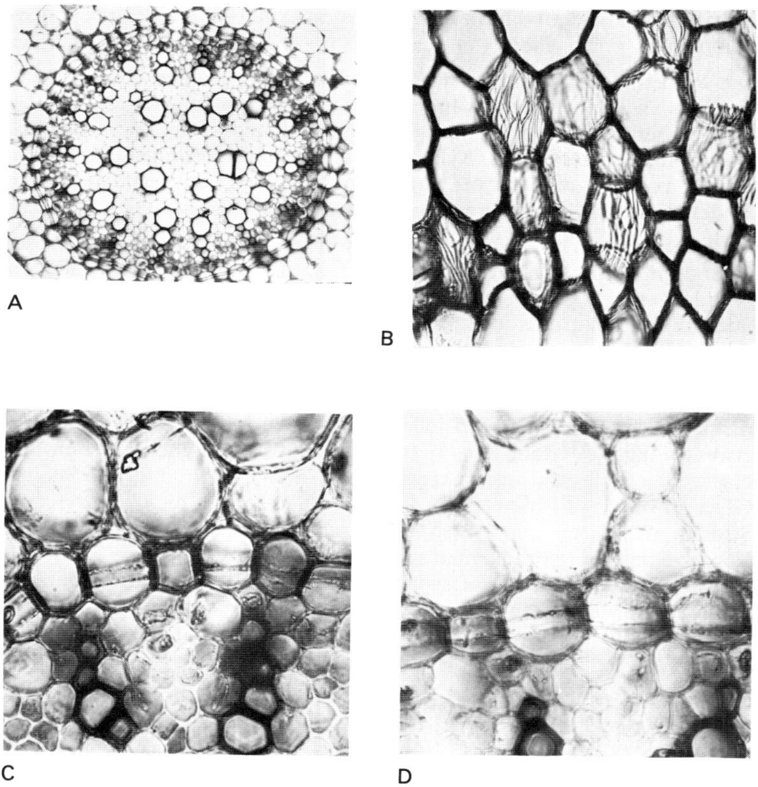

Fig. 15.2 *Clivia miniata,* Querschnitt durch die Wurzel. A. Zentralzylinder mit umgebendem Rindengewebe (250 ×). Die Endodermis ist an den Casparyschen Streifen deutlich zu erkennen. B. einige Zellen des Velamen radicum mit Verdickungsleisten, nach Behandlung mit Phloroglucin-Salzsäure (500 ×), C. Ausschnitt aus dem Zentralzylinder nach Phloroglucin-Salzsäure-Behandlung. Die Gefäße der beiden im Schnitt getroffenen Xylemstrahlen sind infolge des positiven Ausfalls der Reaktion dunkel gefärbt. Das Phloem fällt durch seine silbrig leuchtenden Zellwände auf. Darüber Perikambium, Endodermis und eine Rindenschicht (500 ×), D. Endodermis mit Casparyschen Streifen (500 ×).

Der Zentralzylinder enthält ein polyarches Leitsystem (Fig. 15.2 A). Die Zahl der Xylemstrahlen beträgt im Durchschnitt 12 bis 15. Die Größe der wasserleitenden Elemente nimmt von außen nach innen zu, so daß die weitlumigen Treppengefäße am weitesten innen liegen. Das Zentrum wird von einem dünnwandigen parenchymatischen Gewebe eingenommen.

Die Phloemelemente liegen zwischen den Xylemstrahlen (Fig. 15.2 C). Sie sind an ihren hellen Wänden leicht zu erkennen. Siebröhren und Geleitzellen sind nicht ohne weiteres voneinander zu unterscheiden. Von den Elementen des Xylems sind die Phloemstränge durch eine Schicht parenchymatischer Zellen getrennt. Gegen das Rindengewebe ist der Zentralzylinder durch das Perikambium abgesetzt.

Die innerste, an das Perikambium grenzende Rindenschicht ist die Endodermis. Sie liegt hier im primären Zustand vor, d. h. die radialen Wände besitzen Casparysche Streifen. Der mit Endodermin und u. U. auch mit Lignin inkrustierte Bereich umläuft als geschlossenes Band die radialen Wände der Endodermiszellen. Im Querschnitt erscheint das Band an den vertikalen Radialwänden als dunkler Punkt oder Streifen (Fig. 15.2 C). Die Zellwände erscheinen in diesem Bereich etwas verdickt. Dieser Eindruck wird jedoch durch den infolge Turgorabnahme etwas welligen Verlauf der im Bereich der Casparyschen Streifen unelastischen Zellwand nur vorgetäuscht. Nach Behandlung mit Sudan-Glycerin bzw. mit Phloroglucin-Salzsäure färben sich die Casparyschen Streifen rötlich an und treten hierdurch deutlicher hervor. Eine Art Negativdarstellung erhält man mit Chlorzinkjod, da sich die Zellwand schwach blau färbt, die Casparyschen Streifen hingegen ungefärbt bleiben. Hierdurch kann man den Verlauf der Bänder deutlich machen (Fig. 15.2 D).

15.3. *Iris germanica:* Tertiäre Endodermis

Material: Stärkere Wurzeln von *Iris germanica* (Schwertlilie, Iridaceae, Liliales) als Alkoholmaterial. Dieses ist härter und läßt sich besser schneiden als Frischmaterial.

Reagenzien: Phloroglucin-Lösung (s. Präp. Nr. 5.1.), konz. Salzsäure oder Perchlorsäure, Sudan-Glycerin (s. Präp. Nr. 5.7.).

Präparation: Querschnitte durch die Wurzel werden teils in Wasser, teils in die angegebenen Reagenzien übertragen und untersucht.

Aufgabe: Zunächst wird eine Übersichtszeichnung des Wurzelquerschnittes angefertigt, dann ein Ausschnitt aus dem Zentralzylinder mit Endodermis und angrenzendem Rindengewebe zellulär gezeichnet.

Beobachtungen: Betrachtet man den Wurzelquerschnitt bei schwächerer Vergrößerung (Fig. 15.3 A), so erkennt man, daß auch bei *Iris* der Zentralzylinder von einem mächtig entwickelten Rindengewebe aus großen dünnwandigen Parenchymzellen umgeben ist. Nach außen ist es

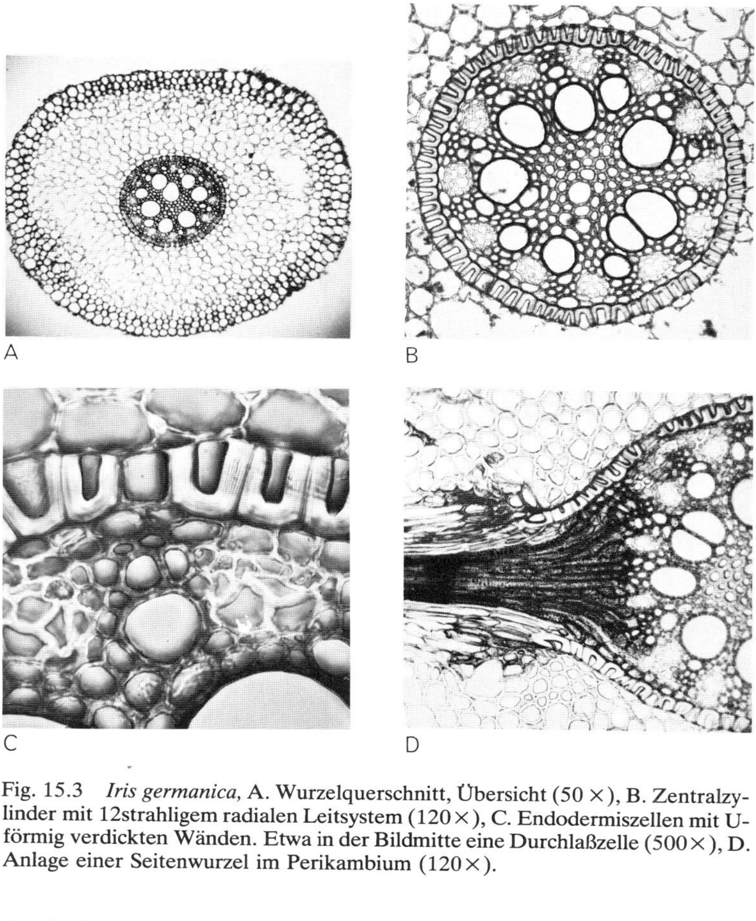

Fig. 15.3 *Iris germanica*, A. Wurzelquerschnitt, Übersicht (50 ×), B. Zentralzylinder mit 12strahligem radialen Leitsystem (120 ×), C. Endodermiszellen mit U-förmig verdickten Wänden. Etwa in der Bildmitte eine Durchlaßzelle (500 ×), D. Anlage einer Seitenwurzel im Perikambium (120 ×).

durch eine mehrschichtige Exodermis begrenzt, deren Zellwände, wie die Nachweisreaktionen mit Sudan-Glycerin und Phloroglucin-Salzsäure zeigen, sowohl verkorkt als auch verholzt sind. Ein Velamen radicum, wie es bei *Clivia* vorkommt, ist hier nicht entwickelt.

Der Zentralzylinder enthält ein polyarches, radiales Leitsystem mit etwa 10–12 Xylemstrahlen (Fig. 15.3 B). Auch hier liegen die Gefäße mit den weitesten Lumina innen. Sie grenzen an ein zentrales parenchymatisches Gewebe, dessen Zellen jedoch, im Gegensatz zu *Clivia*, verdickt und verholzt sind. Die an ihren weißglänzenden Wänden leicht zu erkennenden Phloemelemente liegen in Strängen zwischen den Xylemstrahlen und sind von diesen durch einschichtige Parenchymstreifen getrennt (Fig. 15.3 C). Siebröhren und Geleitzellen lassen sich nur schwer voneinander unterscheiden.

Die äußerste Schicht des Zentralzylinders, das Perikambium, grenzt an die Endodermis. Sie liegt in dem für viele Monokotylen charakteristischen tertiären Zustand vor, d.h. die Zellwände sind durch aufgelagerte Celluloseschichten verdickt (Fig. 15.3 C). Die Behandlung mit Phloroglucin-Salzsäure und Sudan-Glycerin zeigt, daß die Zellwände verholzt und verkorkt sind. Da die Verdickungen bei *Iris* auf die radialen Wände und die innere Tangentialwand begrenzt sind, sehen sie im Querschnitt U-förmig aus. Etwa in der Mitte der Fig. 15.3 C erkennt man eine Durchlaßzelle, die unverdickt, unverkorkt und unverholzt ist. Im Perikambium werden die Seitenwurzeln angelegt, die Endodermis und Rindengewebe durchbrechen (Fig. 15.3 D).

15.4. *Vicia faba:* Sekundäres Dickenwachstum der Wurzel

Material: Wurzeln verschiedener Altersstadien von *Vicia faba* (Saubohne, Fabaceae, Fabales) als Frisch- oder Alkoholmaterial. Letzteres ist härter und läßt sich deshalb besser schneiden.

Reagenzien: Phloroglucin-Lösung (s. Präp. Nr. 5.1.), konz. Salzsäure oder Perchlorsäure.

Präparation: Querschnitte durch verschieden alte Wurzeln werden teils in Wasser, teils in Phloroglucin-Salzsäure übertragen und untersucht.

Aufgabe: Zunächst werden bei schwächerer Vergrößerung schematische Übersichtszeichnungen von Querschnitten durch Wurzeln im primären Zustand und in verschiedenen Stadien des sekundären Dickenwachstums angefertigt. Anschließend werden Ausschnitte aus dem Zentralzylinder gezeichnet, die die Anlage des Kambiums und die erste Phase des sekundären Dickenwachstums zeigen.

Beobachtungen: Fig. 15.4 A zeigt einen Querschnitt durch den Zentralzylinder einer Wurzel bei Einsetzen des sekundären Dickenwachstums. Die beginnende Teilungstätigkeit ist besonders deutlich im Perikambium vor den Xylemstrahlen des pentarchen Leitsystems zu erkennen (Pfeile). Das Zentrum wird von parenchymatischem Gewebe eingenommen. Gegen das interzellularenreiche Rindengewebe ist der Zentralzylinder durch die Endodermis mit Casparyschen Streifen abgesetzt. Diese sind im oberen Teil der Fig. 15.4 B bei stärkerer Vergrößerung deutlich zu erkennen. Im angrenzenden Perikambium und in dem zwischen Xylem und Phloem liegenden Parenchymgewebe haben sich die Zellen geteilt. Fig. 15.4 C zeigt ein weiter fortgeschrittenes Stadium der Kam-

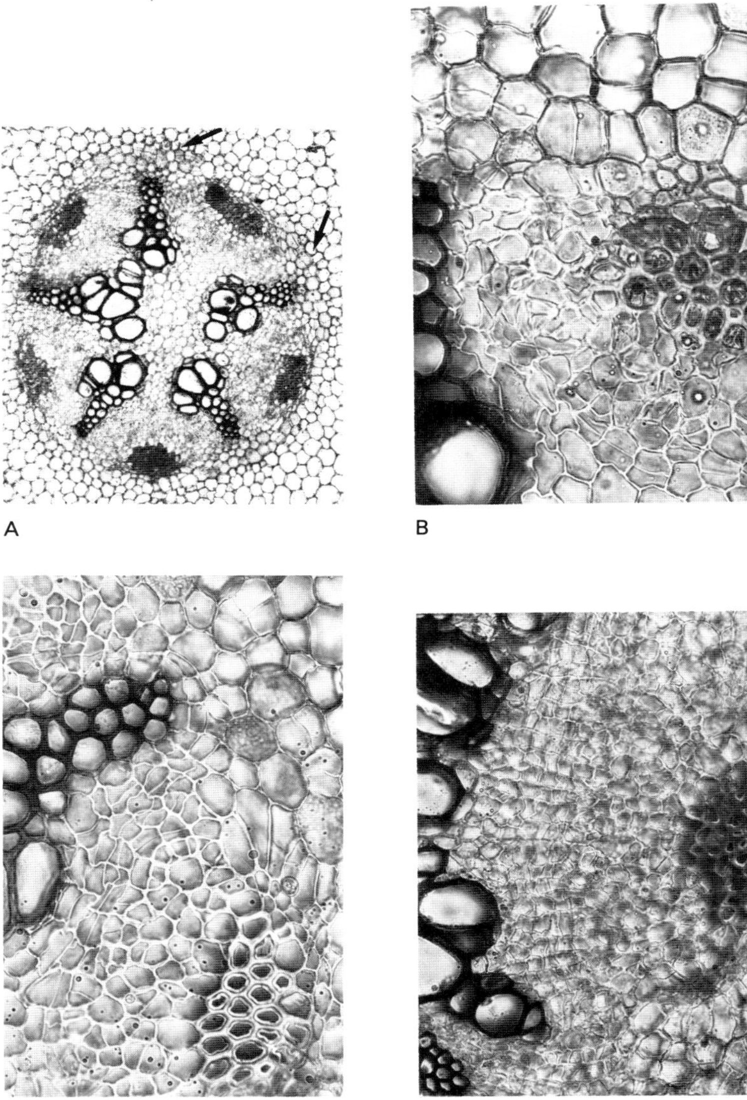

Fig. 15.4

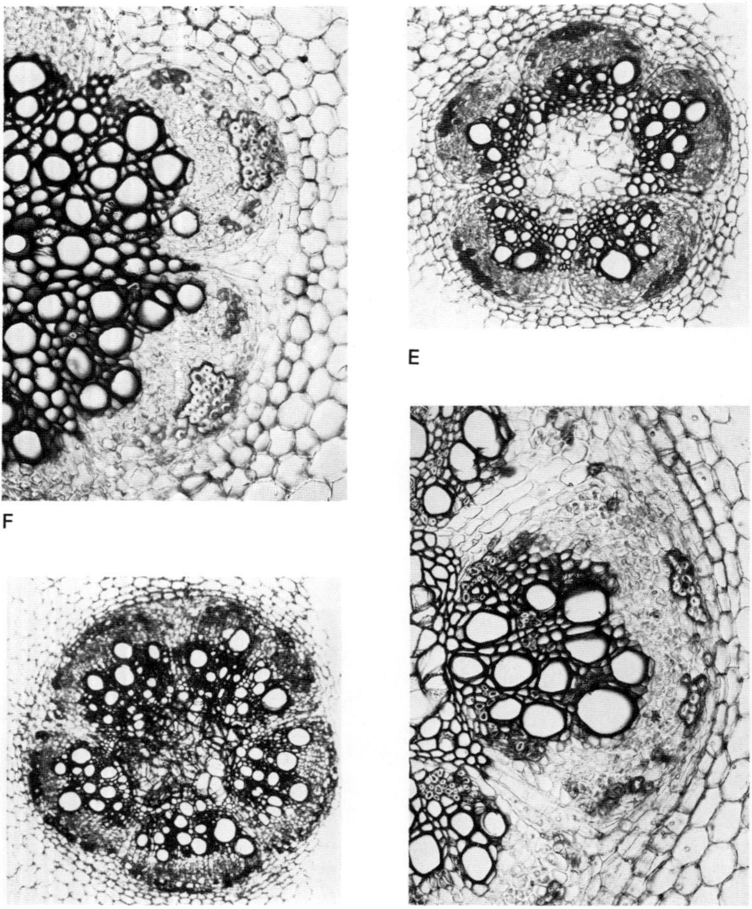

Fig. 15.4 *Vicia faba,* Wurzelquerschnitte zur Demonstration des sekundären Dickenwachstums. Alle Schnitte wurden mit Phloroglucin-Salzsäure behandelt. A. Zentralzylinder mit beginnender Kambiumbildung. Die Pfeile deuten auf einige Zellen des Perikambiums, die bereits ihre Teilungstätigkeit aufgenommen haben (70 ×), B. Ausschnitt aus einem Zentralzylinder. Links primärer Xylemstrahl, rechts Phloem. In dem dazwischenliegenden Parenchym wie auch im Perikambium vor dem Xylemstrahl haben sich bereits zahlreiche Zellen geteilt (310 ×), C. wie B., weiter fortgeschrittenes Stadium mit einem durchgehenden Kambiumstreifen um den Xylemstrahl (290 ×), D. wie B., mit einem in lebhafter

biumanlage, Fig. 15.4 D ein vielschichtiges Kambium, das in lebhafter Teilung begriffen ist. Durch eine lokal verstärkte, nach innen gerichtete Kambiumtätigkeit werden zunächst die Einbuchtungen zwischen den Xylemstrahlen ausgeglichen (Fig. 15.4 E, F). Auf diese Weise entsteht ein runder Holzkörper, der von einem nunmehr ringförmigen Kambiummantel umgeben ist, durch dessen jahresrhythmische Tätigkeit ein zentraler Holzkörper mit Jahresringen entsteht. Durch die nach außen gerichtete Bildung sekundären Phloems wird das primäre Phloem mit den begleitenden Sklerenchymsträngen nach außen gedrängt. Vor den primären Xylemstrahlen werden die Holzstrahlen angelegt, die in den Baststrahlen ihre Fortsetzung finden und mit Fortschreiten des sekundären Dickenwachstums immer deutlicher hervortreten (Fig. 15.4 G, H).

Teilungstätigkeit begriffenen, vielzelligen Kambiumstreifen (190 ×), E. Zentralzylinder nach Einsetzen des sekundären Dickenwachstums. Zwischen den Xylemstrahlen ist sekundäres Xylem gebildet worden, wodurch die Einbuchtungen ausgeglichen wurden. Vor den Xylemstrahlen werden die primären Holzstrahlen angelegt. Zwischen den äußeren Bastteilen und dem Holzkörper verläuft ringförmig das Kambium (70 ×), F. wie E., Ausschnitt. Das nach außen gedrängte primäre und das neugebildete sekundäre Phloem sind gut zu unterscheiden (125 ×), G. weiter fortgeschrittenes Stadium des sekundären Dickenwachstums. Das sekundäre Phloem hat sich zu einem Ring geschlossen. Vor den Holzstrahlen liegen die Baststrahlen (45 ×), H. wie G., Ausschnitt (110 ×).

16. Kern- und Zellteilung. Scheitelmeristeme

Das Zellteilungswachstum erfolgt bei Pflanzen bevorzugt in besonderen Bildungsgeweben, den Meristemen. Abweichend vom Wurzelscheitel, dessen Spitze unter der Wurzelhaube von dem ruhenden Zentrum eingenommen wird (s. S. 169), liegt bei der Sproßachse die Zone der höchsten Teilungsaktivität in der Spitzenregion. Diese besteht aus einer Gruppe von Initialzellen, die bei den Angiospermen eine charakteristische Anordnung zeigen. Hier teilen sich die äußeren Schichten nur antiklin, d. h. durch senkrecht zur Oberfläche stehende Wände, während sich die Zellen der inneren Schichten sowohl antiklin als auch periklin, d. h. durch parallel zur Oberfläche verlaufende Zellwände teilen. Auf diese Weise kommt es zu einer Sonderung des Gewebes in eine äußere Tunica und ein zentrales Corpus. Die Zahl der Tunicaschichten ist bei den einzelnen Pflanzenarten verschieden. Die äußerste Tunicaschicht ist das Protoderm.

Die Blattanlagen entstehen als seitliche Auswüchse am Sproßscheitel. An ihrer Bildung sind ausschließlich die Zellen der Tunicaschichten beteiligt. Man bezeichnet eine solche Entstehungsweise als exogen. Infolge ihres rascheren Wachstums eilen die Blätter dem Sproßscheitel voraus und umhüllen diesen als Knospe.

Bei vielen Algen, bei den Moosen und bei den Schachtelhalmen wird der Apex nur von einer Zelle, der Scheitelzelle, eingenommen, die nach hinten Segmente abschnürt. Sie kann ein-, zwei- oder dreischneidig sein.

Die in den Scheitelmeristemen stattfindenden Kern- und Zellteilungen sind Mitosen. Hierbei werden alle Chromosomen eines Satzes längsgeteilt und die Spalthälften, die Chromatiden, gleichmäßig auf die beiden Tochterzellen verteilt. Dabei unterliegen die Chromosomen einem charakteristischen Formwechsel von der Funktions- in die Transportform und umgekehrt. Den Ablauf der Mitose untergliedert man in einzelne Abschnitte, die jeweils durch charakteristische Abbildungen belegt werden. Sie werden als Prophase, Metaphase, Anaphase und Telophase bezeichnet. Den Abschnitt zwischen zwei Mitosen nennt man Interphase.

16.1. *Allium cepa:* Kern- und Zellteilung (Mitose)

Material: Etwa 1 bis 2 cm lange Wurzeln von *Allium cepa* (Küchenzwiebel, Liliaceae, Liliales) als Frischmaterial. Zur Anzucht des Materials werden noch nicht ausgetriebene Zwiebeln so auf Hyacinthengläser gesetzt, daß die Zwiebelscheibe sich dicht über der Wasseroberfläche befindet, ohne diese zu berühren. Sie werden 2 bis 3 Tage bei Zimmertemperatur gehalten. Auch die Staubfadenhaare von *Tradescantia virginica* (Commelinaceae, Commelinales) sind geeignete Objekte zur Untersuchung der Mitose.

Reagenzien: Zur Herstellung von Karminessigsäure werden 55 ml destilliertes Wasser und 45 ml Eisessig gemischt, mit etwa 5 g Karmin (Carminum rubrum) versetzt und 30 bis 45 min. unter Rückfluß schwach gekocht. Nach dem Abkühlen wird die Lösung filtriert und in einer dunklen Flasche aufbewahrt. Die Karminessigsäure ist praktisch unbegrenzt haltbar. Da bei längerem Stehen jedoch meist etwas Karmin ausfällt, müssen ältere Karminessigsäure-Lösungen vor Gebrauch nochmals filtriert werden.

Präparation: Eine Wurzel wird etwa 3 mm tief der Länge nach gespalten. Die beiden Spalthälften werden dann von der Wurzel abgetrennt und auf einen Objektträger in einen Tropfen Karminessigsäure übertragen. Noch günstiger ist es, zwei Längsschnitte zu führen und nur den mittleren Teil der Wurzel zu verwenden. Die Schnitte werden mit einem kleineren Deckglas abgedeckt und über der Sparflamme erhitzt, bis kleine Bläschen von der Wurzelspitze abperlen. Die Erwärmung wird dann noch 30 bis 45 s fortgesetzt. Sollte das Präparat dabei austrocknen, muß von der Seite Karminessigsäure zugesetzt werden. Hierauf legt man das Präparat zwischen Fließpapier auf den Tisch und drückt mit dem Daumen kräftig auf das Deckglas, das dabei seitlich nicht verschoben werden darf. Läßt sich das Objekt nicht quetschen, so wurde nicht lange genug erhitzt. Sind die Zellkerne verklumpt, wurde zu lange erhitzt. Da beim Pressen ein großer Teil der Karminessigsäure durch das Fließpapier aufgesogen wird, muß vor Beginn der Untersuchung noch etwas Karminessigsäure zugesetzt werden, um das Präparat vor dem Austrocknen zu bewahren. Auf keinen Fall darf jedoch Wasser zugesetzt werden! Die mikroskopische Untersuchung kann dann sogleich erfolgen.

Aufgabe: Bei starker Vergrößerung sind einige charakteristische Kernteilungsstadien zu zeichnen.

Beobachtungen: In der Regel findet man in einem Präparat alle Mitosestadien. Die in großer Zahl vorhandenen Interphasenkerne lassen das rotgefärbte »Kerngerüst« erkennen (Fig. 16.1 A). Hierbei handelt es sich um die langgestreckten Chromosomen, die im Kernraum aufgeknäult sind und scheinbar regellos durcheinander liegen. In der Prophase (Fig. 16.1 B–D) lockert sich das Kerngerüst allmählich auf. Die Chromosomen rollen sich schraubig auf und verkürzen sich zunehmend, so daß sie als Individuen immer deutlicher hervortreten. Bei

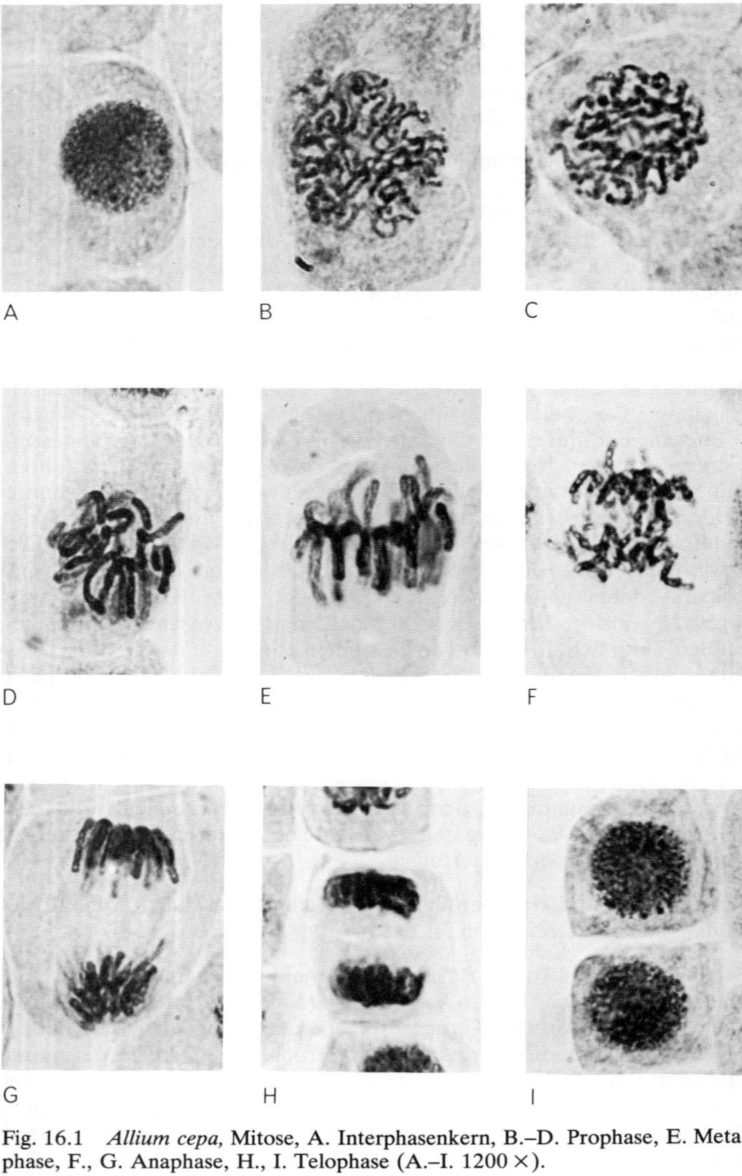

Fig. 16.1 *Allium cepa,* Mitose, A. Interphasenkern, B.–D. Prophase, E. Metaphase, F., G. Anaphase, H., I. Telophase (A.–I. 1200 ×).

genauerer Betrachtung mit stärkerer Vergrößerung erkennt man, daß sie der Länge nach in je zwei Chromatiden gespalten sind.

Den stärksten Grad der Verkürzung erreichen die Chromosomen in der Metaphase, wenn sie sich in der Äquatorialplatte anordnen (Fig. 16.1E). Die Kernspindel, die bei Verwendung der Karminessigsäure-Methode allerdings nicht distinkt hervortritt, ist jetzt fertig ausgebildet. In der folgenden Anaphase trennen sich die Spalthälften der Chromosomen und wandern zu den Spindelpolen (Fig. 16.1F, G), so daß jede Tochterzelle die gleiche Anzahl von Chromosomen erhält wie die Mutterzelle.

Schon während des Auseinanderweichens der Chromosomen wird die Zellplatte in der Mitte des Phragmoplasten angelegt (Fig. 16.1H), der allerdings, gleich dem Spindelapparat, bei der Karminessigsäure-Methode nicht hervortritt. In der Telophase erreicht sie den Anschluß an die Seitenwände und trennt als neue Querwand die beiden Tochterzellen (Fig. 16.1 I). Die Chromosomen strecken sich wieder und knäueln sich zum Kerngerüst des Interphasenkernes auf, der sich durch die Kernhülle vom Cytoplasma abgrenzt. Auch die Nucleoli, die sich in der Prophase aufgelöst haben, werden neu gebildet.

16.2. *Sphacelaria* spec.: Einschneidige Scheitelzelle

Material: Thalli von *Sphacelaria* (Sphacelariaceae, Sphacelariales) oder *Cladostephus* (Cladostephaceae, Sphacelariales) als Frischmaterial. Falls die Algen nicht das ganze Jahr über aus Kulturen zur Verfügung stehen, ist rechtzeitig ein Vorrat in Formol-Seewasser einzulegen.

Reagenzien: Formol-Seewasser (100 ml Seewasser + 10 ml Formol).

Präparation: Ein Stück eines Thallus mit gut ausgebildeten Scheitelzellen wird auf einen Objektträger in einen Tropfen Seewasser übertragen und untersucht.

Aufgabe: Zeichnung eines Thallus mit Scheitelzelle und seitlicher Verzweigung.

Beobachtungen: *Sphacelaria* und *Cladostephus* wachsen vermittels relativ großer Scheitelzellen. Diese sind einschneidig, d. h. sie gliedern nur in einer Richtung scheibenförmige Segmente ab (Fig. 16.2). Letztere werden in einiger Entfernung von der Scheitelzelle durch zusätzliche Längs- und Querwände noch weiter unterteilt. Einzelne Randzellen der Segmente wachsen zu Seitenzweigen aus, so daß insgesamt ein mehr oder weniger verzweigter Gewebethallus entsteht.

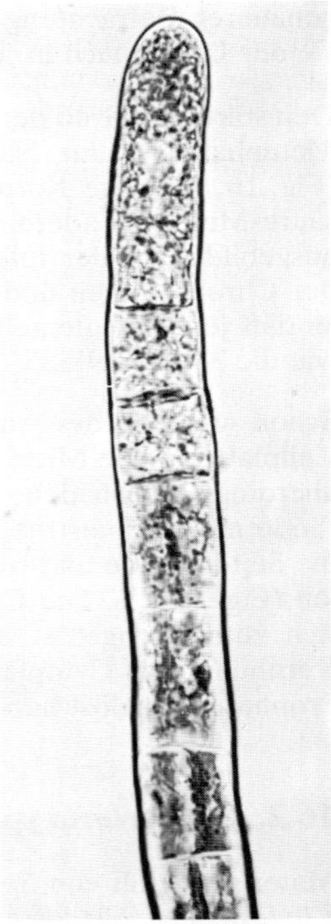

Fig. 16.2 *Sphacelaria* spec., Thallus mit Scheitelzelle (500 ×).

16.3. *Elodea canadensis:* Sproßscheitel

Material: Sprosse von *Elodea canadensis* (Wasserpest, Hydrocharitaceae, Hydrocharitales) als Frischmaterial. Auch *Elodea densa* ist geeignet. Da bei Gewächshausmaterial die Scheitelmeristeme bisweilen von Älchen angefressen sind, empfiehlt es sich, das Material jeweils vorher auf seine Brauchbarkeit zu kontrollieren. Zur Untersuchung des Längsschnittes können Dauerpräparate Verwendung finden.

Reagenzien: Chloralhydrat (s. Präp. Nr. 3.1.).

Präparation: Eine Sproßknospe wird abgeschnitten und auf einen Objektträger mit viel Wasser übertragen. Hier wird sie vorsichtig mit einer Pinzette festgehalten und vom Hinterende her verkürzt, indem mit dem Rasiermesser eine Reihe von Querschnitten geführt wird. Mit jedem Schnitt fallen, je nach Zahl der entfernten Wirtel, mehrere der den Sproßscheitel einhüllenden Blätter ab. Das Verfahren wird unter mikroskopischer Kontrolle so lange fortgesetzt, bis der Sproßscheitel freigelegt ist. Er wird mit einem Deckglas abgedeckt und in Wasser untersucht. Soll das Zellmuster noch deutlicher hervortreten, empfiehlt sich eine Behandlung mit Chloralhydrat, um den plasmatischen Zellinhalt zu entfernen.

Aufgabe: Bei schwacher Vergrößerung ist ein Sproßscheitel räumlich zu zeichnen. Sofern gute Längsschnitte vorhanden sind, ist außerdem eine zellulär ausgeführte Zeichnung eines medianen Schnittes anzufertigen.

Beobachtungen: Der Sproßscheitel ist von älteren Blättern umhüllt, die, vorn zusammenschließend, eine Knospe bilden. Werden diese in der angegebenen Weise entfernt, so läßt sich die Gliederung des Sproßscheitels schon bei schwächerer Vergrößerung erkennen. Er ist bei *Elodea* sehr schlank und in Längsrichtung gestreckt (Fig. 16.3 A). Die Blattanlagen entstehen als seitliche Wülste. Sie lassen eine gesetzmäßige Anordnung erkennen, die der späteren Blattstellung entspricht.

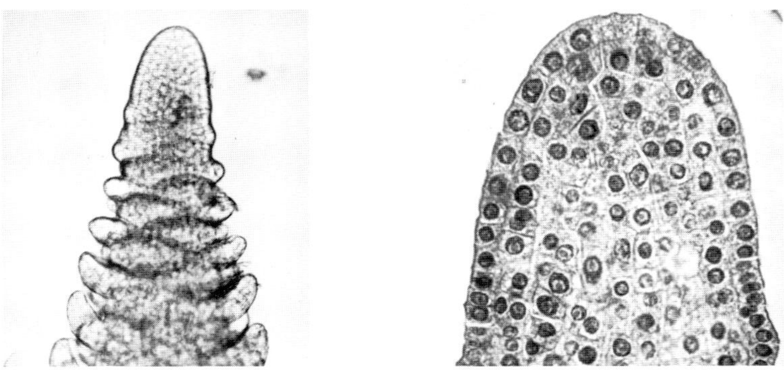

A B

Fig. 16.3 *Elodea canadensis,* Sproßscheitel. A. Totalpräparat. Die Blattanlagen sind als seitliche Wülste zu erkennen (120 ×), B. Längsschnitt. Meristematische Zellen mit großen Zellkernen (500 ×).

Bei stärkerer Vergrößerung sind die das Scheitelmeristem aufbauenden Zellen meist ohne weiteres zu erkennen. Die Zellen haben große Kerne und sind ganz von Plasma erfüllt. Vakuolen fehlen ebenso wie Interzellularen, die erst in einiger Entfernung von der Spitze als ein dunkel erscheinendes Netz zu erkennen sind.

Die genaue Anordnung der Zellschichten läßt sich am besten im Längsschnitt erkennen (Fig. 16.3 B). Der zentrale Gewebekern, das Corpus, ist von einer zweischichtigen Tunica umgeben. Unten rechts ist die erste Andeutung einer Blattanlage zu erkennen, an deren Bildung nur die Tunica beteiligt ist.

17. Blüte, Same

Die Blüten der Spermatophyten sind den Sporophyllständen der Farne homolog. Sie stehen terminal an Haupt- und Seitensprossen. Die Mikrosporophylle werden als Staubblätter (Stamina), die Makrosporophylle als Fruchtblätter (Carpelle) bezeichnet. Sie sind meist von einer sterilen Blütenhülle, dem Perianth, umgeben, das in der Regel aus zwei Blattkreisen, dem Kelch (Calyx) und der Krone (Corolla), besteht. Sind die Glieder der beiden Blattkreise gleichgestaltet, spricht man von einem Perigon.

Die Staubblätter, deren Gesamtheit man als Androeceum (= Androecium) bezeichnet, sind in einen langen, fädigen Teil, das Filament, und die Anthere gegliedert. Letztere besteht aus zwei durch das Konnektiv miteinander verbundenen Theken, von denen jede wiederum aus zwei Pollensäcken zusammengesetzt ist. Die aus dem Archespor der Pollensäcke hervorgehenden Pollenmutterzellen teilen sich unter Meiosis, so daß vier haploide Pollenkörner entstehen.

Die Fruchtblätter, deren Gesamtheit als Gynoeceum (= Gynoecium) bezeichnet wird, sind bei den Angiospermen zu einem oder zu mehreren Fruchtknoten verwachsen, die die Samenanlagen umschließen. Diese werden von einem besonderen Bildungsgewebe, der Placenta, hervorgebracht. Sie sind mit dem Fruchtblatt durch einen Stiel, den Funiculus, verbunden, der von einem Leitbündel durchzogen wird. Außen sind sie von einer oder (meist) zwei Hüllen aus sterilen Zellen, den Integumenten, umgeben, die vom Grund der Samenanlage, der Chalaza, ausgehen und am entgegengesetzten Ende eine Öffnung, die Mikropyle, freilassen. Der zentrale, an das innere Integument grenzende Gewebekomplex der Samenanlage ist der Nucellus. Er enthält den Embryosack.

Der Embryosack einer befruchtungsfähigen Samenanlage enthält an seinem oberen, der Mikropyle zugekehrten Ende den Eiapparat, bestehend aus einer Eizelle und zwei Synergiden. Am gegenüberliegenden, der Chalaza zugekehrten Pol sind die drei Antipoden abgegrenzt. Etwa in der Mitte des Embryosacks liegt der diploide, durch Verschmelzung der beiden Polkerne entstandene sekundäre Embryosackkern.

Die Befruchtung erfolgt durch Siphonogamie, d. h. die auf die Narbe gelangten Pollenkörner treiben Pollenschläuche durch das Narbengewebe in das Innere des Fruchtknotens. Durch die Mikropyle dringt der Pollenschlauch bis zum Embryosack vor. Die beiden Spermakerne bzw. -zellen werden in eine der beiden Synergiden entleert. Einer verschmilzt mit der Eizelle zur Zygote, während der andere in die Mitte der Samenanlage wandert, wo er mit dem sekundären Embryosackkern zum triploiden Endospermkern verschmilzt (doppelte Befruchtung).

Die Zygote keimt unter Ausbildung eines mehrzelligen Fadens. Dies ist der Proembryo (= Vorkeim), dessen vorderste Zelle zum Embryo wird. Der übrige Teil, der Suspensor (= Embryoträger), schiebt den Embryo tiefer in das Nährgewebe hinein und versorgt ihn mit Nährstoffen. Unter wiederholten Zellteilungen entwickelt sich der Embryo nach Durchlaufen eines zwei-, vier- und achtzelligen Stadiums zu einem vielzelligen Gebilde. Aus den vorderen vier Oktantenzellen entstehen durch weitere Teilungen die Kotyledonen (= Keimblätter), aus den an den Suspensor grenzenden Zellen das Hypokotyl. Bei den Dikotylen werden die beiden Kotyledonen bald als Vorwölbungen sichtbar. Zwischen ihnen wird der Sproßscheitel angelegt, der jedoch erst verhältnismäßig spät als kleiner Höcker erkennbar wird. Bei den Monokotylen, die nur ein Keimblatt haben, wird der Sproßscheitel seitlich angelegt. An der Spitze des Hypokotyls bildet sich später der Wurzelscheitel mit der Wurzelhaube aus, der die Keimwurzel (Radicula) bildet.

Im typischen Falle entwickelt sich gleichzeitig mit dem Embryo das Endosperm, das aus dem Plasma des Embryosacks durch wiederholte Teilungen des triploiden Endospermkerns entsteht, also ebenfalls triploid ist. Die Integumente wandeln sich zur Samenschale (= Testa) um, so daß der fertige Same aus der Samenschale, dem Nährgewebe und dem darin eingebetteten Embryo besteht. Bei manchen Pflanzen wird allerdings kein Nährgewebe ausgebildet, sondern die Aufgabe der Nährstoffspeicherung von den Kotyledonen übernommen (Speicherkotyledonen). Während der Reifung der Samen erfolgt die Umwandlung des Fruchtknotens zur Frucht.

17.1. *Yucca filamentosa:* Gynoeceum und Androeceum

Material: Etwa 3 cm lange Blütenknospen von *Yucca filamentosa* (Agavaceae, Liliales) als Alkoholmaterial. Auch einige Liliaceen wie *Lilium, Hemerocallis* oder *Tulipa* sind geeignet.

Präparation: Nach Entfernung des äußeren Blütenblattkreises werden in der Höhe der Antheren Querschnitte durch den Fruchtknoten und die Antheren geführt und in einem Tropfen Wasser untersucht.

Aufgabe: Bei Lupenvergrößerung wird eine Übersichtsskizze des Fruchtknotenquerschnittes angefertigt und hierauf eine Samenanlage

---

Fig. 17.1 *Yucca filamentosa,* Blüte. A. Querschnitt durch den Fruchtknoten (120 ×), B. Längsschnitt durch die Samenanlage (250 ×), C. wie B., stärker vergrößert (500 ×), D. Querschnitt durch eine Anthere (50 ×), E. Ausschnitt davon, mit Faserzellen. Im Pollensack einige der stets vorhandenen Öltröpfchen (500 ×). ▶

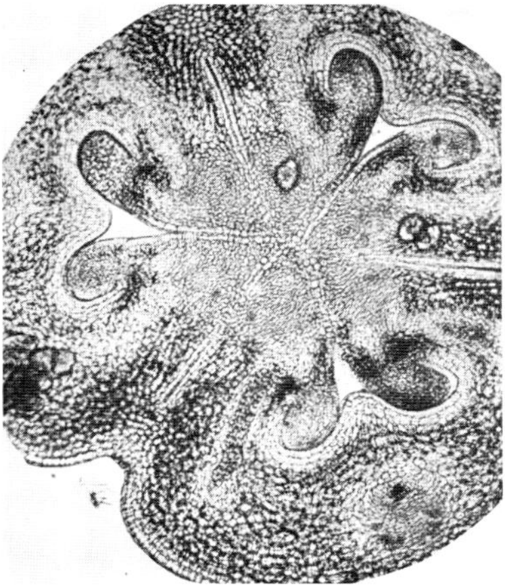

A

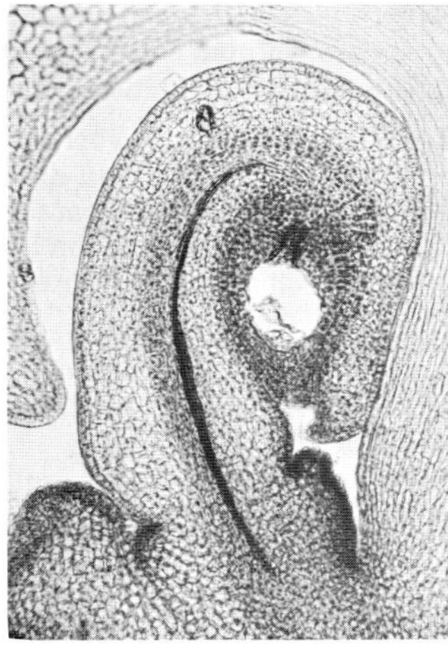

B

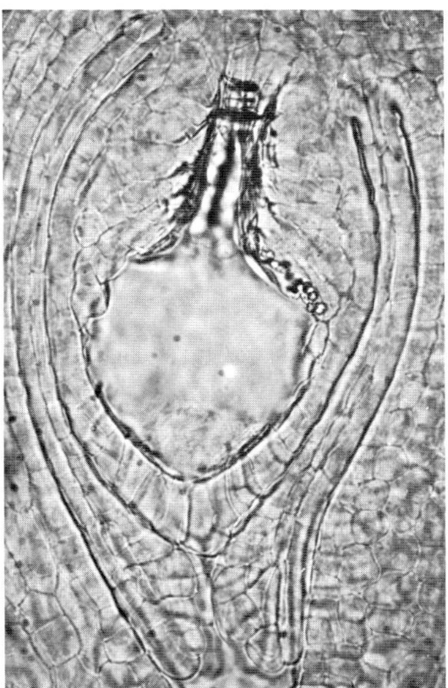

C

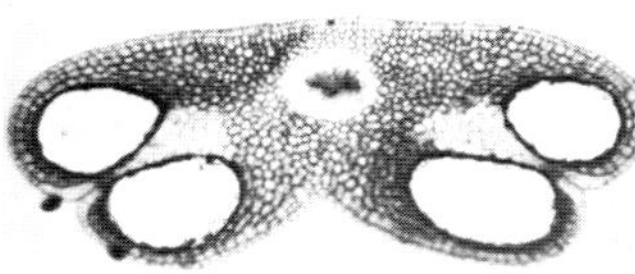

D

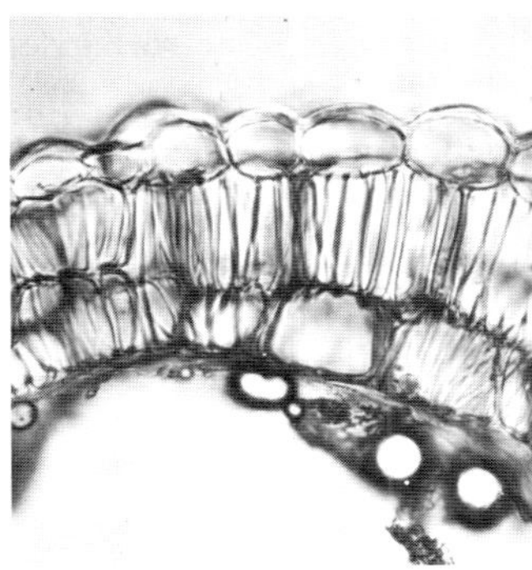

E

Fig. 17.1

bei etwas stärkerer Vergrößerung gezeichnet. In gleicher Weise wird von einer Anthere eine Übersichtsskizze und von der Antherenwandung eine Ausschnittszeichnung angefertigt.

Beobachtungen: Die Agavaceae und Liliaceae besitzen ein Perigon. Die Blütenblätter sind in zwei dreizähligen Kreisen angeordnet, von denen der äußere bei der Präparation entfernt wird. Der Fruchtknoten ist oberständig, so daß man ihn beim Schneiden zugleich mit den Antheren in einer geeigneten Region trifft.

Die drei Fruchtblätter sind zu einem dreifächerig syncarpen Fruchtknoten verwachsen. Die Samenanlagen stehen marginal, d.h. am Rande der Fruchtblätter, und zwar infolge deren Verwachsung in den inneren Winkeln der Fächer (Fig. 17.1 A). Die Placentation ist also zentral winkelständig. Die Samenanlagen von *Yucca* sind anatrop, d.h. im ganzen um 180° gedreht, so daß die Mikropyle neben den Funiculus zu liegen kommt (Fig. 17.1 B). Im Funiculus ist das Leitbündel längs angeschnitten. Fig. 17.1 C zeigt die Samenanlage bei stärkerer Vergrößerung. Von der im Bilde oben liegenden Chalaza gehen die Integumente aus, die den Nucellus umschließen. Im unteren Teil ist die Mikropyle zu erkennen. Im Nucellus liegt der verhältnismäßig große Embryosack.

Die Staubblätter stehen in zwei dreizähligen Kreisen. Im Querschnitt (Fig. 17.1 D) erkennt man deutlich die Gliederung in die beiden Theken, die durch das Konnektiv miteinander verbunden sind. Im Konnektiv verläuft das ebenfalls quergeschnittene Leitbündel. Jede Theka enthält zwei Pollensäcke, die in der Abbildung leer erscheinen, da die meisten Pollenkörner beim Schneiden herausfallen. Von dem Tapetum, das bei jungen Antheren die Pollensäcke innen auskleidet, sind nur noch Reste vorhanden.

Die Anthere ist von einer einschichtigen Epidermis bedeckt. Darunter liegen Faserzellen, deren Wände charakteristische, teils einfache, teils schraubige, teils netzartig miteinander verbundene Verdickungsleisten aufweisen (Fig. 17.1 E). Zum Konnektiv hin verdoppelt sich diese Schicht, und im Bereich des Konnektivs weisen alle Zellen derartige

---

Fig. 17.2 *Delphinium elatum,* Fruchtblatt und Samenanlage. A. Querschnitt durch den Fruchtknoten mit zwei Samenanlagen (50 ×), B. Nucellus mit Embryosack, darin die drei Antipoden und die Eizelle mit einer Synergide (120 ×), C. Eizelle bei hoher Einstellung (500 ×), D. dieselbe bei tieferer Einstellung. Außerdem sind eine Synergide und die Mikropyle sichtbar (500 ×), E. Embryosack mit Antipoden und sekundärem Embryosackkern (250 ×). ▶

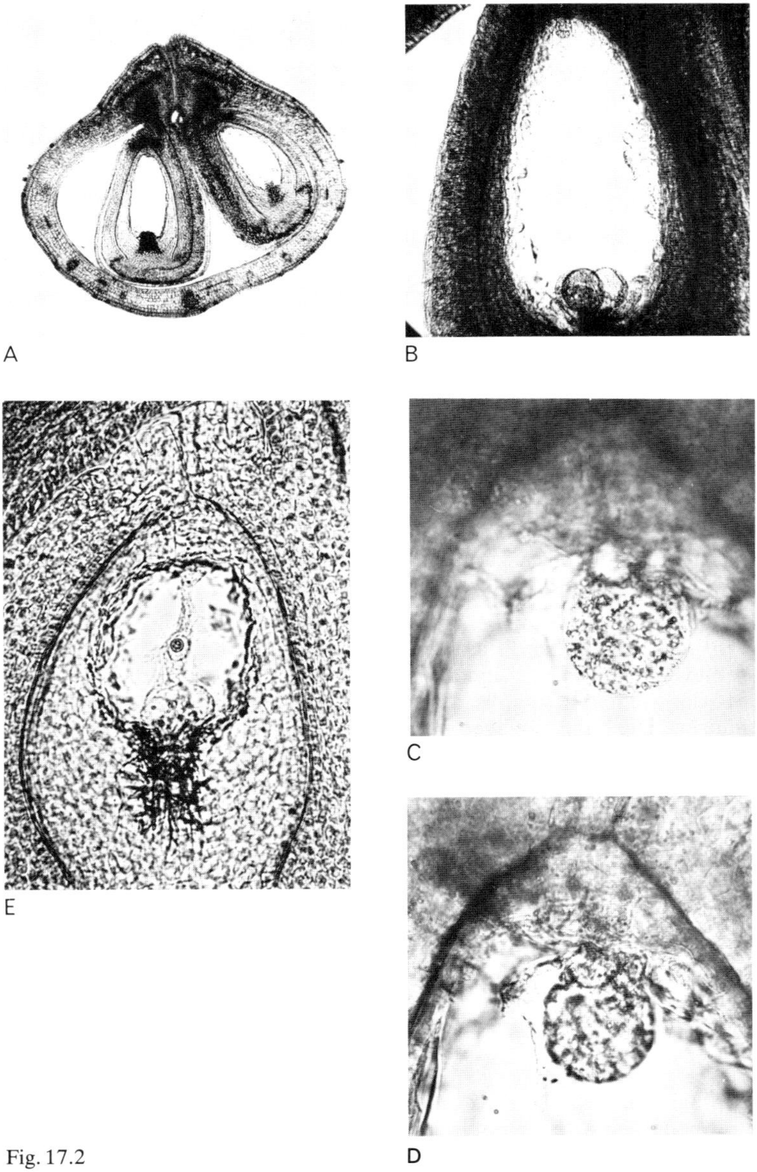

Fig. 17.2

Verdickungen auf, mit Ausnahme der in der unmittelbaren Umgebung des Leitbündels liegenden. Ebenso fehlen diese Verdickungen bei den Zellen der Trennwände der beiden Pollensäcke, wo das Aufreißen bei der Reife erfolgt.

17.2. *Delphinium elatum:* Fruchtblatt und Samenanlage

Material: Blüten von *Delphinium elatum* (Gartenrittersporn, Ranunculaceae, Ranunculales) oder einer anderen *Delphinium*-Art. Die von den Blüten- und Staubblättern befreiten Fruchtknoten sind vor dem Schneiden für mindestens 24 Stunden in Äthanol einzulegen.

Präparation: Die dicht beieinanderstehenden apocarpen Fruchtblätter werden miteinander quer geschnitten, so daß man jeweils drei Querschnitte auf einmal erhält. Die Schnittrichtung muß genau senkrecht zur Längsachse der Carpelle liegen. Die Schnitte sollen möglichst dünn sein, was keine Schwierigkeiten bereitet, da sich das Material gut schneiden läßt.

Aufgabe: Zunächst ist bei Lupenvergrößerung eine Übersichtsskizze eines Fruchtblattes anzufertigen und dann bei starker Vergrößerung eine Samenanlage bei verschiedenen Einstellungen zu zeichnen.

Beobachtungen: Schon bei schwacher Vergrößerung (Fig. 17.2 A) ist zu erkennen, daß jeder Fruchtknoten jeweils nur von einem Fruchtblatt gebildet wird, dessen Ränder verwachsen sind. Die Fruchtblätter tragen auf der Außenseite zahlreiche, auf der Innenseite vereinzelte Spaltöffnungen. Die Samenanlagen stehen auf etwas in die Fruchtknotenhöhle vorspringenden Placenten marginal, d.h. in Randstellung, so daß sie in zwei Reihen übereinander angeordnet sind. Jede Samenanlage ist von zwei Integumenten umgeben, die miteinander verwachsen sind. Der Nucellus umschließt den Embryosack, der nur selten so genau median getroffen ist, daß alle Einzelheiten an einem Schnitt studiert werden können. Es muß daher meist eine größere Anzahl von Schnitten durchgemustert werden.

Einen einigermaßen median getroffenen Embryosack zeigt Fig. 17.2 B. Unten liegen die drei Antipoden, die bei den Ranunculaceen verhältnismäßig groß sind, während am oberen Ende ein Teil des Eiapparates, nämlich die Eizelle und eine Synergide, zu erkennen sind. Fig. 17.2 C zeigt die Eizelle stärker vergrößert bei hoher Einstellung, Fig. 17.2 D bei tieferer Einstellung, so daß auch eine Synergide und die Mikropyle sichtbar sind. Fig. 17.2 E schließlich zeigt einen Schnitt, auf dem die Antipoden und, etwa in der Mitte, der sekundäre Embryosackkern zu sehen sind.

17.3. *Capsella bursa-pastoris:* Entwicklung von Embryo und Samen

Material: Noch nicht voll entwickelte Schötchen von *Capsella bursa-pastoris* (Hirtentäschelkraut, Brassicaceae, Capparales) als Frisch- oder Alkoholmaterial.

Reagenzien: 5%ige Kalilauge, Glycerin, verd. Essigsäure, 96%iges Äthanol.

Präparation: Die Schötchen werden der Länge nach halbiert, und die Samenanlagen mit einem Skalpell herausgekratzt, wobei sie am Funiculus abreißen. Durch Übertragung in Kalilauge lassen sie sich fast bis zum Erreichen des Reifezustandes durchsichtig machen, so daß der Proembryo bzw. Embryo darin zu erkennen ist.

Zur genaueren Untersuchung des Embryos ist dessen Isolierung notwendig. Hierzu werden die Samenanlagen in Kalilauge gequetscht, indem man leicht auf das Deckglas klopft. Dabei wird die Samenanlage aufgerissen, und der junge Embryo tritt heraus. Durch Zusatz von Wasser und gegebenenfalls etwas verdünnter Essigsäure treten die Zellwände deutlicher hervor.

Zur Anfertigung von Schnitten hält man frische Samen zwischen Daumen und Zeigefinger und zieht die Klinge zwischen beiden Fingern hindurch. Man kann die Samen auch zwischen Styropor schneiden. Da der Keim in Wasser rasch quillt und aus der Samenschale hervortritt, empfiehlt es sich, die Schnitte in Glycerin zu untersuchen. Auf diese Weise wird auch das Quellen der Zellwände der äußersten Zellschicht der Samenschale verhindert. Will man speziell den Vorgang der Quellung untersuchen, so überträgt man die Schnitte zunächst in Äthanol und setzt dem Präparat am Deckglasrand unter gleichzeitiger mikroskopischer Beobachtung Wasser zu (s. Präp. Nr. 5.9.).

Aufgabe: An Samenanlagen verschiedenen Alters ist die Entwicklung des Embryos zu studieren und zeichnerisch festzuhalten. Hierzu sollten sowohl isolierte als auch innerhalb der Samenanlage befindliche Embryonen herangezogen werden. Außerdem ist der Bau des fertigen Samens und, bei stärkerer Vergrößerung, der Samenschale zu untersuchen.

Beobachtungen: Die Samenanlagen von *Capsella* sind kampylotrop, d. h. gekrümmt, und zwar so stark, daß die Mikropyle neben der Chalaza liegt (Fig. 17.3 A). Die befruchtete Eizelle (= Zygote) teilt sich zunächst wiederholt durch Querwände, die in gleicher Richtung eingezogen werden, so daß ein Zellfaden entsteht, der Proembryo. Von diesem wird nur die vorderste, gegen das Innere des Embryosackes gerichtete Zelle, die in Fig. 17.3 A und B kugelig angeschwollen ist, zum Embryo.

Die übrigen Zellen bilden den Suspensor, der dem Embryo Nährstoffe zuführt und ihn gleichzeitig weiter nach innen schiebt.

Wie die Figuren 17.3 A–C zeigen, ist die unterste Zelle, mit der der Suspensor im Embryosack angeheftet ist, blasig aufgetrieben. Über sie erfolgt offenbar die Nahrungsaufnahme. Es schließt sich ein im vorliegenden Falle sechs Zellen umfassender Vorkeimfaden an (Fig. 17.3 B), der an seinem oberen Ende die kugelige Embryozelle trägt. Diese wird sehr bald durch zwei nacheinander eingezogene Längswände in vier Quadranten zerlegt. Dann werden die vier Zellen in halber Höhe durch Querwände geteilt, womit das Oktanten-Stadium erreicht ist (Fig. 17.3 C). Die vier vorderen Zellen entwickeln sich durch weitere Teilungen zu den Kotyledonen, während aus den vier unteren, an den Suspensor grenzenden, der Hypokotylbereich und die Wurzelanlage entstehen. Die anschließende Zelle des Suspensors wird zur Hypophyse (= Keimanschluß).

Ein weiter fortgeschrittenes Stadium zeigen die Figuren 17.3 D und E. Der Embryo hat sich abgeflacht. Die beiden Kotyledonen sind bereits deutlich zu erkennen. Zwischen ihnen wird später der Sproßscheitel angelegt. Die Hypophyse hat sich in den Embryo hineingewölbt. Sie teilt sich zunächst durch eine Querwand in zwei Zellen, worauf sich die entstandenen Tochterzellen durch Längswände weiter teilen. Fig. 17.3 F zeigt ein noch älteres Entwicklungsstadium im Inneren der Samenanlage. Die Kotyledonen haben weiter an Größe zugenommen, und das Hypokotyl hat sich gestreckt. An seiner Spitze ist die Keimwurzel angelegt. Im reifen Samen schließlich liegt der Embryo um 180° geknickt (Fig. 17.3 G), so daß das Hypokotyl neben den Kotyledonen liegt, wobei das Radicularende der Mikropyle zugekehrt ist. Das Endosperm ist weitgehend aufgebraucht und nur noch durch eine einschichtige Lage aleuronhaltiger Zellen vertreten.

Die Samenschale ist dreischichtig (Fig. 17.3 H). Die innerste, membranartige Schicht ist aus den zerdrückten Zellen des inneren Integuments hervorgegangen. Die mittlere und die äußerste Schicht sind aus dem äußeren Integument entstanden. Die Zellwände der mittleren Schicht sind im fertigen Zustand nach innen zu verdickt (Fig. 17.3 I) und gelb gefärbt. Die Zellen der äußeren Schicht erscheinen bei Beobachtung in Glycerin stark abgeflacht, so daß ihr Lumen nicht mehr auszumachen ist. In Aufsicht erkennt man in der Mitte einer jeden Zelle einen runden bis ellipsoiden, stärker lichtbrechenden Bereich, die Columella. Die Figuren 17.3 K und L zeigen diese in einem bereits gequollenen Zustand in Aufsicht und im Querschnitt. Bei starker Quellung lösen sich die äußeren Zellwände unter Sprengung der Cuticula ganz auf, wobei sich das Wandmaterial als mikroskopisch nicht mehr erkennbarer Schleim im umgebenden Wasser verteilt.

Fig. 17.3 *Capsella bursa-pastoris:* Entwicklung von Embryo und Samen. A. ▶ Samenanlage, in Kalilauge aufgehellt. Der Pfeil deutet auf die kugelige Embryozelle. Der von der großen Basalzelle ausgehende Faden des Suspensors ist weitgehend verdeckt. Außen sind die vier Zellschichten der beiden Integumente zu erkennen, an die nach innen das einschichtige Nährgewebe anschließt. Auch die dunklen Gewebebereiche an den beiden Enden der gebogenen Embryohöhle gehören zum Endosperm (125 ×). B. isolierter Proembryo mit Basalzelle, sechszelligem Suspensor und einzelligem, kugeligem Embryo (470 ×), C. isolierter Proembryo mit Embryo im Oktantenstadium. Der Suspensor ist durch die Präparation abgeknickt (400 ×), D. ältere Samenanlage, in Kalilauge aufgehellt. Die Cuticula hat sich infolge der Kalilaugenbehandlung teilweise abgehoben. Der Pfeil zeigt auf den etwa herzförmigen Embryo (85 ×), E. isolierter Embryo des gleichen Entwicklungsstadiums wie D. Die beiden grünen Kotyledonen haben sich vorgewölbt, und zwischen ihnen wird der Sproßscheitel angelegt. Am entgegengesetzten Ende ist als Einwölbung die Hypophyse zu erkennen, die sich bereits geteilt hat (290 ×), F. Samenanlage im fortgeschrittenen Stadium, in Kalilauge aufgehellt. Die beiden Kotyledonen und das Hypokotyl mit der Anlage der Keimwurzel sind deutlich zu erkennen (60 ×), G. Längsschnitt durch einen fast reifen Samen. Basalzelle und Funiculus sind noch zu erkennen (60 ×), H. Querschnitt durch einen fast reifen Samen mit Samenschale und angeschnittenem Keim. Die äußerste Schicht der Samenschale ist stark gequollen (290 ×), I. Querschnitt durch die verdickte mittlere Schicht der Samenschale bei stärkerer Vergrößerung (540 ×), K. Aufsicht auf die äußerste Schicht der Samenschale, deren Zellen etwas gequollen sind. In der Mitte einer jeden Zelle ist die Columella zu erkennen (470 ×), L. gequollene Zelle der äußeren Schicht der Samenschale mit Columella im Querschnitt (670 ×).

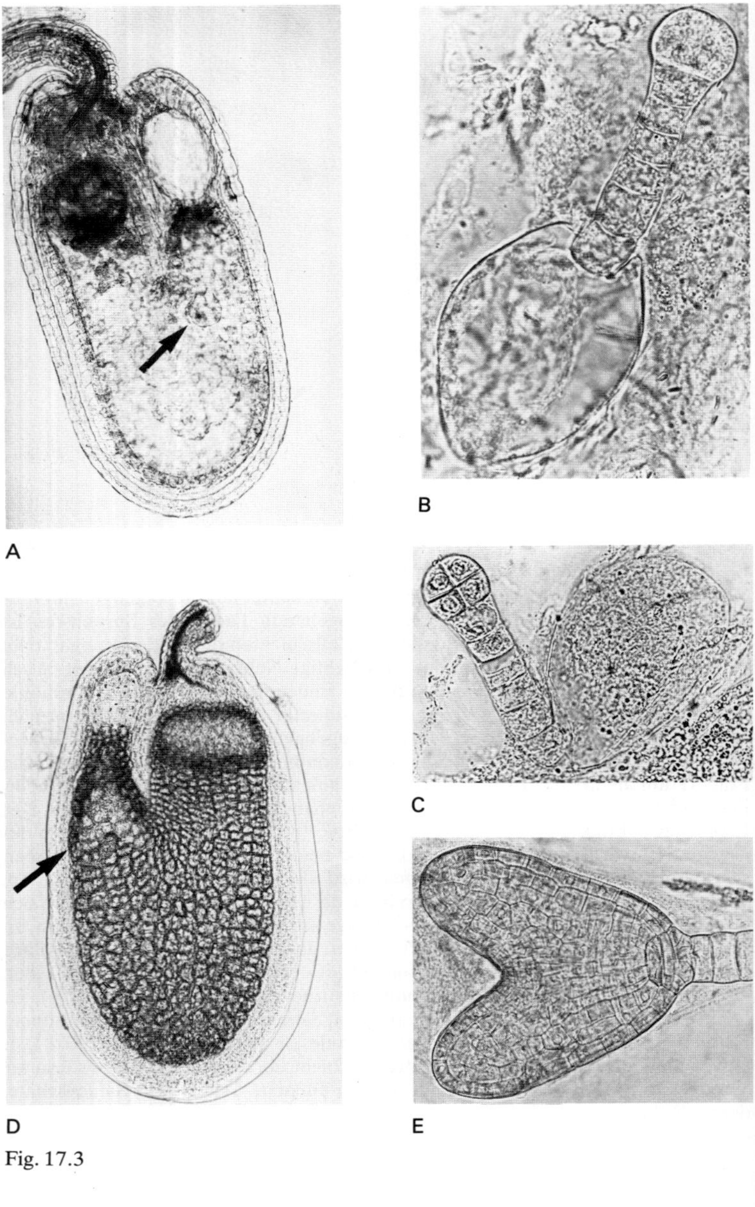

Fig. 17.3

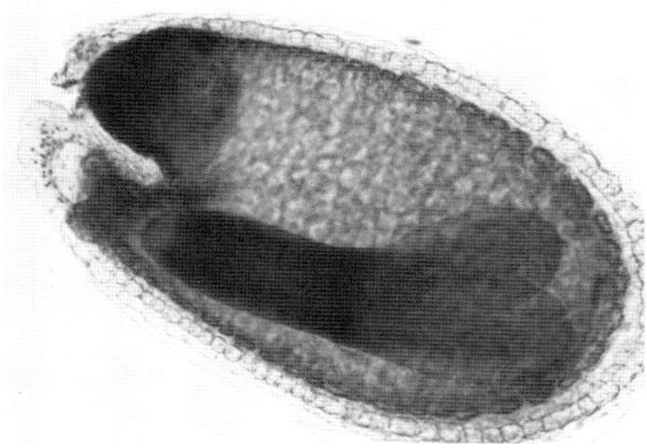

F

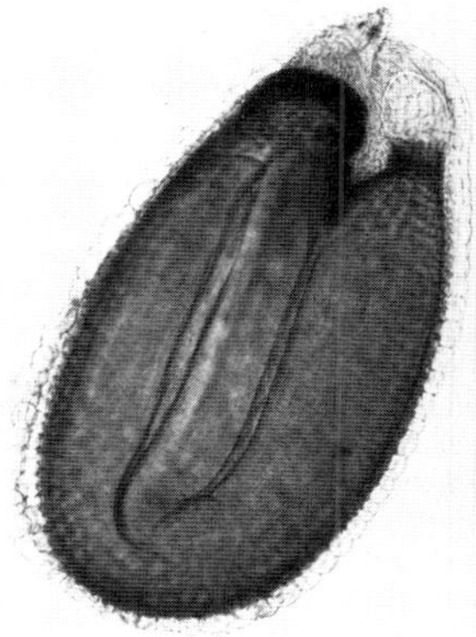

G

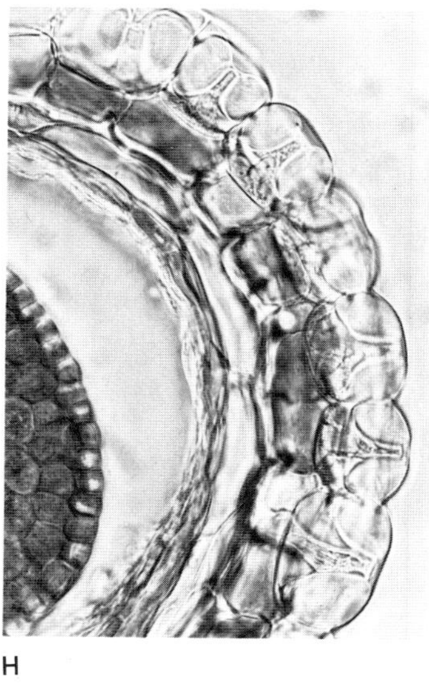

H

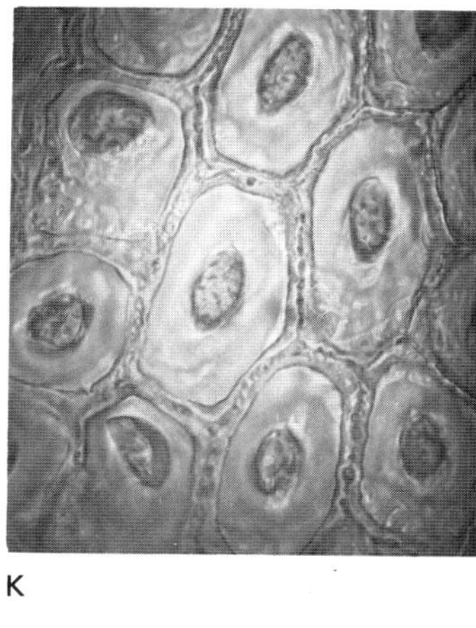

K

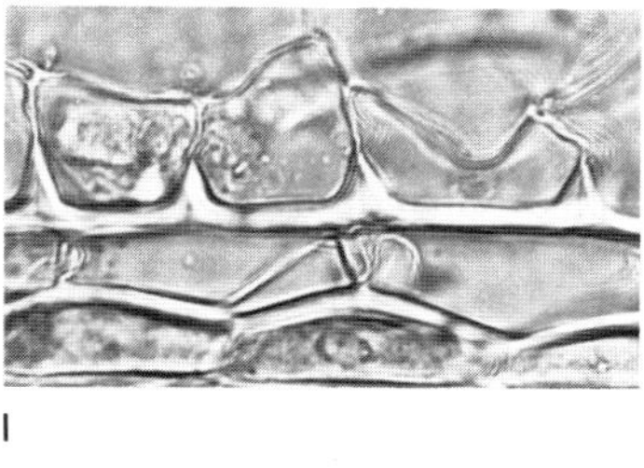

I

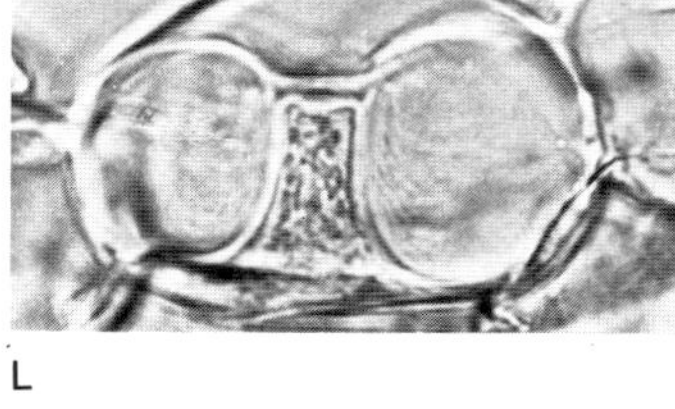

L

Fig. 17.3

Literatur

Praktikumsbücher

Appelt, H.: Einführung in die Mikroskopischen Untersuchungsmethoden, 4. Aufl. Akademische Verlagsgesellschaft Athenaion, Potsdam 1959

Biebl, R., H. Germ: Praktikum der Pflanzenanatomie, 2. Aufl. Springer, Wien 1967

Braune, W., A. Leman. H. Taubert: Pflanzenanatomisches Praktikum, 5. Aufl. Fischer Stuttgart 1987

Burck, H.-C.: Histologische Technik, 5. Aufl. Thieme, Stuttgart 1982

Ehringhaus, A., E. Trapp: Das Mikroskop, 6. Aufl. Teubner, Leipzig 1967

Gerlach, D.: Botanische Mikrotechnik, 3. Aufl. Thieme, Stuttgart 1984

Gerlach, D.: Das Lichtmikroskop. 2. Aufl. Thieme, Stuttgart 1985

Michel, K.: Die Grundlagen der Theorie des Mikroskops. Wissenschaftliche Verlagsgesellschaft, Stuttgart 1950

Möllring, F. K.: Mikroskopieren von Anfang an. Carl Zeiss Werkschrift

Eschrich, W.: Strasburger's kleines botanisches Praktikum, 17. Aufl. Fischer, Stuttgart 1976

Lehrbücher

v. Denffer, D., W. Schumacher, K. Mägdefrau, F. Ehrendorfer: Lehrbuch der Botanik für Hochschulen, 32. Aufl. Fischer Stuttgart 1983

Esau, K.: Pflanzenanatomie, Fischer, Stuttgart 1969

Huber, B.: Grundzüge der Pflanzenanatomie. Springer, Berlin 1961

Jurzitza, G.: Anatomie der Samenpflanzen. Thieme, Stuttgart 1987

Nultsch, W.: Allgemeine Botanik, 8. Aufl. Thieme, Stuttgart 1986

Troll, W.: Allgemeine Botanik, 4. Aufl. Enke, Stuttgart 1973

Sachverzeichnis